Faserforschung und Textiltechnik

Zeitschrift für Polymerforschung

Begründet von
Erich Correns und Walter Frenzel

Herausgegeben von
Wolfgang Bobeth · Hermann Klare
Burkart Philipp Christian Ruscher

Schriftleiter
J. Brämer und I. Ruscher

AUS DEM INHALT

Akademie-Verlag
Berlin

5 · 1974

Faserforsch. u. Textiltechnik / Z. Polymerforsch.
25. Jahrg. Heft 5 · Seiten 177—228 Berli , im Mai 1974
FSTXA7 25 (5)177—228 (1974)
Preis: 15,— M Sonderpreis DDR: 9,— M

Faserforschung und Textiltechnik

Zeitschrift für Polymerforschung

Begründet von Erich Correns und Walter Frenzel

Herausgegeben von

**Wolfgang Bobeth – Hermann Klare – Burkart Philipp
Christian Ruscher**

unter Mitwirkung von

E. Correns (Berlin) – H. Böhringer (Rudolstadt)

H. Barthel (Dresden) – V. Gröbe (Teltow) – A. Heger (Dresden) – G. Reinisch (Teltow) – G. Wiedemann (Dresden) – F. Winkler (Teltow) – H. Zimmermann (Teltow)

K.-H. Banke (Karl-Marx-Stadt) – H. Behrens (Merseburg) – W. Berger (Dresden) – H. Frommelt (Berlin) – H.-H. Hörhold (Jena) – K. Pestel (Karl-Marx-Stadt) – W. Sattler (Rudolstadt) – J. Ulbricht (Merseburg)

Schriftleiter: J. Brämer und I. Ruscher

Die Zeitschrift „Faserforschung und Textiltechnik/Z. f. Polymerforschung" erscheint monatlich in Heften zu 48 Textseiten im Format A 4. Der Preis für das Einzelheft beträgt M 15,– (Sonderpreis für DDR M 9,–), für den Vierteljahrbezug M 45,– (Sonderpreis für DDR M 27,–), zuzügl. Bestellgeld. Die Berechnung erfolgt zu Beginn eines Vierteljahrs für 3 Hefte. Falls keine Bezugsmöglichkeit durch eine Buchhandlung vorhanden ist, wenden Sie sich bitte in der Deutschen Demokratischen Republik an ein Postamt oder den Verlag, in den sozialistischen Ländern an den jeweiligen Postzeitungsvertrieb, in der Deutschen Bundesrepublik an die Auslieferungsstelle Kunst und Wissen, Erich Bieber, 7 Stuttgart 1, Wilhelmstraße 4–6, in allen übrigen Ländern an den internationalen Buch- und Zeitschriftenhandel oder den Buchexport, Volkseigener Außenhandelsbetrieb der Deutschen Demokratischen Republik, DDR-701 Leipzig, Postschließfach 276, oder den Akademie-Verlag, DDR-108 Berlin, Leipziger Str. 3–4 (Fernruf: 220441; Telex-Nr. 0112020; Postscheckkonto 35021). Bestellnummer dieses Heftes: 1014/25/5. Alleinige Anzeigenannahme DEWAG-WERBUNG, DDR-1054 Berlin, Wilhelm-Pieck-Str. 49, und alle DEWAG-Betriebe in den Bezirksstädten der DDR.

Herausgeber und verantwortlich für den Inhalt: Prof. Dr.-Ing. habil. Wolfgang Bobeth, Institut für Technologie der Fasern der Akademie der Wissenschaften der DDR, 801 Dresden, Hohe Str. 6, Fernruf: 44721; Prof. Dr. Hermann Klare, Prof. Dr. habil. Burkart Philipp und Dr. habil. Christian Ruscher, Institut für Polymerenchemie der Akademie der Wissenschaften der DDR, 153 Teltow-Seehof, Fernruf: Teltow 4831. Schriftleiter: Joachim Brämer und Dipl.-Chem. Ingeborg Ruscher, 153 Teltow-Seehof, Kantstr. 55. Verlag: Akademie-Verlag, DDR-108 Berlin, Leipziger Str. 3–4. Satz und Druck: VEB Druckhaus „Maxim Gorki", 74 Altenburg. – Veröffentlicht unter der Lizenznummer 1280 des Presseamtes beim Vorsitzenden des Ministerrates der Deutschen Demokratischen Republik. – Printed in the German Democratic Republic.

Band 25 • Mai 1974 • Heft 5

Professor Dr. Hermann Klare zum 65. Geburtstag

Faserforsch. u. Textiltechnik/Z. Polymerforsch. **25** (1974) 5, S. 177.

DK 661.728.3:547.339.211:542.955.5:542.974:541.127.1

Schleicher, Harry, Lukanoff, Brigitte, und *Philipp, Burkart*

Einfluß von Celluloseausgangsstruktur und Voraktivierung auf den Verlauf einer Cyanäthylierung

Faserforsch. u. Textiltechnik/Z. Polymerforsch. **25** (1974) 5, S. 179—183. 7 Abb., 3 Tab., 14 Lit.

Es wird über den Einfluß der Ausgangscellulose und verschiedener Cyanäthylierungsparameter auf den Verlauf der Cyanäthylierung von Cellulose berichtet. Durch eine Aktivierung von Cellulose mit 18%iger Natronlauge und mit Ammoniak sowie durch die Anwesenheit von Dimethylsulfoxid bei der Cyanäthylierung wird die Cyanäthylierungsgeschwindigkeit wesentlich erhöht.

DK 677.463:677.021.125.26-913.3:677.021.122/.123;547.281.1:677.017.42

Bartsch, Dieter, Purz, Hans-Joachim, Paul, Dieter, Gensrich, Heinz-Jürgen, und *Hicke, Hans-Georg*

Analytische und morphologische Untersuchungen zum Viskose-EHM-Spinnprozeß

Faserforsch. u. Textiltechnik/Z. Polymerforsch. **25** (1974) 5, S. 184—190. 8 Abb., 6 Tab., 9 Lit.

Unter Bedingungen, unter denen bei einem Zn-freien Spinnprozeß Fäden hoher Festigkeit entstehen, wurde der Einfluß des CH_2O im Spinnbad auf die Xanthogenatstabilisierung und die Morphologie der Gelfäden untersucht. Die Ergebnisse lassen sowohl Analogien zum Zn/Modifikator-Spinnprozeß erkennen als auch den Schluß zu, daß eine bei der Koagulation gebildete „dichte" Gelstruktur die Voraussetzung für eine hohe Reckbarkeit darstellt, während die Xanthogenatstabilisierung durch Reaktion mit CH_2O im Hinblick auf die Reckbarkeit und damit auf die mechanischen Eigenschaften der Fäden von untergeordneter Bedeutung ist.

DK 678.762.2:66.095.264:541.124-128.2:541.621:541.64

Gohlke, Ulrich, Tin Winn und *Reinisch, Gerhard*

Zur Synthese bifunktioneller Polybutadiene mit hohem 1,4-Strukturanteil und enger Verteilung der relativen Molekülmassen. Teil 1

Faserforsch. u. Textiltechnik/Z. Polymerforsch. **25** (1974) 5, S. 191—197. 5 Abb., 5 Tab., 47 Lit.

Bifunktionelle Polybutadiene mit hohem 1,4-Strukturanteil werden durch homogene anionische Polymerisation mit 1,4-Dilithium-1,1,4,4-tetraphenylbutan als Initiator in Benzol/Diäthyläther-Mischungen hergestellt. Bei rel. Molekülmassen von 6000 lassen sich Polybutadiene mit mehr als 80% 1,4-Strukturanteil herstellen, wenn der Ätheranteil < 0,1 Vol.-% beträgt und die Polymerisation bei 80 °C durchgeführt wird.

DK 678.675'126:536.421.1:536.628.2:548.23:548.31

Weigel, Peter, Hirte, Rolf, und *Ruscher, Christian*

Über die Feinstruktur der Polyamide
IX. Schmelzverhalten von Polycaproamid

Faserforsch. u. Textiltechnik/Z. Polymerforsch. **25** (1974) 5, S. 198—204. 8 Abb., 25 Lit.

Das Schmelzverhalten von Polycaproamid wurde im Differential-Scanning-Kalorimeter untersucht. Im Schmelzbereich beobachtet man bis zu fünf Schmelzpeaks, die sich dem Schmelzen der beiden kristallinen Modifikationen des Polycaproamids zuordnen lassen.

DK 678.4/.8:677.4:677.017.426/.427:53.084

Bauer, Albrecht, und *Winkler, Friedrich*

Zugelastische Untersuchungen, ihre Durchführung und Auswertung
I. Der Einfluß unterschiedlicher Prüfbedingungen auf die Elastizitätskenngrößen

Faserforsch. u. Textiltechnik/Z. Polymerforsch. **25** (1974) 5, S. 205—210. 10 Abb., 6 Lit.

Zur Beurteilung elastischer Eigenschaften werden zugelastische Untersuchungen bei konstanter oberer und unterer Zugkraft durchgeführt. Es wird der Einfluß verschiedener Prüfparameter auf die Elastizitätsmerkmale Anfangselastizität C und Elastizitätsänderung m ermittelt. Über die Anzahl der Beanspruchungszyklen, die Dehnungsgeschwindigkeit und die Anzahl der Prüflinge ließen sich gesicherte Aussagen treffen.

DK 677.494.745.32:677.021.125.26-913.3:541.183:677.014.882:677.017.852:677.017.653

Jacobasch, Hans-Jörg, Grosse, Ingrid, und *Dawczynski, Hans*

Bestimmung von Oberflächeneigenschaften und der Anschmutzungsneigung von Polyacrylnitrilfasern in Abhängigkeit von den Bedingungen der Faserherstellung

Faserforsch. u. Textiltechnik/Z. Polymerforsch. **25** (1974) 5, S. 210—219. 7 Abb., 8 Tab., 19 Lit.

Die Pigmentschmutzaufnahme von naßgesponnenen Polyacrylnitrilfasern wird in Abhängigkeit von der Zusammensetzung des Fällbades, des Reckens, der Trocknungsbedingungen, des Estergehaltes und der Mattierung untersucht. Die Ergebnisse, die vor allem mit den Resultaten von Porositäts- und elektrokinetischen Messungen korrelieren, zeigen, daß die Anschmutzungsneigung durch die scheinbare Dichte der Fasern und die Polarität der Faseroberfläche bedingt wird. Es werden Möglichkeiten zur Verminderung der Schmutzaufnahme aufgezeigt.

Kurze Mitteilungen

DK 678.745.32-13:[66.095.26:678-13]:678.012.4:541.128:541.64:541.124

Sandner, Barbara, Fritzsche, Peter, und *Linow, Karl-Joachim*

Untersuchungen zum Mechanismus der alternierenden Copolymerisation von Acrylnitril als Bestandteil von Donator/Akzeptor-Komplexen

Faserforsch. u. Textiltechnik/Z. Polymerforsch. **25** (1974) 5, S. 219—221. 7 Lit.

Neue Bücher S. 221.

Patentschau S. 221—224.

Literaturschau S. 224—228.

Professor Dr. Hermann Klare zum 65. Geburtstag

Zur Vollendung des 65. Lebensjahres am 12. Mai 1974 übermitteln Herausgeber und Schriftleitung zugleich im Namen vieler Fachkollegen dem Präsidenten der Akademie der Wissenschaften der DDR und langjährigem Mitherausgeber unserer Zeitschrift die besten Wünsche für persönliches Wohlergehen. Das vorliegende Heft enthält Arbeiten aus dem Institut für Polymerenchemie in Teltow-Seehof und dem Institut für Technologie der Fasern in Dresden der Akademie der Wissenschaften der DDR, die Herrn Professor Klare aus diesem Anlaß gewidmet wurden.

Eine ausführliche Würdigung der Persönlichkeit und Leistungen Hermann Klares erfolgte im Heft 5/1969 anläßlich seines 60. Geburtstages

Einfluß von Celluloseausgangsstruktur und Voraktivierung auf den Verlauf einer Cyanäthylierung

Harry Schleicher, Brigitte Lukanoff und Burkart Philipp
Akademie der Wissenschaften der DDR, Institut für Polymerenchemie in Teltow-Seehof

Herrn Prof. Dr. Hermann Klare zur Vollendung des 65. Lebensjahres gewidmet

DK 661.728.3:547.339.211:542.955,5.542.974:541.127.1

Es wird über den Einfluß der Ausgangscellulose und verschiedener Cyanäthylierungsparameter auf den Verlauf der Cyanäthylierung von Cellulose berichtet. Durch eine Aktivierung von Cellulose mit 18%iger Natronlauge und mit Ammoniak sowie durch die Anwesenheit von Dimethylsulfoxid bei der Cyanäthylierung wird die Cyanäthylierungsgeschwindigkeit wesentlich erhöht.

Влияние исходной структуры и предварительного активирования целлюлозы на ход процесса цианэтилирования

Приведены данные о влиянии исходной структуры целлюлозы и различных параметров процесса цианэтилирования на ход этой реакции. Активирование целлюлозы 18%-ным раствором едкого натрия и аммиаком, а также присутствие диметилсульфоксида приводят к значительному повышению скорости цианэтилирования.

The Effect of the Structure and Preactivation of Cellulose on the Cyanoethylation Process

The effect of the initial material and various cyanoethylation parameters on the cyanoethylation process of cellulose has been investigated. The rate of cyanoethylation was essentially increased by prectivition of the cellulose with 18% aqueous NaOH and with ammonia as well as by the presence of dimethylsulfoxide in the cyanoethylation medium.

1. *Einleitung*

Die zahlreichen zur Cyanäthylierung der Cellulose vorliegenden Publikationen befassen sich in erster Linie mit dem Chemismus und der technologischen Durchführung dieser Reaktion [1 bis 4], während der Einfluß der Cellulosestruktur auf den Verlauf der Cyanäthylierung außer in einer Arbeit von *Lukanoff* [5] bisher wenig untersucht wurde. Es ist bekannt, daß die üblicherweise im Reaktionsgemisch vorhandene Natronlauge zwei Funktionen erfüllt: Sie wirkt einmal als Katalysator für die *Michael*-Addition des Acrylnitrils an die Cellulose, wofür schon recht niedrige Konzentrationen von weniger als 1% ausreichen, und sie erhöht zum anderen durch ihre Quellwirkung und die Aufspaltung von Wasserstoffbrückenbindungen die Zugänglichkeit der OH-Gruppen der Cellulose für das Reagens. Mit steigender Laugenkonzentration steigt zwar die Accessibilität der Cellulose, jedoch nimmt gleichzeitig auch das Ausmaß der Nebenreaktionen bei der Cyanäthylierung der Cellulose zu [6, 7]. *Bikales, Gruber* und *Rapoport* [8] versuchten daher, durch Zugabe verschiedener hydrotroper Salze zu 2%iger NaOH bei der Cyanäthylierung von Baumwolle die Umsetzung ohne eine Erhöhung der Nebenproduktbildung zu fördern und konnten dabei unter gleichzeitiger Verbesserung der Acrylnitrilausbeute erheblich höhere Substitutionsgrade als bei Vergleichsversuchen ohne Salzzusatz erhalten. Wir selbst hatten im Rahmen von Untersuchungen zum Einfluß einer Voraktivierung mit flüssigem NH_3 und niederen aliphatischen Aminen auf Umsetzungsgrad und Umsetzungsgeschwindigkeit verschiedener in alkalischem Medium ablaufender Reaktionen der Cellulose festgestellt, daß der bei einer Einbad-Cyanäthylierung [vgl. 9] erreichbare maximale Substitutionsgrad je nach dem eingesetzten Cellulosematerial auf 110% bis 270% des Vergleichswertes erhöht wird. Ziel der vorliegenden Arbeit war es, in Abhängigkeit von der Ausgangsstruktur der Cellulose verschiedene Varianten der Aktivierung für eine Cyanäthylierung zu vergleichen.

2. *Versuchsmethodik*

Als Ausgangsmaterial dienten Celluloseproben mit recht unterschiedlicher übermolekularer Struktur und sehr verschiedenem Polymerisationsgrad (Tabelle 1).

Tabelle 1. Überblick über die eingesetzten Celluloseproben

	DP_{Cuoxam}
Linters	672
Linters, hydrolysiert	150
Buchen-Sulfit-Zellstoff	734
Buchen-Sulfit-Zellstoff, hydrolysiert	225
Zellwolle	297
Zellwolle, hydrolysiert	56

Die *Aktivierung* erfolgte entweder mit NaOH unterschiedlicher Konzentration im Rahmen der Cyanäthylierung nach dem Zweibad- bzw. Einbadverfahren, wobei in einer Variante auch von technischer Alkalicellulose ausgegangen und deren NaOH-Gehalt durch Aufschlämmen in Wasser entsprechend herabgesetzt wurde, oder durch Kombination von NaOH-Behandlung und Quellung in DMSO, deren experimentelle Details zusammen mit den Ergebnissen (s. Abschnitt 3) aufgeführt werden, oder schließlich durch eine Aktivierung mit NH_3. Hierbei wurde die mit einer Schlagkreuzmühle aufgeschlagene Cellulose mit der 10fachen Menge flüssigem Ammoniak 50 min bei ca. −40 bis −50 °C behandelt, anschließend wurde das Ammoniak abgesaugt und die Celluloseprobe mit Wasser ammoniakfrei gewaschen.

Die *Cyanäthylierung* wurde im wesentlichen nach dem Zweibadverfahren entsprechend der bei *Frieser* [10] angegebenen Arbeitsweise vorgenommen:
Die Celluloseproben wurden, falls sie in Blattform vorlagen, mit einer Schlagkreuzmühle zu Watte zerkleinert und in der ersten Stufe mit Natronlauge bestimmter Konzentration im Verhältnis 1:4 eine Stunde bei Raumtemperatur getaucht, anschließend auf einer G-3-Fritte bis zum Preßfaktor von 3 abgepreßt und bei 60 °C 30 min in einem mit Rückflußkühler und Rührer versehenen Sulfidierkolben mit Acrylnitril im Verhältnis 1:20 cyanäthyliert. Die Reaktion wurde durch schnelles Abkühlen des Reaktionsproduktes auf 50 °C und dessen Neutralisation mit 10%iger Essigsäure abgebrochen, um anschließend die gebildete Cyanäthylcellulose in einem Alkohol/Wasser-Gemisch 1:1 auszufällen und mit destilliertem Wasser zu waschen. Die

Tabelle 2. γ-Werte von Cyanäthylcellulose in Abhängigkeit von der Ausgangsstruktur der Cellulose und der NaOH*-Konzentration beim Zweibadverfahren*

Ausgangscellulose	γ-Wert nach Behandlung mit 2%iger NaOH	γ-Wert nach Behandlung mit 4%iger NaOH	γ-Wert nach Behandlung mit 6%iger NaOH
Linters	42	61	104
Linters, hydrolysiert zum LODP	82	169	225
Buchenzellstoff	70	107	234
Buchenzellstoff, hydrolysiert zum LODP	68	102	199
Zellwolle	248	243	255
Zellwolle, hydrolysiert zum LODP	127	233	233

Berechnung des γ-Wertes wurde unter Zugrundelegung des Stickstoffgehaltes der Cyanäthylcellulose vorgenommen, wobei unter γ-Wert die Anzahl der Mole $-CH_2-CH_2-CN$ auf 100 Mole $C_6H_{10}O_5$ zu verstehen ist.

3. *Versuchsergebnisse und ihre Auswertung*

3.1. *Cyanäthylierung nach dem Zweibadverfahren mit Aktivierung durch NaOH*

Wie aus Tabelle 2 hervorgeht, hängt der nach bestimmter Reaktionszeit (30 min) bei gegebener Reaktionstemperatur erreichte γ-Wert in weiten Grenzen sowohl von der NaOH-Konzentration des ersten Bades, als auch von der Ausgangsstruktur der Cellulose ab. Zunehmende NaOH-Konzentration bis zu 6% NaOH erhöht erwartungsgemäß infolge verbesserter Zugänglichkeit der OH-Gruppen den erreichten γ-Wert, während eine Steigerung der NaOH-Konzentration von 6 auf 12% bei Bu-Si keinen weiteren DS-Anstieg bringt, obwohl das Quellungsmaximum für Holzzellstoffe bei etwa 10 bis 12% NaOH liegt (Bild 1). Eine zunehmende Accessibilität der Cellulose in der Reihenfolge Linters/Holzzellstoff/Zellwolle spiegelt sich, wie erwartet, in den erreichten γ-Werten wider. Durch Hydrolyse zum LODP ist bei Linters eine erhebliche Accessibilitätssteigerung und bei Zellwolle ein gewisser Accessibilitätsrückgang zu beobachten. Beim Zellstoff sind die accessibilitätserhöhenden und accessibilitätsverschlechternden Einflüsse eines hydrolytischen Abbaus annähernd gleich groß. Zum Verständnis des Einflusses der NaOH-Konzentration auf den erreichten γ-Wert ist es notwendig, anhand von Bild 1 am Beispiel eines Buchensulfitzellstoffs wenigstens qualitativ auf den zeitlichen Verlauf der Umsetzung einzugehen. Quantitative kinetische Betrachtungen erscheinen mit unserem Versuchsmaterial nicht möglich, da bei γ-Werten zwischen 100 und 200 das heterogene Reaktionssystem allmählich in ein homogenes übergeht und sich dabei die Änderung von Transportgeschwindigkeiten und der Accessibilität überlagert. In diesem dann vorliegenden homogenen System erhielten wir bei dem stets angewandten großen Acrylnitrilüberschuß in einer gewissen Abhängigkeit von den Bedingungen der Voraktivierung maximale γ-Werte zwischen 250 und 285. Bei niedriger Laugenkonzentration von beispielsweise 1% bleibt das System während der ganzen hier betrachteten Reaktionszeit heterogen, wobei die Cyanäthylierung der besonders leicht zugänglichen OH-Gruppen nach 15 min im wesentlichen beendet ist und der γ-Wert dann nur noch sehr langsam zunimmt. Mit 2 NaOH erfolgt zunächst ein recht ähnlicher Verlauf, bis das System während der zweiten Stunde Reaktionszeit homogen wird und die damit verbundene Zugänglichkeitserhöhung zu einem starken Anstieg des γ-Wertes führt. Bei 4% NaOH ist dieses Verhalten noch ausgeprägter zu beobachten, während mit 6-, 8-, 10- und 12%iger NaOH praktisch gleiche, steil ansteigende Zeit/Umsatz-Kurven mit bereits nach 30 min erreichten maximalen γ-Werten von ca. 250 erhalten wurden. Die in einer anderen Publikation [11] getroffene Feststellung, wonach in einer Zweibadcyanäthylierung nach 30 min Reaktionszeit bei 60 °C bereits der maximale γ-Wert erreicht sei, gilt also nur bei hohen, keinesfalls aber bei mittleren NaOH-Konzentrationen zwischen 3 und 6%. Um den Vorteil einer hohen Aktivierung ohne den Nachteil zu starker Nebenproduktbildung und zu langer Reaktionszeiten bei der Cyanäthylierung zu nutzen, gingen wir daher von einer für die Viskoseherstellung technisch üblichen Alkalicellulose aus, die unter Verwendung von 18%iger Natronlauge hergestellt worden war, und gaben in einer Versuchsreihe jeweils soviel Wasser hinzu, daß Laugenkonzentrationen zwischen 0,5 und 6% erreicht wurden. Diese Suspensionen wurden dann in der beim Zweibadverfahren üblichen Verfahrensweise abgepreßt und cyanäthyliert. Die vorherige Umwandlung in Alkalicellulose mit anschließender Verdünnung zu niedrigen NaOH-Konzentrationen führt zu einer erheblichen Reaktionsbeschleunigung bei der Cyanäthylierung. (Bild 2).

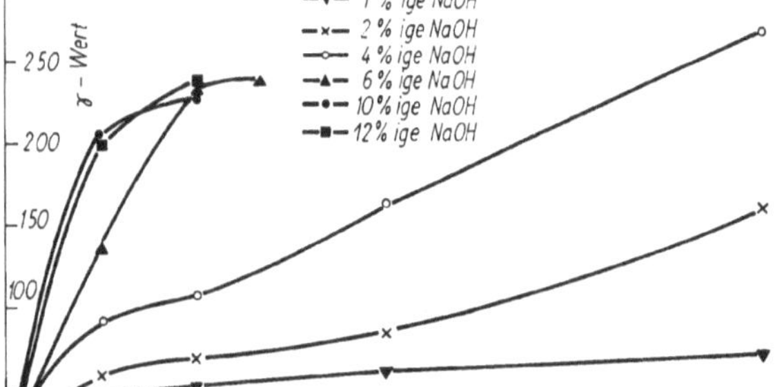

Bild 1. Reaktionsverlauf bei der Cyanäthylierung von Buchen-Sulfit-Zellstoff in Abhängigkeit von der Laugenkonzentration

Tabelle 3 faßt die unterschiedliche Abhängigkeit der nach 30 min erreichten γ-Werte von der NaOH-Konzentration für direkte Zweibadcyanäthylierung

Faserforschung und Textiltechnik 25 (1974) Heft 5
Zeitschrift für Polymerforschung

Tabelle 3. Zweibad-Cyanäthylierung von Alkalicellulose nach Verdünnung mit Wasser (Alkalicellulose aus Buchen-Sulfit-Zellstoff, mit 34,1% Cellulose und 15,4% Alkali, Reaktionstemperatur 60°C, Reaktionszeit 30 min)

NaOH-Konzentration nach Verdünnung %	γ-Wert
0,5	88
1	153
1,5	188
2	202
4	255
6	253

und Rücktauchung der Alkalicellulose mit anschließender Cyanäthylierung zusammen. Der merkliche Abfall im Kurvenverlauf der rückgetauchten Proben bei $C_{NaOH} < 4\%$ läßt darauf schließen, daß die zunächst durch die Alkalicellulosebildung erreichte Accessibilitätserhöhung nicht voll erhalten bleibt, wenn die NaOH-Konzentration zu weit gesenkt wird. Interessant erscheint die Feststellung, daß nach Alkalisierung mit 12% NaOH, also einer Lauge maximaler Quellwirkung, und anschließender Rücktauchung zwar ebenfalls eine erhebliche γ-Wert-Steigerung gegenüber dem normalen Zweibadverfahren erreicht wird, die jedoch deutlich geringer als nach Tauchung mit 18% NaOH ist (Bild 3).

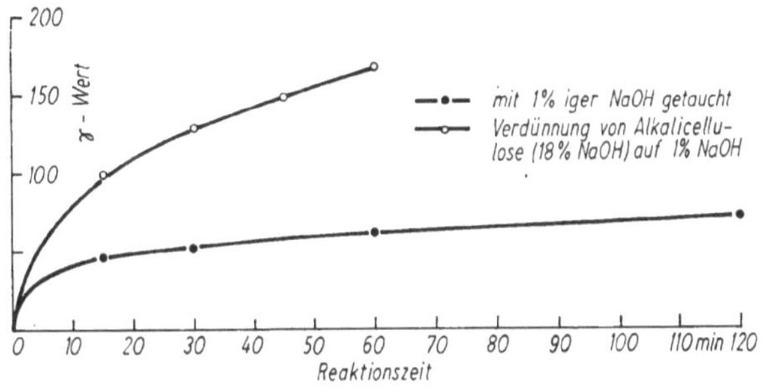

Bild 2. Reaktionsverlauf bei der Cyanäthylierung von Buchen-Sulfit-Zellstoff ohne und mit spezieller Vorbehandlung bei einer Tauchlaugenkonzentration von 1%

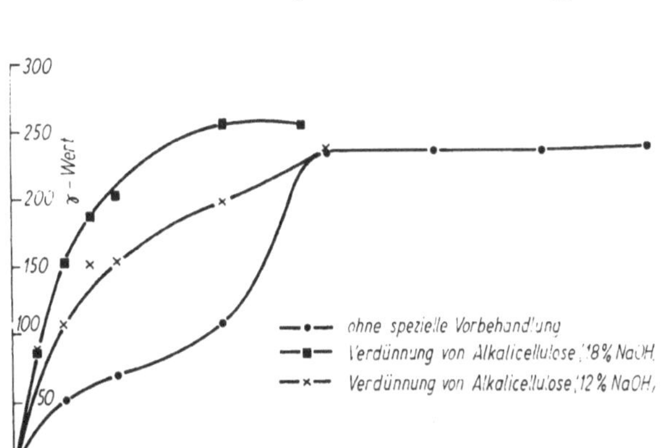

Bild 3. Cyanäthylierung von Buchen-Sulfit-Zellstoff ohne und mit spezieller Vorbehandlung bei unterschiedlichen Laugenkonzentrationen. 30 min Cyanäthylierungszeit

3.2. Cyanäthylierung nach dem Zweibadverfahren mit Zusätzen von DMSO

Davon ausgehend, daß DMSO als dipolares aprotisches Lösungsmittel die Cellulose stark quillt und verschiedene, unter Beteiligung von OH-Ionen ablaufende Reaktionen beschleunigt, versuchten wir, durch Zusätze von DMSO zur Tauchlauge den Cyanäthylierungsgrad beim Zweibadverfahren zu beeinflussen. Hierzu behandelten wir die Celluloseproben mit einem Gemisch aus wäßriger NaOH bestimmter Konzentration und DMSO 1 h bei 20°C, preßten anschließend wie üblich ab und nahmen die Cyanäthylierung wie bereits beschrieben vor. Die hierbei erhaltenen Ergebnisse bestätigen unsere Vermutung, daß ein DMSO-Zusatz beim Tauchprozeß zu einer Zunahme des Cyanäthylierungsgrades führt (Bild 4 und 5).

In Abhängigkeit von der zugesetzten DMSO-Menge durchläuft der γ-Wert ein Maximum, das sich mit steigender Laugenkonzentration etwas zu höheren DMSO-Anteilen verschiebt (Bild 4).

Der Anstieg der Reaktionsgeschwindigkeit durch DMSO-Zusatz kann möglicherweise auf folgende Faktoren zurückgeführt werden:

1. Durch einen DMSO-Zusatz wird die Solvatation der an der Reaktion beteiligten Produkte verändert, wodurch

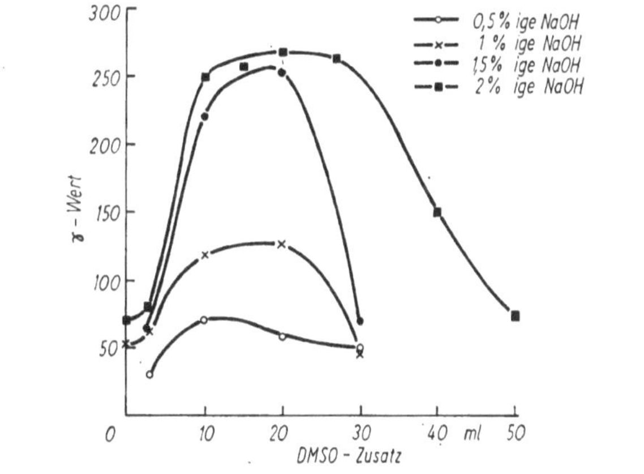

Bild 4. Cyanäthylierung von Buchen-Sulfit-Zellstoff mit DMSO-Zusatz. 30 min Cyanäthylierungszeit

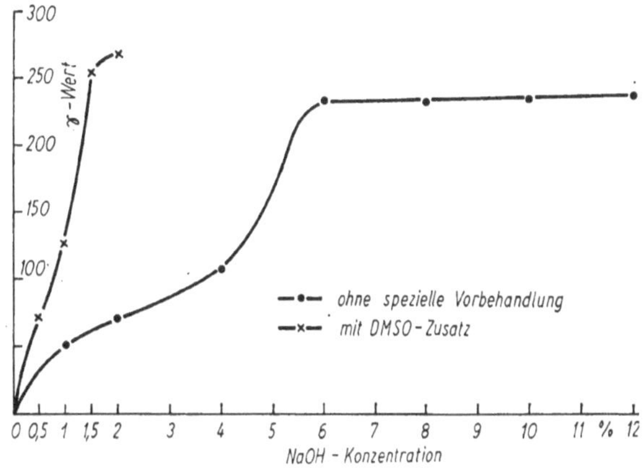

Bild 5. Cyanäthylierung von Buchen-Sulfit-Zellstoff mit und ohne DMSO-Zusatz. 30 min Cyanäthylierungszeit

2. die Aktivität der OH-Ionen erhöht wird,
3. die Löslichkeit des Acrylnitrils in der Lauge verbessert wird und
4. möglicherweise durch eine verstärkte Quellung die Struktur der Cellulose verändert wird.

Auf Grund unseres Versuchsmaterials kann noch nicht entschieden werden, welches Gewicht den einzelnen hier genannten Faktoren bei der Erhöhung des Cyanäthylierungsgrades durch DMSO-Zusatz zukommt, jedoch scheint uns die Änderung im Quellungszustand der Cellulose eine größere Rolle zu spielen als die rein chemischen Faktoren der Reaktivitätsänderung.

3.3. *Zweibad-Cyanäthylierung nach Voraktivierung mit* NH_3

Aus Bild 6 und 7 geht die erhebliche Aktivierungswirkung einer NH_3-Vorbehandlung für eine anschließende Zweibad-Cyanäthylierung hervor, indem bei gleicher NaOH-Konzentration die Umsetzungsgeschwindigkeit vor allem im Anfangsstadium der Reaktion stark erhöht wird und indem der nach 30 min erreichte γ-Wert für NaOH-Konzentrationen $< 6\%$ deutlich über den Vergleichswerten der normalen Zweibad-Cyanäthylierung liegt.

Obwohl NH_3 bei der Aktivierung ähnlich wie NaOH oberhalb der Mercerisiergrenzen in die hochgeordneten Bereiche der Cellulosestruktur eindringt, bleibt jedoch in Übereinstimmung mit den auch bei anderen Umsetzungen der Cellulose erhaltenen Ergebnissen die Aktivierungswirkung hinter der durch Alkalisierung

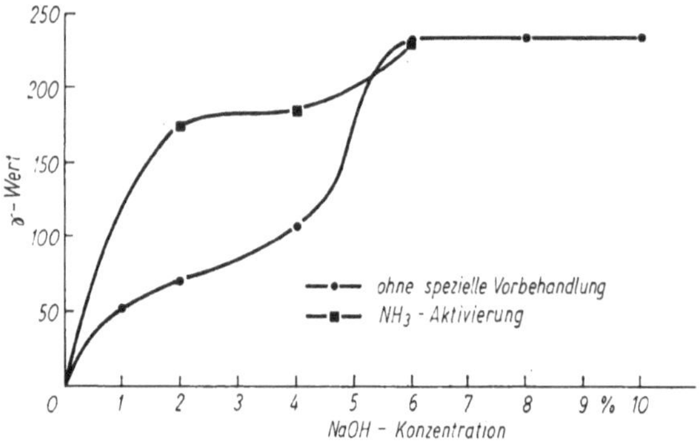

Bild 6. Cyanäthylierung von Buchen-Sulfit-Zellstoff mit und ohne NH_3-Aktivierung. 30 min Cyanäthylierungszeit

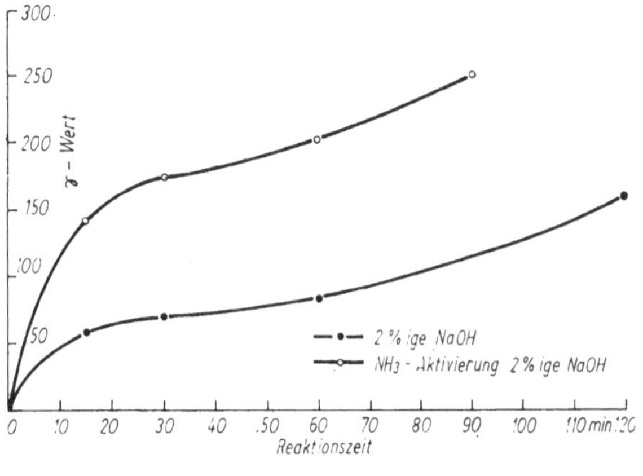

Bild 7. Reaktionsverlauf bei der Cyanäthylierung von Buchen-Sulfit-Zellstoff mit und ohne NH_3-Aktivierung

mit 18% NaOH erreichbaren deutlich zurück, und die Anfangsgeschwindigkeit ist beispielsweise für direkte Zweibad-Cyanäthylierung mit 6% NaOH, also einer für Bu-Si weit unterhalb der Mercerisiergrenze liegenden Konzentration wesentlich höher als nach Voraktivierung mit NH_3 und anschließender Cyanäthylierung mit 2%iger NaOH. Der beträchtliche Aktivierungseffekt hinsichtlich Anfangsgeschwindigkeit mit maximalem Substitutionsgrad durch Vorbehandlung mit flüssigem NH_3 auch bei einer Einbad-Cyanäthylierung mit beispielsweise 2%iger NaOH und begrenzter Acrylnitrilmenge sei hier nur erwähnt; hinsichtlich experimenteller Einzelheiten kann auf eine frühere Mitteilung von uns verwiesen werden [9].

4. *Zusammenfassende Diskussion und Schlußfolgerungen*

Die hier erhaltenen Ergebnisse bestätigen zunächst für die Cyanäthylierung unsere bereits in anderem Zusammenhang getroffene Feststellung [9], daß eine Voraktivierung die Reaktionsgeschwindigkeit und den unter bestimmten Bedingungen erreichten Substitutionsgrad um so mehr erhöht, je höher der mittlere Ordnungszustand der Ausgangsprobe und je niedriger die Alkalilaugenkonzentration während der Umsetzung ist. Es tritt also durch eine bestimmte Voraktivierung auch für die Cyanäthylierung eine umso stärkere Accessibilitätserhöhung ein, je niedriger die Accessibilität unter analogen Reaktionsbedingungen ohne Aktivierung liegt.

Hinsichtlich ihres zeitlichen Ablaufs ist die hier mit einem Überschuß von Acrylnitril vorgenommene Cyanäthylierung gekennzeichnet durch einen Übergang vom heterogenen zum homogenen Reaktionssystem, indem

1. nach dem Ergebnis von Röntgenuntersuchungen [12], beginnend ab γ-Werten von etwa 100, mit fortschreitender Cyanäthylierung das Kristallgitter der Cellulose I zunehmend schwächer wird und bei γ-Werten von etwa 200 ganz verschwunden ist,
2. bei der Cyanäthylierung von Cellulose I bei Laugekonzentrationen $< 6\%$ nach Erreichen eines γ-Wertes von etwa 100 bis 120 eine Erhöhung der Reaktionsgeschwindigkeit einsetzt,
3. sich das Reaktionsprodukt nach Erreichen eines γ-Wertes von etwa 200 im Reaktionsmedium löst.

Weitgehend unabhängig von Ausgangsstruktur und Reaktionsbedingungen (AN-Überschuß vorausgesetzt) wird schließlich ein γ-Wert zwischen 250 und 285 erreicht, dessen weiterer Zunahme bis zum theoretischen Grenzwert von $\gamma = 300$ offenbar Decyanäthylierungsvorgänge [13] entgegenstehen. Bei der Cyanäthylierung von Cellulose II oder aktivierter Cellulose sind zum Erreichen maximaler oder bestimmter niedriger Reaktionsgeschwindigkeiten bzw. Substitutionsgrade wesentlich niedrigere Laugekonzentrationen als bei der Cyanäthylierung von unbehandelter Cellulose I erforderlich und der durch Nebenreaktionen bedingte Verbrauch an Acrylnitril wird dadurch verringert. Der Übergang zum homogenen System erfolgt um so leichter, je niedriger der mittlere Ordnungszustand der Ausgangsstruktur liegt, und wird durch Erhöhung der NaOH-Konzentration und/oder Voraktivierung gefördert. Unter sehr milden

Reaktions- bzw. Quellbedingungen (Einbad-Cyanäthylierung mit 2% NaOH, Zweibad-Cyanäthylierung mit 1% NaOH) bleibt dieser Übergang bei nativer Cellulose innerhalb der hier betrachteten Reaktionszeiten aus.

Vergleicht man die verschiedenen Möglichkeiten einer vorherigen oder zusätzlichen Aktivierung unter Cyanäthylierungsbedingungen, bei denen sich eine solche Aktivierung besonders deutlich auswirkt (niedrige NaOH-Konzentration von 2%, native Cellulosestruktur geringer Accessibilität wie z. B. im Buchensulfitzellstoff, so ergibt sich eine Rangfolge:

Vorquellung unter DMSO-Zusatz > Alkalisierung mit 18% NaOH > NH_3-Aktivierung ≧ Alkalisierung mit 12% NaOH > normales Zweibadverfahren ohne Aktivierung.

Hieraus geht hervor, daß zwar eine Ordnungsverringerung in den hochgeordneten, sogenannten „röntgenkristallinen" Bereichen durch NH_3-Vorbehandlung oder Alkalisierung mit Laugen oberhalb der Mercerisiergrenze eine Umsetzung zu höherem DS begünstigt, daß aber offenbar eine ausreichende Quellung der Bereiche mittleren und niedrigen Ordnungsgrades von vielleicht noch größerer Bedeutung ist, wie vor allem die Ergebnisse mit DMSO-Zusätzen zum Reaktionsgemisch zeigen. Bei einer Alkalisierung mit hoher Laugenkonzentration mit anschließender Rücktauchung sind beide Faktoren wirksam, was die große Aktivierungswirkung 18%iger NaOH mit anschließender Rücktauchung erklären könnte. Nicht ohne weiteres einleuchtend ist der deutliche Unterschied in der Aktivierungswirkung von 12 und 18% NaOH mit Rücktauchung, da in beiden Fällen die Mercerisiergrenze überschritten ist und das Quellungsmaximum der Cellulose durchlaufen wird. Phänomenologisch ergibt sich allerdings eine Parallele zur Faserxanthogenierung wo der Maximal-γ-Wert ebenfalls beim Übergang von 10,5- zu 14%iger Tauchlauge noch um etwa 30% ansteigt [14] und auch die chemisch gebundene NaOH-Menge noch zunimmt. Möglicherweise stellt gerade diese erst oberhalb 12% NaOH vollständige Bildung der 1:1-Additionsverbindung eine notwendige Bedingung zum Erreichen eines maximalen Aktivierungseffektes, d. h. einer möglichst weitgehenden Lösung inter- und intramolekularer H-Brücken, auch für eine anschließende Cyanäthylierung bei Verwendung wäßriger NaOH dar.

Fräulein *Waltraud Stern* und Frau *Ursula Hohn* danken wir für gewissenhafte Mitarbeit.

Literatur

[1] *Prati, G.*, und *Pacetti, S.:* Die Cyanäthylierung der Hydroxylgruppen der Cellulose. Ann. Chimica, Roma **48** (1958) S. 428–436, 437–456.

[2] *Feit, B. A.*, und *Zilhka, A.:* Kinetics and mechanism of the cyanoethylation of alcohols. J. org. Chem., Easton **28** (1963) S. 406–410.

[3] *Bikales, N. M.:* „Cyanoethylation". In: Encycl. Chem. Technol. Vol. 6. New York: Interscience Publishers, 1966, S. 634–668.

[4] *Bikales, N. M.:* „Cyanoethylation". In: Encycl. Polymer Sci. Technol. Vol. 4. New York: Interscience Publishers, 1966, S. 533.

[5] *Lukanoff, T.:* Beiträge zur Cyanäthylierungsreaktion. 1. Mitt.: Temperaturabhängigkeit und zeitlicher Verlauf einer Einbadcyanäthylierung. Faserforsch. u. Textiltechnik **16** (1965) S. 77–83.

[6] *Pašteka, M., Pikler, A.*, und *Piklerova, A.:* Bildung der Carboxyäthylcellulose während der Cyanäthylierung der Cellulose. Cellulose Chem. Technology, Jaşi. **7** (1973) S. 23–29.
Einfluß der Celluloseaccessibilität auf die Cyanäthylierung und Bildung von Carboxyäthylcellulose. Cellulose Chem. Technology, Jaşi **7** (1973) S. 31–40.

[7] *Sjutkin, V. N., Bytenskij, V. Ja.*, und *Slaveckaja, P. A.:* Hydrolyse von Cyanäthylcellulose im alkalischen Medium. Ž. prikl. Chimii (Z. angew. Chemie) **45** (1972) 1, S. 167–172.

[8] *Bikales, N. M., Gruber, A. H.*, und *Rapoport, L.:* Effect of salts on cyanoethylation of cotton. Ind. engng. Chem. **50** (1958) S. 87–90.

[9] *Schleicher, H., Daniels, C.*, und *Philipp, B.:* Changes of cellulose accessibility to reactions in alkaline medium by activation with ammonia. J. Polymer Sci. in Druck.

[10] *Frieser, E. P.:* Die chemische Modifikation von Cellulosefasern. Textil-Praxis **20** (1965) S. 758–765.

[11] *Pastýr, J.*, und *Kuniak, L.:* Cyanäthylierung von Cellulosematerial. Cellulose Chem. Technology, Jaşi **6** (1972) S. 197–202.

[12] *Conrad, C. M., Stanonis, D. J., Creely, J. J.*, und *Harbrink, P.:* Changes in fine structure and mechanical properties induced by cyanoethylation of cotton yarns. II. Reacted without longitudinal shrinkage. J. appl. Polymer Sci. **5** (1961) S. 163–170.

[13] *Lukanoff, T., Linow, K-J.*, und *Philipp, B.:* Untersuchung zur alkalischen Spaltung von Estern und Äthern der Cellulose in Gegenwart von Dimethylsulfoxid. Faserforsch. u. Textiltechnik **20** (1969) S. 383 bis 387.

[14] *Philipp, B.:* Beiträge zur Kinetik der Xanthogenatreaktion der Cellulose, Habilitationsschrift TU Dresden 1956.

Eingegangen am 17. Januar 1974

Analytische und morphologische Untersuchungen zum Viskose-EHM-Spinnprozeß

Dieter Bartsch, Hans-Joachim Purz, Dieter Paul, Heinz-Jürgen Gensrich und Hans-Georg Hicke

Akademie der Wissenschaften der DDR, Institut für Polymerenchemie in Teltow-Seehof

DK 677.463:677.021.125.26—913.3:677.021.122/.123:547.281.1:677.017.42

Unter Bedingungen, unter denen bei einem Zn-freien Spinnprozeß Fäden hoher Festigkeit entstehen, wurde der Einfluß des CH_2O im Spinnbad auf die Xanthogenatstabilisierung und die Morphologie der Gelfäden untersucht. Die Ergebnisse lassen sowohl Analogien zum Zn/Modifikator-Spinnprozeß erkennen als auch den Schluß zu, daß eine bei der Koagulation gebildete „dichte" Gelstruktur die Voraussetzung für eine hohe Reckbarkeit darstellt, während die Xanthogenatstabilisierung durch Reaktion mit CH_2O im Hinblick auf die Reckbarkeit und damit auf die mechanischen Eigenschaften der Fäden von untergeordneter Bedeutung ist.

Аналитические и морфологические исследования в связи с формованием сверхвысокомодульного вискозного волокна

В условиях, при которых в отсутствие цинка получается волокно с высокой прочностью, изучено влияние формальдегида в прядильной ванне на стабилизацию ксантогената и морфологию свежесформованного волокна. Полученные результаты позволяют установить как аналогию к процессу формования в присутствии цинка и модификатора, так и то, что возникающая в процессе коагуляции „плотная" структура геля является необходимым условием для достижения высокой степени вытяжки. С другой стороны, стабилизация ксантогената при взаимодействии с формальдегидом оказывает лишь второстепенное влияние на вытягиваемость и, тем самым, на механические свойства волокна.

Analytical and Morphological Investigations of the EHM Viscose Spinning Process

Under the conditions leading to high strength filaments by spinning without Zn the effect of CH_2O in the coagulation bath on the stabilization of xanthate and the morphology of the gel filament have been investigated. The results reveal similarities to the Zn/modifier spinning process and allow the conclusion that a dense gel structure formed during coagulation is required for reaching high drawing degrees, while the stabilization of xanthate by the reaction with CH_2O is of minor importance with respect to the drawing ability and, thus, to the mechanical properties of the filaments.

1. Einführung

Während der letzten 20 Jahre sind bei den Cellulose-Regeneratfaserstoffen Eigenschaftsverbesserungen erreicht worden, die einerseits zu einem durchgreifenden Einsatz dieser Faserstoffe bei der Verstärkung von Elasten und andererseits dazu führten, daß das Kraft-Verformungs-Verhalten, insbesondere im nassen Zustand, sowie die Alkalilöslichkeit baumwollähnlicher wurden. Diese Eigenschaftsverbesserungen sind im wesentlichen mit zwei Prozeßrichtungen verbunden. Das sind einmal jene Prozesse, bei denen mit Modifikatoren und hohen $ZnSO_4$-Konzentrationen in den Spinnbädern gearbeitet wird (Supercordverfahren und „high-wet-modulus"-Prozeß). Die zweite Richtung bilden jene Prozesse, für die hohe Xanthogenierungsgrade bei dem Spinnen der Viskose, hohe Durchschnittspolymerisationsgrade der Regeneratcellulose und Spinnbäder mit niedrigen Salz- und Säurekonzentrationen typisch sind (*Tachikawa*-Verfahren, Polynosicprozeß). Durch Zusatz von Formaldehyd zu den Spinnbädern werden höhere Reckungen möglich, die zu weiteren Steigerungen von Festigkeit und Anfangsmodul führen (EHM-Prozeß). Beispiele für den EHM-Prozeß unter Verwendung von CH_2O sind unter [1] zitiert.

Als die für den EHM-Prozeß spezifische Reaktion wird die Umsetzung der Xanthogenatgruppe mit dem CH_2O (I) diskutiert. Die sich dabei bildende S-Methylolverbindung des Cellulosexanthogenats ist sehr säurestabil und verzögert somit die Zersetzung des Xanthogenats [2].

In der zersetzungsverzögernden Wirkung des CH_2O wird eine Analogie zu der zersetzungsverzögerten Wirkung von Zn^{++} plus Modifikator beim Supercordprozeß gesehen [3]. Außer der Bildung der S-Methylolverbindung diskutiert man auch eine Vernetzung über die OH-Gruppen der Cellulose durch den CH_2O [3].

Vom Supercordprozeß her ist bekannt, daß durch das Zusammenwirken von Zn^{++} und Modifikator bei der Koagulation des Viskosesols über den gesamten Fadenquerschnitt eine dichte Gelstruktur ausgebildet wird [4], die wahrscheinlich erst zusammen mit der Zersetzungsverzögerung die Anwendung hoher Reckungen ermöglicht und damit zu hohen Festigkeiten führt. Das Ziel der vorliegenden Arbeit bestand darin, Seiden vom EHM-Typ ohne Anwendung von Zn^{++} herzustellen, diesen Prozeß durch analytische Untersuchungen zu charakterisieren und die Frage zu klären, ob eine sich über den gesamten Fadenquerschnitt erstreckende dichte Gelstruktur an einen Zn^{++}/Modifikator-Prozeß gebunden ist oder sich auch auf andere Weise erreichen läßt.

2. Experimentelles

Bild 1 zeigt schematisch die benutzte Spinnanordnung. Der Durchsatz von 1,5 kg Cellulose/4 h unter Supercordbedingungen gibt eine Vorstellung von der Größenordnung dieser Apparatur. In Abhängigkeit von den verschiedenen Einflußgrößen bestimmten wir als Zielgrößen die γ-Werte der Fäden an den jeweils berechneten Stellen des Spinnprozesses sowie die mechanischen Eigenschaften der getrockneten Seide (Schutzdrall 80 Dr/m, Einspannlänge 500 mm). Zur γ-Wert-Bestimmung wurde mit Hilfe einer Doppelschere ein 5 cm langes Fadenstück aus dem laufenden Faden herausgeschnitten; die Proben wurden, wie unter [5] beschrieben, aufgearbeitet. Außer Festigkeit und Dehnung wurden für den konditionierten Zustand und den nassen Zustand die Anfangs- bzw. Naßmodulwerte aus den Kraft-Längenänderungs-Diagrammen berechnet; beide Modulwerte stellen die extrapolierte Kraft dar, die für eine Dehnung von 100% aufzuwenden wäre, wobei der Anfangsmodul durch Anlegen der Tangente an die nahezu lineare Kraft-Längenänderungs-Kurve und der Naßmodul durch die Sekante, die durch den Nullpunkt des Kraft-Längenänderungs-Diagramms und der Kraft bei einer Dehnung von 5% (in der Literatur auch als 5%-Modul bezeichnet) bestimmt ist, berechnet wird.

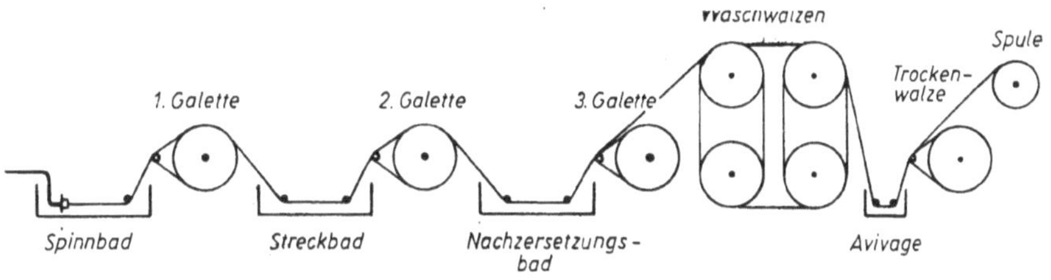

Bild 1. Spinnanordnung (schematisch)

$$\text{Cell}-\text{O}-\text{C}\begin{matrix}\nearrow \text{S}\\ \searrow \text{SNa}\end{matrix} \xrightarrow{+\text{H}^+} \text{Cell}-\text{O}-\text{C}\begin{matrix}\nearrow \text{S}\\ \searrow \text{SH}\end{matrix} \xrightarrow{+\text{CH}_2\text{O};\,\text{H}^+} \text{Cell}-\text{O}-\text{C}\begin{matrix}\nearrow \text{S}\\ \searrow \text{S}-\text{CH}_2\text{OH}\end{matrix} \qquad \text{(I)}$$

Die Proben für die elektronenmikroskopischen Untersuchungen wurden gleichfalls an den jeweils bezeichneten Stellen des Spinnprozesses entnommen. Um die Morphologie des Gelfadens zu „konservieren“, wurden die Proben, gegebenenfalls nach einer Xanthogenatzersetzung, durch Lösungsmittelaustausch entwässert und dann mit Hilfe der Ultradünnschnitt-Technik bzw. durch die Oberflächen-Abdruck-Technik für die elektronenmikroskopische Untersuchung präpariert. Einzelheiten zur experimentellen Methodik sind in [4] und [6] dargestellt.

Zur Ermittlung des vom entstehenden Faden insgesamt aufgenommenen beziehungsweise des gebundenen Formaldehyds wurden Fäden an einer Modellapparatur mit einem Badvolumen von 100 ml aus Bädern, die C-14-markierten Formaldehyd enthielten, ersponnen. Die radiochemische Untersuchung erfolgte nach katalytischer Verbrennung durch Ionisationskammermessung (7). Die Verteilung des markierten Formaldehyds und seiner Folgeprodukte über den Fadenquerschnitt wurde mit Hilfe der elektronenmikroskopischen Autoradiografie bestimmt [8].

3. Ergebnisse

3.1. Einfluß der Viskosier- und Spinnbedingungen auf die Xanthogenatzersetzung und die mechanischen Eigenschaften der Fäden

Wir setzten zunächst dem Spinnbad wechselnde Mengen CH_2O zu. Die Viskose sowie nahezu sämtliche Spinnbedingungen entsprachen dem Supercordprozeß; die einzige Ausnahme bildete das Spinnbad, das kein $ZnSO_4$ enthielt und auf 20 °C temperiert war. Wir fanden, daß die Reckbarkeit der Gelfäden unabhängig von der CH_2O-Konzentration des Spinnbades um 100% lag, wobei Seiden mit Festigkeiten um 25 p/tex erhalten wurden.

In Tabelle 1 sind die Faden-γ-Werte, die hinter der ersten Galette (vor Beginn der Reckung) und hinter der dritten Galette (nach sämtlichen Säurebädern) vorliegen, in Abhängigkeit von der CH_2O-Konzentration des Spinnbades dargestellt. Gegenüber dem CH_2O-freien Spinnprozeß tritt hinter der ersten Galette bis herauf zu einer CH_2O-Konzentration von 0,4% eine Erhöhung der γ-Werte um etwa 40% ein, während bei CH_2O-Konzentrationen von > 0,4% kein wesentlicher Anstieg mehr zu bemerken ist. Noch ausgeprägter ist der γ-Wert-Anstieg, der in Abhängigkeit von der CH_2O-Konzentration nach der dritten Galette gefunden wird, nachdem also der Faden das auf 98 °C temperierte Reckbad mit einer H_2SO_4-Konzentration von 3 g/l und das auf 85 °C temperierte Nachzersetzungsbad mit einer Konzentration von 60 g H_2SO_4/l durchlaufen hat. Während beim CH_2O-freien Prozeß erwartungsgemäß kaum noch Xanthogenatschwefel nachweisbar ist, steigen die γ-Werte von 5 bei der niedrigsten CH_2O-Konzentration bis auf 25 bei der höchsten CH_2O-Konzentration an.

Dieser Effekt, das heißt die Abhängigkeit der Faden-γ-Werte von der CH_2O-Konzentration des Spinnbades, zeigt, daß die Umsetzung des Xanthogenats mit dem CH_2O zu der säurestabilen S-Methylolverbindung stattgefunden hat. Betrachtet man aber die textilen Werte, die nur in der Größenordnung der „Normalviskoseseide“ liegen, dann kommt man zu dem Schluß, daß die Xanthogenatstabilisierung allein nicht ausreicht, um hohe Reckungen zu applizieren und zu Fäden mit hohen Festigkeiten zu kommen. Außerdem folgt aus der Abhängigkeit der γ-Werte von der CH_2O-Konzentration, daß man möglichst niedrige CH_2O-Konzentrationen anstreben sollte, um bei der Nachzersetzung die Badstrecken innerhalb vernünftiger Grenzen zu halten.

In einer weiteren Versuchsreihe setzten wir der Viskose CH_2O zu und arbeiteten mit CH_2O-freien Spinnbädern. Ansonsten waren die Viskosier- und Spinnbedingungen die gleichen wie oben beschrieben. Die γ-Werte, die in Abhängigkeit von der CH_2O-Konzentration der Viskose bei dem Spinnen an der ersten Galette und an der zweiten Galette bestimmt wurden, sind in Tabelle 2 dargestellt. Hier liegen be-

Tabelle 1. Abhängigkeit der Faden-γ-Werte von der CH_2O-Konzentration des Spinnbades

CH_2O-Konzentration %	γ-Wert 1. Galette	γ-Wert 3. Galette
0	30	< 0,1
0,2	30	5
0,4	35	12
1,0	35	20
2,0	38	25

Spinnbadtemperatur 20 °C

Tabelle 2. Abhängigkeit der Faden-γ-Werte von der CH_2O-Konzentration der Viskose

CH_2O-Konzentration %	γ-Wert 1. Galette	γ-Wert 2. Galette
0,1	28	< 1
0,2	25	< 1
0,5	30	< 1

Spinnbadtemperatur 20 °C

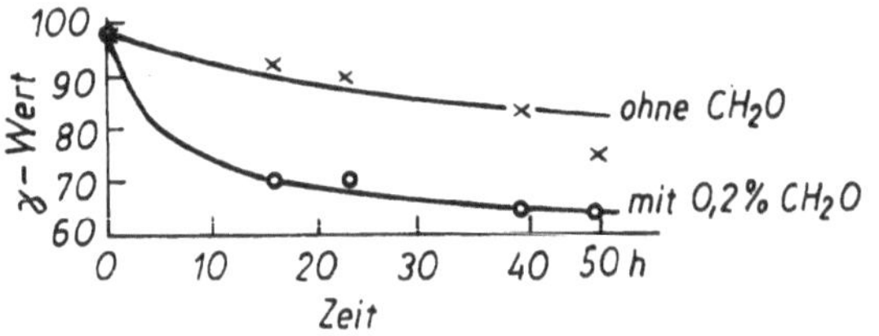

Bild 2. Einfluß des CH_2O-Gehaltes der Viskose auf den γ-Wert-Verlauf bei der Nachreife (Nachreifetemperatur 0 °C)

reits an der zweiten Galette, also nach dem Reckbad, unabhängig von der CH_2O-Konzentration die γ-Werte unter 1. Daraus ist zu folgern, daß eine Umsetzung des CH_2O mit den Xanthogenatgruppen unter dem Einfluß des Spinnbades nicht stattgefunden hat. Die Festigkeiten der ersponnenen Seiden lagen um 25 p/tex. Untersuchungen zum Nachreifeverlauf von Viskosen ergaben, daß CH_2O in der Viskose während der ersten 5 bis 10 h Nachreife den γ-Wert-Abfall beschleunigt. Nach dieser anfänglichen Beschleunigung verläuft die Nachreife mit der gleichen Geschwindigkeit wie bei einer CH_2O-freien Viskose (Bild 2). Offensichtlich wird also in der alkalischen Lösung CH_2O durch Reaktion mit CS_2 gebunden, wobei der CS_2 irreversibel aus dem Umxanthogenierungsgleichgewicht entfernt wird, bis der CH_2O aufgebraucht ist.

Beim Zusatz von CH_2O zum Spinnbad erwiesen sich zwei Einflußgrößen als wesentlich im Hinblick auf eine höhere Reckbarkeit; diese Einflußgrößen sind der γ-Wert der Viskose zum Zeitpunkt des Spinnens und der Verzug (Verhältnis von Abzugsgeschwindigkeit aus dem Spinnbad zu Ausspritzgeschwindigkeit). Die Bedeutung des Verzuges, und zwar besonders beim Supercordprozeß, ist bereits von *Treiber* betont worden [9]; bekannt ist auch, daß sich die Gelstruktur durch den Verzug beeinflussen läßt, und zwar in dem Sinne, daß mit abnehmendem Verzug eine Strukturverdichtung eintritt [4]. Durch das Spinnen von unmodifizierten Viskosen mit γ-Werten um 70 (bisher 40) und Verzugswerten um 0,3 (bisher 0,7) ließen sich Reckungen von über 200% applizieren, wobei Seiden mit Festigkeiten um 45 p/tex erhalten wurden. Tabelle 3 zeigt einige Zahlenwerte für diese Zusammenhänge. Auch hier wird deutlich, daß die Höhe des γ-Wertes bei Reckbeginn zumindest nicht das einzige Kriterium für eine hohe Reckbarkeit darstellt. Werden unter diesen Bedingungen sowohl die Salz- als auch die Säurekonzentrationen des Spinnbades herabgesetzt, ist ein weiterer Festigkeitszuwachs erreichbar.

Tabelle 3. Abhängigkeit der mechanischen Eigenschaften vom γ-Wert der Viskose und vom Verzug

γ-Wert Viskose	Verzug	γ-Wert 1. Galette	Reckung %	Festigkeit p/tex	Dehnung %
39	0,24	19	100	21	4,0
39	0,66	25	100	27	3,6
74	0,24	44	300	43	3,6
74	0,66	54	100	23	3,6

Spinnbad: 60 g H_2SO_4/l; 120 g Na_2SO_4/l; 0,2% CH_2O; 20 °C

Tabelle 4. Eigenschaften der ersponnenen Seiden

	mit 0,2% CH_2O im Spinnbad	ohne CH_2O im Spinnbad
Reckung in %	320	220
Reißlänge (kond.) in Rkm	48	41
Reißlänge (naß) in Rkm	32	28
Bruchdehnung (kond.) in %	4,5	4,5
Bruchdehnung (naß) in %	5,2	5,2
Anfangsmodul in p/tex	1500	1500
Naßmodul in p/tex	630	590
γ-Wert 1. Galette	55	36

Mit nunmehr verdünnteren Spinnbädern (40 g H_2SO_4/l; 80 g Na_2SO_4/l; 20 °C) prüften wir den Einfluß des CH_2O auf die Reckbarkeit und auf die mechanischen Eigenschaften der Fäden. Tabelle 4 zeigt die Ergebnisse. Der CH_2O-Zusatz zum Spinnbad führt also zu einer erhöhten Reckbarkeit, wobei allerdings lediglich die Festigkeiten gegenüber dem CH_2O-freien Spinnbad um etwa 20% ansteigen, während sich die Dehnungswerte sowie der Anfangsmodul und der Naßmodul nicht ändern.

Mit abnehmender Säure- und Salzkonzentration des Spinnbades wird der Einfluß des CH_2O auf die Reckbarkeit und die mechanischen Eigenschaften ausgeprägter. Mit einem salzarmen Spinnbad (20 g H_2SO_4/l; 5 g Na_2SO_4/l; 20 °C), das hinsichtlich der Säurekonzentration an der unteren Grenze der Spinnbarkeit überhaupt liegt und bei dem die Spinngeschwindigkeit auf etwa 30% des bisherigen Wertes herabgesetzt werden mußte, werden bei Zusatz von CH_2O Reckungen erreicht, die knapp doppelt so hoch sind wie im Falle des CH_2O-freien Bades; dementsprechend unterscheiden sich auch die mechanischen Eigenschaften der Fäden, wie die in Tabelle 5 zitierten Zahlenwerte zeigen.

3.2. Morphologische Untersuchungen

An den Fäden der Versuchsvarianten, die der Tabelle 5 zugrunde liegen, untersuchten wir einmal an Ultradünnschnitten die Morphologie der Gelstruktur, die vorliegt, nachdem der Faden aus dem Spinnbad abgezogen worden ist, und zum anderen parallel dazu die Morphologie der Fadenoberflächen. Der Grund dafür, daß wir gerade auf diese Varianten zurückgriffen, ist darin zu suchen, daß hier der stärkste Einfluß des Formaldehyds auf die mechanischen Eigenschaften der Fäden festgestellt worden ist. Es wurden Ultra-

Tabelle 5. Eigenschaften der ersponnenen Seiden

	mit 0,2% CH_2O im Spinnbad	ohne CH_2O im Spinnbad
Reckung in %	450	250
Reißlänge (kond.) in Rkm	55···60	40
Reißlänge (naß) in Rkm	45	29
Bruchdehnung (kond.) in %	4,4	4,9
Bruchdehnung (naß) in %	4,8	5,9
Anfangsmodul in p/tex	3600	1800
Naßmodul in p/tex	990	520
γ-Wert 1. Galette	43	16

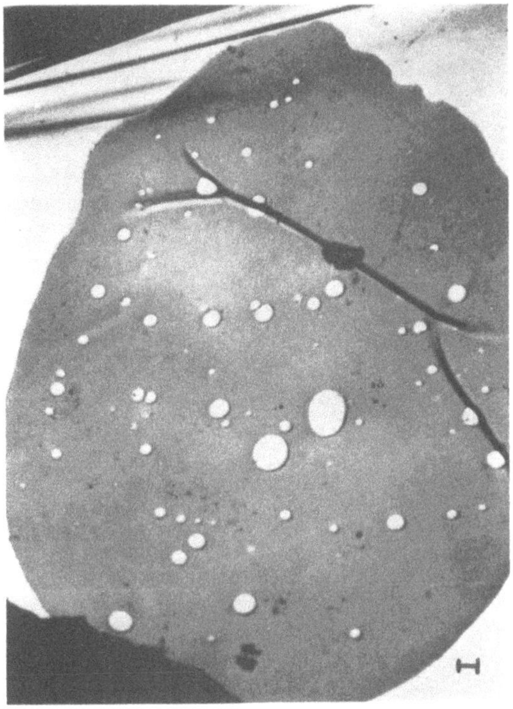

Bild 3. Ultradünnschnitt; Fadenprobe hinter der 1. Galette entnommen; 0,2% CH_2O im Spinnbad (3200:1)

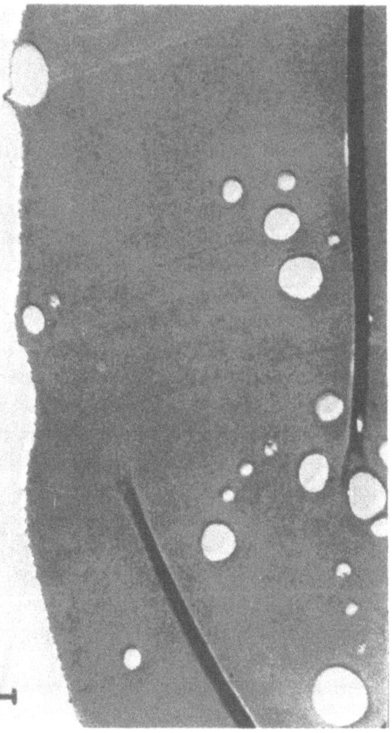

Bild 5. Ultradünnschnitt; Fadenprobe hinter der 1. Galette entnommen; mit 0,2% CH_2O im Spinnbad (9000:1)

dünnschnitte von Fäden untersucht, die wir mit und ohne Zusatz von CH_2O ersponnen hatten. Bei der Untersuchung der Oberflächenmorphologie hingegen beschränkten wir uns auf Fäden, die unter Zusatz von CH_2O ersponnen worden waren.

Bild 3 zeigt den Ultradünnschnitt eines mit CH_2O ersponnenen Fadens, Bild 4 den Ultradünnschnitt eines Fadens, der ohne CH_2O ersponnen wurde. Die Proben wurden hinter der ersten Galette entnommen. Beiden Präparaten ist die dichte Struktur gemeinsam,

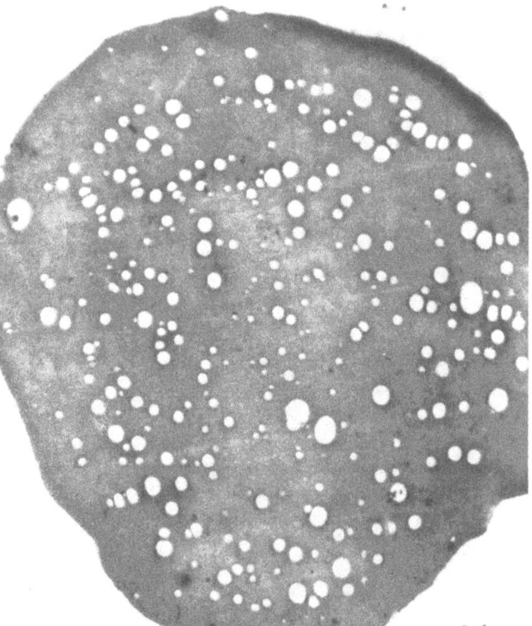

Bild 4. Ultradünnschnitt; Fadenprobe hinter der 1. Galette entnommen; ohne CH_2O im Spinnbad (3200:1)

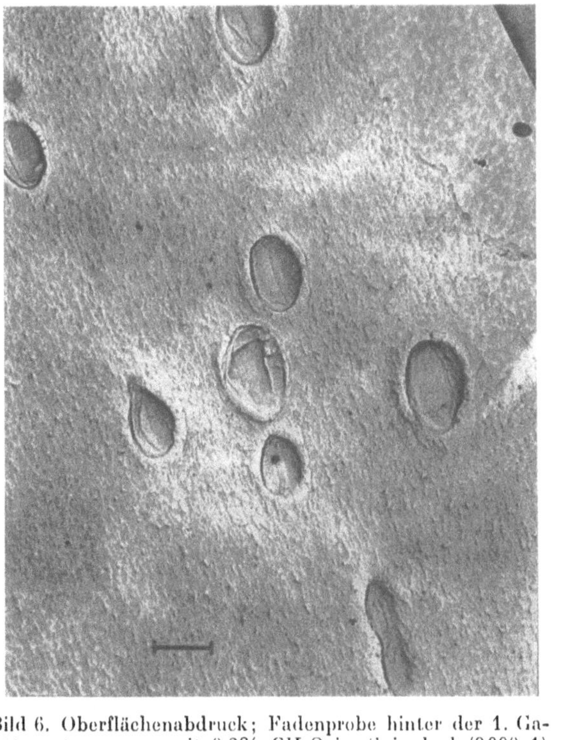

Bild 6. Oberflächenabdruck; Fadenprobe hinter der 1. Galette entnommen; mit 0,2% CH_2O im Spinnbad (9000:1)

die sich über die gesamte Querschnittsfläche erstreckt. Dieser Effekt wurde bisher nur bei Fäden aus dem Modifikator/Zink-Spinnprozeß beobachtet (sog. Vollmantelfäden, wie sich auch durch Anfärbeversuche lichtmikroskopisch nachweisen läßt). Bei früher untersuchten Kernmantelfäden (Normalviskoseseide) ist festgestellt worden, daß der Mantel aus dieser dichten Struktur aufgebaut wird, während der Kern ein lockeres kohärentes Polymernetzwerk darstellt [4]; dabei muß nochmals betont werden, daß die Differenzierung in „dichte" und „lockere" Strukturen über den Querschnitt elektronenmikroskopisch nur dann erfaßbar wird, wenn durch Entwässerung über einen Lösungsmittelaustausch oder durch Gefriertrocknung die Gelstruktur, die bei der Trocknung durch Verdampfen von Wasser kollabiert, „konserviert" wird. Da die hier zu diskutierenden Proben in gleicher Weise — nämlich durch Lösungsmittelaustausch — getrocknet worden sind, wie die Proben, an denen die verschiedenen Strukturen erstmals nachgewiesen wurden, ist ein direkter Vergleich zwischen diesen Strukturen möglich.

In beiden Präparaten (Bild 3 und Bild 4) sind Hohlräume sichtbar, für deren Bildung die Ansammlung gasförmiger (H_2S) oder flüssiger, mit Wasser nicht mischbarer (CS_2) Zersetzungsprodukte als eine Möglichkeit diskutiert werden kann. Daß es sich hierbei um Präparationsartefakte handelt, ist weniger wahrscheinlich; denn erstens ist eine Identität zwischen den an der Fadenperipherie liegenden Hohlräumen (Beispiel Bild 5) und den auf der Oberfläche sichtbaren ovalen Defektstellen (Bild 6) wahrscheinlich, und zweitens entspricht die wesentlich größere Anzahl der Hohlräume in dem Präparat, das ohne CH_2O ersponnen worden war, der Erwartung. Bei gleichem Viskose-γ-Wert von 85 werden im Falle des CH_2O-haltigen Spinnbades etwa 50% und im Falle des CH_2O-freien Spinnbades bereits etwa 80% der Xanthogenatgruppen im Spinnbad zersetzt (siehe γ-Werte an der ersten Galette, Tabelle 5).

Bild 6 stellt den Oberflächenabdruck einer Faserprobe dar, die unter Zusatz von CH_2O ersponnen und an der ersten Galette entnommen worden ist. Auf die kraterartigen Defektstellen in der Oberfläche haben wir bereits hingewiesen. Ansonsten zeigen die Oberflächenabdrücke keine strukturellen Regelmäßigkeiten, wie sie beispielsweise bei Fäden gefunden werden, die nach einem Modifikator/Zn^{++}-Prozeß ersponnen wurden. Eine Erscheinung allerdings ist noch zu erwähnen; Bild 6 bietet Anhaltspunkte dafür, daß die Oberfläche mit einer Deckschicht überzogen ist. Für das Vorliegen einer solchen Deckschicht spricht auch Bild 7, das die Oberfläche einer Faserprobe darstellt, die nach Passieren der Waschwalzen entnommen wurde. Wenn sich das Vorliegen einer solchen Deckschicht verifizieren ließe, dann könnte es sich dabei nur um Fällungsprodukte von CH_2O mit H_2S handeln; derartige Fällungen führen ja bei den Spinnprozessen, die mit CH_2O im Spinnbad arbeiten, zu Problemen bei der Badfiltration, sind also auch auf der Faseroberfläche prinzipiell nicht unwahrscheinlich. Eine Deckschicht auf der Oberfläche würde eine Analogie zu den beim Supercord intermediär auftretenden Deckschichten, die gleichfalls aus einer Badkomponente (Zn^{++}) und aus den Xanthatzersetzungsprodukten gebildet werden,

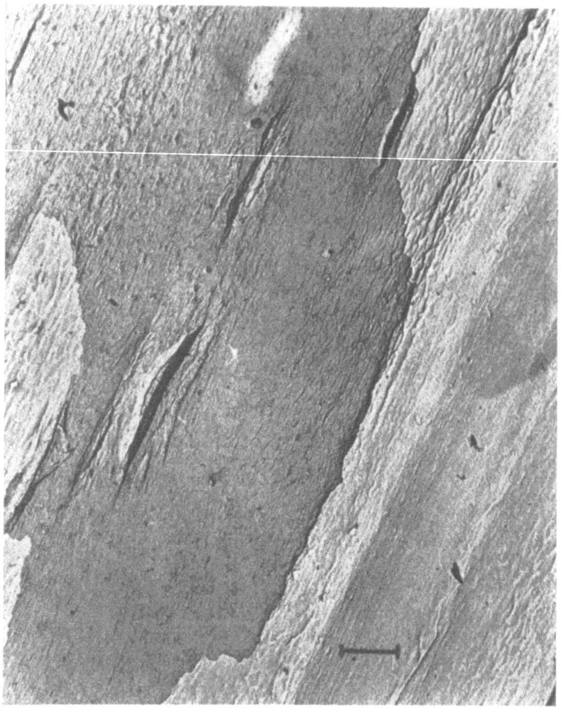

Bild 7. Oberflächenabdruck; Fadenprobe hinter der Waschwalze entnommen; mit 0,2% CH_2O im Spinnbad (9000:1)

darstellen. Strukturelle Regelmäßigkeiten sind auch an dem in Bild 7 dargestellten Präparat nicht erkennbar. Die in Bild 6 sichtbaren ovalen Defektstellen treten auch in Bild 7, hier allerdings infolge der Reckung in Faserlängsrichtung deformiert, auf.

3.3. Radiochemische Untersuchungen

Diese Untersuchungen führten wir mit einer Mikro-Spinnapparatur durch. Abgesehen von der niedrigeren Spinngeschwindigkeit entsprachen alle einzustellenden Geschwindigkeiten und Badkonzentrationen den Werten, mit denen an der größeren Spinnapparatur Fäden mit Festigkeiten von 55 bis 60 p/tex erhalten wurden; diese Fäden hatten wir auch für die morphologischen Untersuchungen eingesetzt.

Tabelle 6 zeigt in Abhängigkeit von der Verweilzeit die im Spinnbad aufgenommene CH_2O-Menge, die stetig ansteigt und am Ende des Spinnbades den höchsten Wert von etwa 0,9% aufweist. In Tabelle 6 ist weiterhin die Konzentration an nicht auswaschbarem

Tabelle 6. Abhängigkeit der insgesamt aufgenommenen und der gebundenen Menge an CH_2O von der Verweilzeit

Badstrecke cm	Verweilzeit s	Gesamt-CH_2O mg/g Fadeneinwaage	CH_2O gebunden mg/g Fadeneinwaage
3	1,36	2,09	0,07
5	2,27	3,69	0,12
10	4,55	5,87	0,14
20	9,1	9,16	0,08

Tabelle 7. Abhängigkeit der mechanischen Eigenschaften der Fäden von der Badstrecke

Badstrecke cm	Faden-γ-Wert 1. Galette	Festigkeit (kond.) p/tex	Anfangsmodul p/tex	Naßmodul p/tex
70	68	56	2500	970
32,5	50	55	2200	870

CH_2O, d. h. an gebundenem CH_2O, dargestellt, und zwar gleichfalls in Abhängigkeit von der Verweilzeit. Hier zeigt sich, daß die Menge an gebundenem CH_2O nach einer Verweilzeit von etwa 4 s ein Maximum durchläuft. Offenbar wird nach dieser Verweilzeit die Umsetzung des CH_2O mit den Xanthogenatgruppen zur S-Methylolverbindung durch den Abbau dieser Verbindung überkompensiert. Daraus wäre u. a. zu folgern, daß eine wesentliche Verkürzung der Badstrecke diskutabel ist. Wir prüften diese Möglichkeit an der größeren Spinnapparatur und stellten fest, daß eine Verkürzung der Badstrecke von bisher 70 cm auf nunmehr 32,5 cm praktisch ohne Einfluß auf die erreichbaren textilen Werte ist, obgleich der γ-Wert der Gelfäden zu Beginn des Reckprozesses bei der kürzeren Badstrecke um ca. 30% höher liegt (Tabelle 7).

Bild 8 zeigt das Autoradiogramm eines Ultradünnschnittes. Die schlangenartigen schwarzen Gebilde stellen die entwickelten Silberkörner der verwendeten Filmemulsion dar und markieren somit die Verteilung des CH_2O über den Fadenquerschnitt. Aus dem Autoradiogramm ist erstens zu entnehmen, daß der CH_2O über den gesamten Fadenquerschnitt verteilt ist; man stellt diesen Befund bereits nach einer Verweilzeit des Fadens im Spinnbad von 4,55 s fest, wobei es sich hier um den nicht auswaschbaren CH_2O-Anteil handelt. Zum zweiten läßt das Autoradiogramm eine größere Häufigkeit an entwickelten Silberkörnern an der Fadenperipherie erkennen; dieser Befund würde für die bereits geäußerte Vermutung sprechen, daß die Fadenoberfläche von einer Deckschicht überzogen ist, die aus dem Reaktionsprodukt von CH_2O und H_2S besteht, in der also eine gegenüber dem Fadeninneren sehr hohe Konzentration an C-14-markierter Substanz vorliegt.

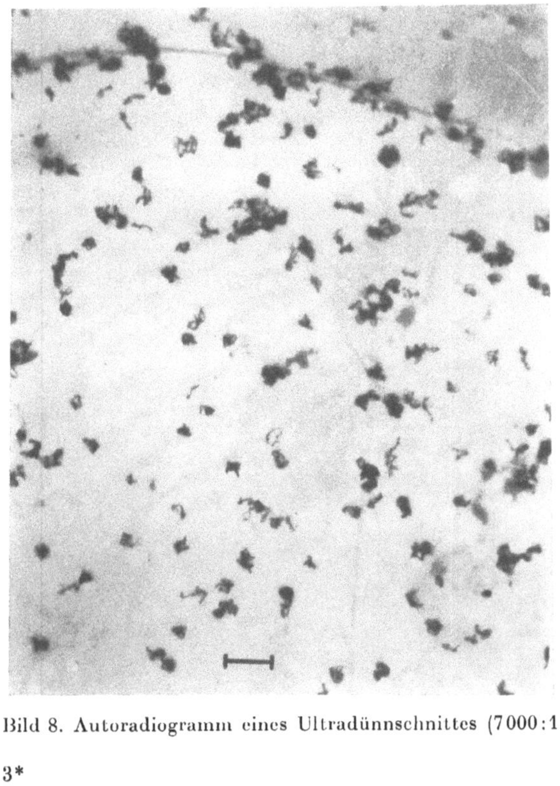

Bild 8. Autoradiogramm eines Ultradünnschnittes (7000:1)

4. *Diskussion der Ergebnisse*

Als ein wesentliches Ergebnis der Untersuchungen sehen wir die Tatsache an, daß bei dem hier betrachteten Prozeß über den gesamten Querschnitt des Gelfadens während der Koagulation die dichte Gelstruktur gebildet wird, die vom Supercordprozeß her bekannt ist. Die Ausbildung dieser dichten Gelstruktur über den gesamten Fadenquerschnitt ist also nicht supercordspezifisch und nicht an die Wirkung von Zn^{++} plus Modifikator gebunden. Wenn hier von Analogien in der Gelstruktur gesprochen wird, dann natürlich nur insoweit, als diese Strukturen an Ultradünnschnitten von Gelfäden elektronenmikroskopisch erfaßbar sind. Da diese dichte Gelstruktur unabhängig vom CH_2O-Gehalt des Spinnbades auftritt, kann gefolgert werden, daß der CH_2O bei der Ausbildung der Gelstruktur zumindest keine dominierende Rolle spielt. Obgleich autoradiographisch nachgewiesen wurde, daß bereits nach einer kurzen Verweilzeit des Fadens im Spinnbad der CH_2O über den gesamten Fadenquerschnitt verteilt ist, muß also nicht angenommen zu werden, daß eine Reaktion des CH_2O mit dem Cellulosexanthogenat eine Voraussetzung für die Ausbildung der dichten Gelstruktur darstellt, und zwar etwa im Sinne früherer Diskussionen, in denen die Bildung von Zn—Cellulosexanthogenat über den gesamten Querschnitt des Gelfadens als eine Voraussetzung für das Auftreten von Vollmantelfäden beim Supercordprozeß postuliert worden ist.

Dadurch, daß hier bei einem weiteren Typ von hochfesten Cellulose-Regeneratfäden im Gelzustand diese sich über den gesamten Querschnitt erstreckende dichte Struktur gefunden wird, ist es wahrscheinlich, daß diese Gelstruktur die Voraussetzung für eine hohe Reckbarkeit und damit für hohe Festigkeiten darstellt. Das würde die schon mehrfach geäußerte Auffassung bestätigen, daß von den bei der Koagulation der Viskose ablaufenden Vorgängen, die ja die Gelstruktur bestimmen, über die Reckbarkeit der Gelfäden die mechanischen Eigenschaften der Fäden bestimmt werden. Für die dominierende Rolle der primär gebildeten Gelstruktur im Hinblick auf die mechanischen Eigenschaften der Fäden sprechen auch der Einfluß des Verzuges sowie die Tatsache, daß der CH_2O unter Umständen überhaupt keine eigenschaftsverändernde Wirkung zu haben braucht, obwohl die xanthatstabilisierende S-Methylol-Verbindung gebildet worden ist. Zusammenhänge zwischen Verzug und Gelstruktur sind bereits früher nachgewiesen worden, und zwar in dem Sinne, daß eine Senkung des Verzuges zu einer Verdichtung der Gelstruktur führt.

Von untergeordneter Bedeutung hinsichtlich der Reckbarkeit und der mechanischen Eigenschaften der

Fäden ist der γ-Wert zu Beginn des Reckprozesses, da mit γ-Werten um 50 und mit γ-Werten um 20 sowohl hochfeste Fäden (> 40 p/tex) als auch Fäden geringer Festigkeit (um 25 p/tex) erhalten werden können.
Das bestätigen auch die Versuche, die wir mit verkürzten Badstrecken durchführten. Da aber ein hoher Xanthogenierungsgrad bei der Viskose eine Voraussetzung für Fäden hoher Festigkeit beim EHM-Prozeß darstellt, nehmen wir an, daß diese Einflußgröße in erster Linie eine Veränderung der Koagulationsbedingungen infolge einer erhöhten Anzahl von Solvatationszentren bewirkt und damit zur Ausbildung einer hochreckbaren Gelstruktur führt.

Die Entstehung einer Gelstruktur hat ihren Ausgangspunkt in der Formierung einer Gelmembran an der Fadenperipherie; der morphologische Aufbau dieser Gelmembran, in die im Falle des CH_2O-haltigen Spinnbades Fällungsprodukte des CH_2O mit H_2S eingelagert sein können, ist als wesentlich für den diffusionsgesteuerten Koagulationsprozeß anzusehen.

Eine Analogie zum Supercordprozeß stellt die Deckschicht dar, für deren Existenz die Oberflächenmorphologie von Fäden, die unter Zusatz von CH_2O ersponnen worden sind, Anhaltspunkte bietet. Offen bleibt dabei zunächst die Frage, ob dieser Deckschicht eine Funktion zukommt, etwa wie sie der Deckschicht beim Zn^{++}/Modifikator-Spinnprozeß zugeschrieben wird. Sicher hingegen ist, daß diese Deckschicht beim EHM-Prozeß hinsichtlich der Ausbildung der sich über den gesamten Querschnitt erstreckenden dichten Gelstruktur keine Bedeutung hat, da ja diese Struktur auch gebildet wird, wenn die mit den Viskosezersetzungsprodukten in saurer Lösung fällbare Spinnbadkomponente fehlt.

Hinsichtlich der Wirkungsweise des CH_2O kommen wir zu der Auffassung, daß eine diskutable Möglichkeit die Vernetzung dieser dichten Gelstruktur darstellt, und zwar im Sinne einer teilweisen Ausbildung eines Hauptvalenzgels. Damit ist zwar die Frage nach der Wirkung des CH_2O nicht experimentell gesichert beantwortet. Wir meinen aber, daß die Reihe der Möglichkeiten weiter eingeengt werden konnte und daß es notwendig ist, den Bildungsmechanismus von hochfesten Cellulose-Regeneratfäden unter dem Aspekt der Gemeinsamkeiten bei der Gelstrukturbildung zu betrachten, obwohl die zu gleichen dichten Gelstrukturen führenden Bedingungen, das heißt die Anwendung von Zn^{++} und Modifikatoren einerseits sowie hohe Viskosexanthogenierungsgrade, niedrige Verzüge und niedrige Säurekonzentrationen andererseits kaum Gemeinsamkeiten zu haben scheinen.

Literatur

[1] USP 2123493; 2452130; Method for making high tenacity regenerated cellulose staple fiber. USP 3109698 vom 2. 4. 62. Inh.: Courtaulds North America Inc. Dt. Kl.: 29b, 3/20.
Process for the manufacture of high tenacity viscose rayon. GBP 993786 vom 20. 9. 61. Inh.: Toho Rayon Kabushiki Kaisha. Dt. Kl.: 29b, 5/04.
[2] *Phifer, L. H.*, und *Ticknov, L. B.:* Reaction of formaldehyde with cellulose xanthate. J. appl. Polymer Sci. **9** (1965), S. 1055–1065.
Phifer, L. H., und Mitarb.: Mechanism for the aqueous acid decomposition of the formaldehyde derivative of cellulose xanthate. J. appl. Polymer Sci. **9** (1965) S. 1067 bis 1076.
[3] *Paul, G. C.*, und *Müller, T. E.:* Effects of orientation and trace crosslinking on the properties of high wet modulus rayon. J. appl. Polymer Sci. **12** (1968) 3, S. 487 bis 507.
[4] *Genrich, H. J.:* Elektronenmikroskopische Untersuchungen zur Morphologie von Cellulose-Regeneratfäden unter besonderer Berücksichtigung der Koagulationsbedingungen. Dissertation Karl-Marx-Universität Leipzig 1971. Auszugsweise veröffentlicht in: Faserforsch. u. Textiltechnik **20** (1969) 3, S. 118–124; 19, S. 425–433; **21** (1970) 2, S. 67–77; 11, S. 470–482; **22** (1971) 1, S. 21–30.
[5] *Buschatz, H.:* Methoden und Ergebnisse reaktionskinetischer Untersuchungen am Viskosespinnprozeß. Dissertation Universität Rostock 1971.
[6] *Klare, H.*, und Mitarb.: Versuche zur Untersuchung der koagulierenden Wirkung von Viskosespinnbädern. Faserforsch. u. Textiltechnik **14** (1963) 8, S. 313–316.
[7] *Rösseler, M., Paul, D.*, und *Gröbe, A.:* Radiochemische Bestimmung von Formaldehyd in Fasermaterial. J. Radioanalyt. Chem. **7** (1971) 1, S. 49–55.
[8] *Paul, D., Gröbe, A.*, und *Maron, R.:* Zur Methodik der Autoradiographie im Elektronenmikroskop. Isotopenpraxis **4** (1968) 12, S. 445–455.
[9] *Treiber, E.*, und *Ehrenford, D.:* Der Einfluß des Verzuges auf den Viskosefaden, insbesondere unter Kordspinnbedingungen. Lenzinger Ber., Lenzing/Österr. (1973) 35, S. 10–15.

Eingegangen am 31. Januar 1974

Zur Synthese bifunktioneller Polybutadiene mit hohem 1,4-Strukturanteil und enger Verteilung der relativen Molekülmassen

Teil 1

Ulrich Gohlke, Tin Winn und Gerhard Reinisch

Akademie der Wissenschaften der DDR, Institut für Polymerenchemie in Teltow-Seehof

Herrn Prof. Dr. Hermann Klare zur Vollendung des 65. Lebensjahres gewidmet

DK 678.762.2:66.095.264:541.124—128.2:541.621:541.64

Bifunktionelle Polybutadiene mit hohem 1,4-Strukturanteil werden durch homogene anionische Polymerisation mit 1,4-Dilithium-1,1,4,4-tetraphenylbutan als Initiator in Benzol/Diäthyläther-Mischungen hergestellt. Bei rel. Molekülmassen von 6000 lassen sich Polybutadiene mit mehr als 80% 1,4-Strukturanteil herstellen, wenn der Ätheranteil < 0,1 Vol.% beträgt und die Polymerisation bei 80 °C durchgeführt wird.

О синтезе бифункциональных полибутадиенов с высоким содержанием 1,4-звеньев и узким распределением молекулярного веса. Часть 1-ая.

Бифункциональные полибутадиены с высоким содержанием 1,4-звеньев можно получать путем анионной полимеризации в гомогенных условиях в смесях бензола с сернистым эфиром при применении 1,4-дилитий-1,1,4,4-тетрафенилбутана как инициатор. Для молекулярного веса, равного 6000, можно получать полибутадиены с содержанием 1,4-звеньев выше 80%, если содержание простого эфира в смеси ниже 0,1 об.-% и процесс полимеризации проводится при 80 °C.

The Synthesis of Bifunctional Polybutadienes having high Content of 1,4-Structures and Narrow Molecular Weight Distribution. Part 1

Bifunctional polybutadienes with high content of 1,4-structures have been prepared by homogeneous anionic polymerisation with dilithium-1,1,4,4-tetraphenylbutane as initiator in benzene/diethylether mixed solvent. Polybutadienes having molecular weights higher than 6000 and containing more than 80% of 1,4-structures can be prepared at an ether content lower than 0.1 volume-% and a polymerisation temperature of 80 °C.

1. Einleitung

Bifunktionelle Polybutadiene mit niedriger rel. Molekülmasse haben in jüngster Zeit auf Grund ihrer vielseitigen Verwendbarkeit breites Interesse gefunden [1]. Zur Synthese solcher Polybutadiene eignet sich besonders die anionische Polymerisation mit bifunktionellen Initiatoren, die in stöchiometrisch kontrollierbarer Reaktion streng bifunktionelle Produkte mit enger Verteilung der rel. Molekülmasse entstehen läßt. Voraussetzung ist die Durchführung der Polymerisation in Lösung. Um Polymere mit hohem 1,4-Strukturanteil zu erhalten, müssen unpolare Lösungsmittel verwendet werden. Nun sind aber bifunktionelle Initiatoren für die Dienpolymerisation zu Produkten mit hohem Gesamt-1,4-Strukturanteil in Kohlenwasserstoffen praktisch unlöslich und in polaren Lösungsmitteln entstehen Polydiene mit hohem 1,2-Strukturanteil [2]. Als Kompromiß bietet sich die Verwendung von Lösungsmittelgemischen mit Anteilen polarer Komponenten an.

2. Zur Auswahl des Initiators

Lithiumalkyle zeichnen sich als Polymerisationsinitiatoren in unpolaren Lösungsmitteln dadurch aus, daß sie zu Polydienen mit hohem 1,4-Strukturanteil führen. Ursache dafür sind die chemischen und physikalischen Eigenschaften des Lithiums, die sich deutlich von denen der übrigen Alkalimetalle unterscheiden. So besitzt Lithium eine höhere Elektronegativität (Li: 0,95; Na: 0,90; K: 0,80), einen kleineren Ionenradius (Li^+: 0,60 Å; Na^+: 0,95 Å; K^+: 1,33 Å) als die anderen Alkalimetalle und als Folge davon eine stärkere Neigung, organometallische Verbindungen mit hohem kovalentem Bindungsanteil einzugehen. Zur Herstellung bifunktioneller Polybutadiene sind Dilithiumverbindungen als Polymerisationsinitiatoren besonders geeignet. Folgende Herstellungsvarianten für solche Initiatoren werden beschrieben (Tabelle 1).

Wir wählten als Initiator 1,4-Dilithium-1,1,4,4-tetraphenylbutan, da die Verbindung struktureinheitlich herstellbar ist [10] und gegenüber 1,2-Dilithiumdiphenyläthylen Vorteile bei der experimentellen Isolierung besitzt.

Von *Morton* u. Mitarb. [9] wurde das 1,4-Dilithium-1,1,4,4-tetraphenylbutan im Gemisch Cyclohexan (85)/Anisol (15) (V:V) hergestellt und zur Polymerisation von Isopren in Cyclohexan eingesetzt. Der 1,4-Strukturanteil dieses Poly-

Tabelle 1. Dilithiumverbindungen als Polymerisationsinitiatoren

Initiator	Initiatorherstellung	Monomeres und Polymerisationslösungsmittel	Lit.
Dilithiumtetramethylen	Dichlorbutan + Li in Äther	Butadien in Cyclohexan	[3]
1,2-Dilithiumdiphenyläthan	Stilben + Li in Äther + THF	Dien in Toluol Cyclohexan Cyclohexan	[4] [5] [6]
Dilithiumoligodiene	Diene + Dilithiumdiphenyläthan	Dien in Kohlenwasserstoffen	[7]
1,2-Dilithium-1,2-diphenylhexan	Stilben (trans) + Butyllithium in Benzol	Styrol in Kohlenwasserstoffen	[8]
1,2-Dilithium-1,2,3,4-tetraphenyloctan			
1,4-Dilithium-1,1,4,4-tetraphenylbutan	1,1-Diphenyläthylen + Li in Anisol + Cyclohexan	Methylstyrol + Isopren in Cyclohexan	[9]

Tabelle 2. 1,4-Strukturanteile nach Vakuumbehandlung des 1,4-Dilithiumtetraphenylbutan-tetraätherats bei 30 °C Initiatorkonzentration: 24 · 10^{-4} mol/13 · 10^{-2} mol *Butadien*

Vakuumbehandlung des Initiators t min	1,4-Strukturanteil der Polymeren %
2	61,0
4	60,0
7	61,1
10	62,4
15	62,4
60	63,0

meren mit einer rel. Molekülmasse von ca. 100000 betrug 85%.

1,4-Dilithiumtetraphenylbutan entsteht aus dem asymmetrischen 1,1-Diphenyläthylen durch die Umsetzung von Lithium in ätherischer Suspension. Die Reaktion verläuft über ein Anionenradikal, das unter Ausbildung des Dianions rekombiniert.

Über die Alkalimetalladdition an 1,1-Diphenyläthylen und seine Homologen berichtete *W. Schlenk* [10] bereits im Jahre 1914. Bei der Reaktion von 1,1-Diphenyläthylen mit Lithium in Äther entstehen ziegelrote Kristalle, die mit Wasser zu 1,1,4,4-Tetraphenylbutan und mit CO_2 zu 2,2,5,5-Tetraphenyladipinsäure reagieren. Der Strukturbeweis des 1,4-Dilithiumtetraphenylbutans wurde von verschiedenen Autoren bestätigt [9, 11].

Dilithiumtetraphenylbutan ist in Äther zu 0,125 · 10^{-4} mol/ml (d. h. 7% der theoretischen Ausbeute) löslich. Mehr als 90% des Dilithiumtetraphenylbutans können in Form dunkelroter Kristalle isoliert werden. Aus Ausbeuten von mehr als ca. 170% d. Th. an Dilithiumtetraphenylbutan kann man auf die Bindung von 4 mol Äther an den Initiator schließen (vgl. 6.2). Derartige Komplexbindungen von Äthern an Organolithiumverbindungen sind literaturbekannt [12].

Entsprechend seinem Ätheranteil führt das Initiator-Tetraätherat zu einem 1,4-Strukturanteil von 60% bei Polymerisationen in Benzol als Lösungsmittel. Die Komplexbindung des Äthers wird durch die Stabilität des Tetraätherats sehr wahrscheinlich gemacht. Auch nach Vakuumbehandlung des Initiatorkomplexes bei Raumtemperatur bleibt der 1,4-Strukturanteil bei Polymerisationen mit diesen Produkten in Benzol unverändert bei 60% (Tabelle 2). Aus dem Komplex wird erst bei gleichzeitigem Evakuieren und Erwärmen auf 70 °C unter Farbveränderung von rot nach dunkelviolett Äther abgespalten. Die Löslichkeit der dabei entstehenden Produkte in Benzol geht dabei sehr stark zurück (von 0,8 bis 1,0 · 10^{-4} mol Li/ml auf 0,1 · 10^{-4} mol Li/ml).

Die Synthese eines in Benzol löslichen Dilithiumtetraphenylbutans mit nur 0,8 mol Äther/mol Lithium gelang durch Umsetzung von in Benzol suspendiertem Lithium mit Diphenyläthylen, wenn bis zum Einsetzen der Reaktion (erkenntlich an der Färbung) tropfenweise Äther zu der Suspension zugegeben wurde. Der Ätheranteil im Reaktionslösungsmittel beträgt dann 2 Volumenprozent.

Der Initiatorgehalt der Lösung wird durch Differenztitration (Variationskoeffizient ± 2,5%) nach *Gilman* [13] anhand der Konzentration des aktiven Lithiums bestimmt.

3. *Polymerisationsverlauf*

Der Verlauf der Butadienpolymerisation mit Dilithiumtetraphenylbutan wurde anhand der nach Abbruch mit Methanol gravimetrisch bestimmten Umsätze in Abhängigkeit von der Reaktionszeit untersucht.

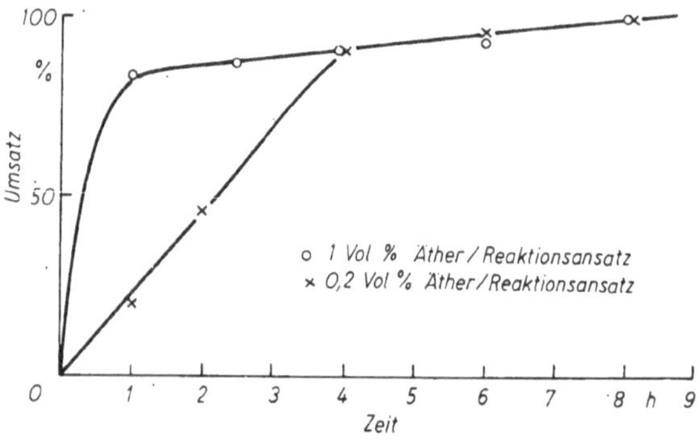

Bild 1. Polymerisationsverlauf in Benzol bei 30 °C. Initiator 184,6 · 10^{-4} mol Di-Li-Tetraphenylbutan/mol Butadien

Das Initiator/Monomeren-Verhältnis wurde bei allen Polymerisationen für eine rel. Molekülmasse von ca. 6000 zu 24 · 10^{-4} mol aktives Lithium/0,13 mol Butadien eingestellt.

Zeit/Umsatz-Kurven bei 30 °C sind für die Polymerisationen mit 2 mol Äther und mit 0,8 mol Äther/mol aktives Lithium in Bild 1 dargestellt. Der höhere Volumenanteil an polarem Lösungsmittel führt zu einer größeren Reaktivität des aktiven Zentrums und damit zu einer rascheren Polymerisation.

Nach *Spirin* u. Mitarb. [14], die den Einfluß von Zusätzen polarer Lösungsmittel auf den Verlauf der Isoprenpolymerisation mit Butyllithium untersuchten, steigt die Bruttogeschwindigkeit der Polymerisation mit steigender Konzentration des polaren Lösungsmittels bis zu einem Grenzwert an. Mit 1 Vol.-% Äther (2 mol/mol Li) nähern wir uns im Bereich bis 50% Butadienumsatz diesem Wert. Bei ca. 90% Umsatz tritt eine starke Verzögerung der Reaktion ein, die u. a. auf eine Viskositätserhöhung im Reaktionsansatz zurückzuführen ist. Die Viskositätszunahme ist sehr wahrscheinlich eine Folge der Entstehung von Assoziaten an den Polydienyllithium-Wachstumszentren, die beispielsweise beim Abstoppen der Polymerisation mit Methanol wieder verschwindet. Die Assoziatbildung der Polydienyllithium-Strukturen wurde schon verschiedentlich durch Viskosimetrie und Lichtstreuungsmessungen nachgewiesen [15 bis 22]. Für Polybutadienyllithium werden Assoziationsgrade von zwei [22] und höher [21] angegeben.

Weitere Vergleichsmöglichkeiten zur Beurteilung der Kurvenverläufe ergeben sich aus literaturbekannten kinetischen Untersuchungen der Dienpolymerisation mit Alkyllithium-Initiatoren von *Hsieh* [23 bis 25] sowie *Guyot* und *Vialle* [26, 27].

3.1. *Reaktionsstöchiometrie*

Nach $M = 2\,\frac{\text{g [Monomeres]}}{\text{mol [Initiator]}}$ läßt sich die rel. Molekülmasse bei der anionischen Polymerisation mit Dilithiumtetraphenylbutan berechnen. Abweichungen von dem nach der Reaktionsstöchiometrie errechneten Wert werden durch Verunreinigungen verursacht, die die Initiatorkonzentration verfälschen. Ein Maß für solche Abweichungen ist der *f*-Wert, der als Quotient aus der berechneten und der experimentell bestimmten

Tabelle 3. Berechnete und dampfdruckosmometrisch bestimmte rel. Molekülmassen für Polybutadien

Poly-meres Nr.	$\bar{M}_{n\,theor}$	$\bar{M}_{n\,osm}$	f-Wert $= \frac{\bar{M}_{n\,theor}}{\bar{M}_{n\,osm}}$
26	5340	5049	1,055
27	5160	5150	1,00
28	5000	5049	0,99
29	5750	6776	0,85
30	4830	4808	1,004
42	6000	5786	1,035
43	5840	6602	0,885
44	5650	5150	1,09
45	5500	5256	1,05
46	4400	5400	0,82 $\bar{x} = 0{,}98 \pm 0{,}10$

rel. Molekülmasse angegeben wird. Die rel. Molekülmassen der von uns hergestellten Polymeren wurden mit Hilfe der Dampfdruckosmometrie der benzolischen Lösung bei 45 °C bestimmt. Aus den in Tabelle 3 zusammengestellten Meßwerten ergibt sich ein *f*-Wert von 0,98 ± 0,1. Daraus kann man abschätzen, daß unsere Polymeren eine sehr enge Verteilung der rel. Molekülmassen besitzen. Aus Überlegungen von *Höcker* [28], der Start- und Wachstumsgeschwindigkeiten mit der Verteilung der rel. Molekülmassen bei anionisch bifunktioneller Polymerisation von Butadien in Beziehung setzte, sind solche engen Verteilungen auch zu erwarten.

4. *Polymerisationsbedingungen und Mikrostruktur*

4.1. *1,4-Strukturanteil in Abhängigkeit vom Lösungsmittel*

Tobolsky und *Rogers* [2] haben systematisch untersucht, wie sich bei Polymerisation mit monofunktionellem Initiator der 1,4-Strukturanteil in Polyisopren in Abhängigkeit von Polarität und Struktur des Lösungsmittels ändert (Tabelle 4).

Wir fanden eine sehr ähnliche Abstufung der 1,4-Anteile bei bifunktioneller Butadienpolymerisation in polaren Reaktionsmedien (Tabelle 4). Beide Reihen lassen gleichzeitig erkennen, daß sich noch andere Wechselwirkungskräfte als die Polarität der Lösungsmittel auf den Polymerisationsmechanismus auswirken müssen. Da der von uns gewählte Initiator nicht ohne Mitwirkung polarer Lösungsmittel herstellbar ist, können für die Polymerisation in reinem Benzol keine Werte angegeben werden.

Um den 1,4-Anteil bei unseren Polymeren zu erhöhen, mußten Lösungsmittelgemische eingesetzt werden, wobei mit dem jeweiligen Mindestanteil an polarer Komponente gearbeitet wurde, der nötig war, um eine vertretbare Initiatorausbeute (80 bis 100%) und eine homogene Lösung des Initiators zu erreichen. Zur Herstellung der jeweils gerade gesättigten Initiatorlösungen waren, wie Tabelle 5 zeigt, sehr unterschiedliche Mengen von Äthern unterschiedlicher Konstitution nötig. Diäthyläther und Anisol führten dabei zu 1,4-Strukturanteilen von nahezu 70%. Die Verhältnisse für Diäthyläther/Benzol-Reaktionsmischungen wurden näher untersucht.

Mit der Erhöhung der Benzolmenge im Reaktionsansatz nahm der 1,4-Strukturanteil zu. So erhält man bei der Polymerisation von $13 \cdot 10^{-2}$ mol Butadien mit $24 \cdot 10^{-4}$ mol Initiator (0,8 mol Äther/mol Li) in 50 ml Benzol ein Polymeres mit 66,5% 1,4-Strukturanteil, in 400 ml Benzol aber ein Polybutadien mit 74,6% 1,4-Strukturanteil (Reaktionstemperatur 30 °C). Eine Erklärung der hier eingetretenen Polaritätsverringerung der Wachstumszentren ist in der Solvatationswirkung der Aromaten für Kohlenstoff/Lithium-Bindung zu sehen, die nach *Byswater* [29], *Brown* [30] sowie *Urwin* und *Reed* [31] durch π-Elektronenwechselwirkung mit dem Reaktionszentrum erfolgt. Wegen dieser offensichtlichen Mitwirkung des Verdünnungsmittels Benzol bei der Reaktionszentrensolvatation verwendeten wir die Konzentrationsangabe Vol-% für die polare Komponente.

Tabelle 4. 1,4-Strukturanteile für Polydiene nach Synthese in Lösungsmitteln unterschiedlicher Polarität

Lösungsmittel	1,4-Strukturanteil in % Polyisopren Butyllithium [2]	1,4-Strukturanteil in % Polybutadien 1,4-Dilithiumtetraphenylbutan	DK 25 °C	μ [*Debye*]	E_T kcal/mol 25 °C
Benzol	93	—	2,3	0,0	34,5
Diphenyläther	82	—	3,7	1,1	35,3
Anisol	66	55	4,3	1,2	37,2
Triäthylamin	52	52	2,4	0,8	31,3
Diäthyläther	49	47	4,2	1,25	34,6
1,4-Dioxan	35	40	2,2	0,4	36,0
THF	30	27	7,4	1,7	37,5

Tabelle 5. 1,4-Strukturanteil bei Polymerisation von Butadien in Lösungsmittelgemischen
Initiatorkonzentration: $24 \cdot 10^{-4}$ mol/0,13 mol *Butadien*

Äther	Vol-% Äther / Initiatorlsg.	Initiatorkonz. / Initiatorlsg.	Li-Äther Verhältnis	Vol-% Äther / Reaktionslsg.	1,4-Strukturanteil
THF	2,0	$1{,}34 \cdot 10^{-4}$	1:2,4	0,36	46,1
Diäthyläther	2,0	$2{,}5 \cdot 10^{-4}$	1:0,8	0,19	68,0
Anisol	16,65	$0{,}83 \cdot 10^{-4}$	1:10	5,10	69,0

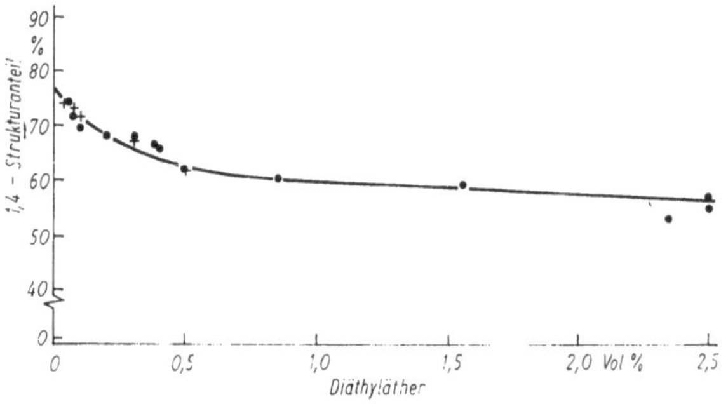

Bild 2. 1,4-Strukturanteil von Polybutadienen in Benzol/Diäthyläther-Reaktionslösungen bei 30 °C

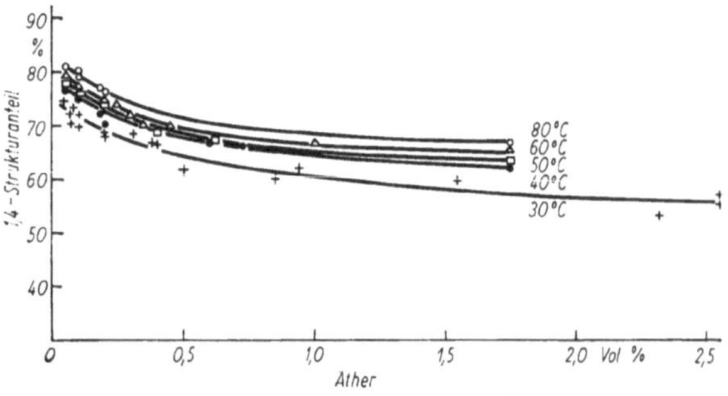

Bild 4. Temperaturabhängigkeit der Mikrostruktur bei der Butadienpolymerisation in Benzol/Diäthyläther-Mischungen

In Bild 2 ist für Polymerisationen bei 30 °C die Abhängigkeit zwischen der Mikrostruktur der Polymeren und dem Volumenanteil des Äthers im Reaktionsansatz wiedergegeben. Die mit Kreuzen markierten Meßwerte stammen aus Polymerisationen mit unterschiedlichen Initiatorkonzentrationen. Sie folgen bei der gewählten Auftragung eindeutig der Funktion, die für Polymere gilt, bei denen bei konstanter Initiatorkonzentration die Benzolmenge im Reaktionsansatz verändert wurde.

In Bild 3 wird die Abhängigkeit der einzelnen Isomerenanteile von der Diäthylätherkonzentration angegeben. Der 1,4-trans-Strukturanteil liegt mit über 50% höher als der 1,4-cis-Strukturanteil (10%). Mit abnehmender Diäthylätherkonzentration steigt der 1,4-cis-Strukturanteil jedoch stärker als der 1,4-trans-Strukturanteil an. Diese Zunahme des 1,4-cis-Strukturanteils erfolgt erwartungsgemäß, da bei Polymerisationen in Kohlenwasserstoffen (Butyllithium als Initiator) ca. 40% 1,4-cis-Strukturanteile gefunden werden [32].

4.2. *Temperaturabhängigkeit der Mikrostruktur*

Nach *Uraneck* [33] nimmt der 1,4-Strukturanteil bei der Butadienpolymerisation mit Butyllithium in Cyclohexan/Tetrahydrofuran-Gemischen um 16% zu, wenn die Temperatur von 30 auf 70 °C erhöht wird. Eine vergleichbare Temperaturabhängigkeit der Mikrostruktur tritt bei der Butadienpolymerisation in unpolaren Lösungsmitteln nicht auf [34, 35]. Die Ergebnisse unserer, in Benzol/Diäthyläther-Gemischen mit Dilithiumtetraphenylbutan bei verschiedenen Temperaturen durchgeführten Polymerisationen sind in Bild 4 zusammengestellt. Die Temperaturabhängigkeit

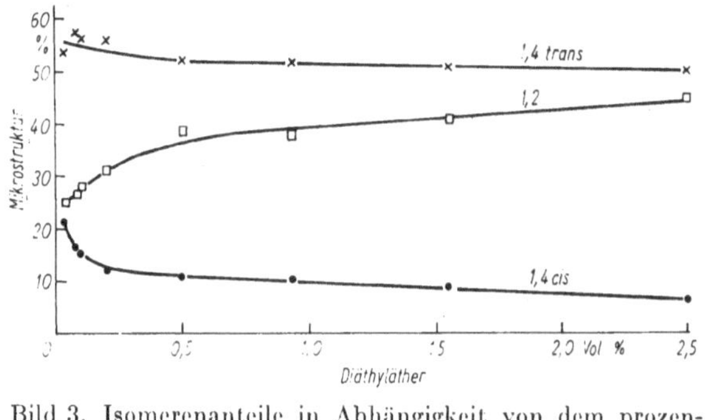

Bild 3. Isomerenanteile in Abhängigkeit von dem prozentualen Diäthylätheryolumen (30 °C) in den Reaktionslösungen

ist eindeutig; die bei einer Temperaturzunahme von 30 auf 80 °C beobachtete Erhöhung des 1,4-Strukturanteils in Benzol/Diäthyläther (0,2 Vol-%)-Mischungen beträgt 9%.

Funktionelle Zusammenhänge mehrerer Variabler lassen sich durch quadratische Regressionsgleichungen beschreiben. Die Gleichung

$$S = A_0 + A_1 T + A_2 X + A_{11} T^2 + A_{12} T X + A_{22} X^2$$

wurde von *Antkowiak* u. Mitarb. [36] für die Beschreibung der Abhängigkeit des Mikrostrukturanteils S von der Temperatur T und der Konzentration der polaren Komponente X im Reaktionsgemisch verwendet. Die mit A bezeichneten Konstanten lassen sich über die Experimentalwerte S, T und x ausrechnen und betragen für die Butadienpolymerisation mit Dilithiumtetraphenylbutan in Benzol/Diäthyläther-Gemischen bis zu 1,2 Vol-% der polaren Komponente:

$A_0 = 67{,}06$; $A_1 = 28{,}56$; $A_2 = 35{,}51$; $A_{11} = 12{,}77$; $A_{12} = 8{,}73$; $A_{22} = 13{,}48$.

Mit Hilfe dieser Konstanten wurden die in Bild 5 dargestellten Konturenlinien des 1,4-Strukturanteils

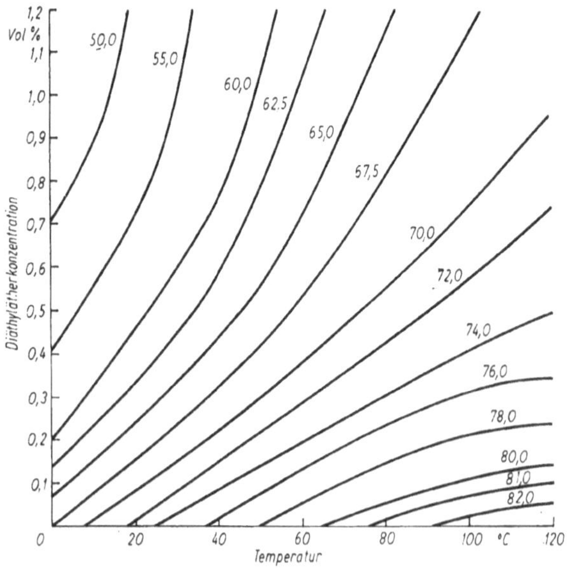

Bild 5. Konturenlinien der 1,4-Strukturanteile als Funktion der Reaktionstemperatur und der Diäthyläther-Konzentration bei der Herstellung bifunktioneller Polybutadiene in Benzol.

in einem Temperatur-Konzentrations-Diagramm ermittelt. Sie zeigen in besonders übersichtlicher Form, daß bei höheren Temperaturen in dem von uns untersuchten System Polybutadiene mit über 80% 1,4-Strukturanteil hergestellt werden können, wenn das Benzol/Äther-Verhältnis niedrig gehalten wird.

5. *Diskussion der Ergebnisse*

Bei Versuchen zur Herstellung von bifunktionellen Polybutadienen in Benzol/Diäthyläther-Mischungen wurden Polymere mit niedrigeren 1,4-Strukturanteilen als bei der Polymerisation mit Butyllithium in Benzol (91% [37]) erhalten. Ursache für diese unterschiedlichen Mikrostrukturanteile sind verschiedenartige Reaktionsmechanismen.

Zur Klärung des mechanistischen Ablaufs der Entstehung verschiedener Mikrostrukturen haben NMR-Untersuchungen von *Morton*, *Sanderson* und *Sakata* [18, 37, 38] wesentlich beigetragen.

Untersucht wurden die Spektren von Butadienyllithium-Gruppen an Oligobutadienen in Benzol und in Tetrahydrofuran. Von besonderem Interesse für die Ausbildung von 1,4- und 1,2-Strukturanteilen ist die Lage der Signale für die Protonen am ersten und dritten Kohlenstoffatom. In Kohlenwasserstoffen findet man für die α-Protonen am ersten Kohlenstoffatom wie erwartet ein Dublett. Dieser Peak ist doppelt so groß wie der γ-Peak bei 4,75 ppm. In Tetrahydrofuran werden zwei Dubletts für den α-Peak und eine Verschiebung des γ-Peaks um 1,75 ppm beobachtet. Diese Experimentalbefunde haben zur Aufstellung des folgenden Mechanismus geführt, der auch zur Erklärung unserer Ergebnisse geeignet erscheint (vgl. Schema 1).

Bei der Butadienpolymerisation hat man mit der Einstellung eines Gleichgewichtes zwischen lokalisierten und delokalisierten Allylstrukturen zu rechnen. Dieses Gleichgewicht ist in unpolaren Lösungsmitteln soweit verschoben, daß der Nachweis der $\leqq 1\%$ π-Allylstruktur auf NMR-spektroskopischem Wege nicht mehr gelingt [37].

Die zwei α-Dubletts bei der Polymerisation in polaren Lösungsmitteln zeigen eine behinderte Rotation um die Bindung zwischen Kohlenstoffatom 1 und 2 an, die auf die Ausbildung des π-Allylsystems zurückgeht. Die Verschiebung des Signals für das γ-Proton in der π-Allylstruktur läßt sich mit der Feststellung von *Gantmacher* [39] vereinbaren, daß in polaren Lösungsmitteln am Kohlenstoffatom 3 eine besonders hohe Elektronendichte vorliegt, die dieses Kohlenstoffatom als Reaktionszentrum prädestiniert.

Schema 1

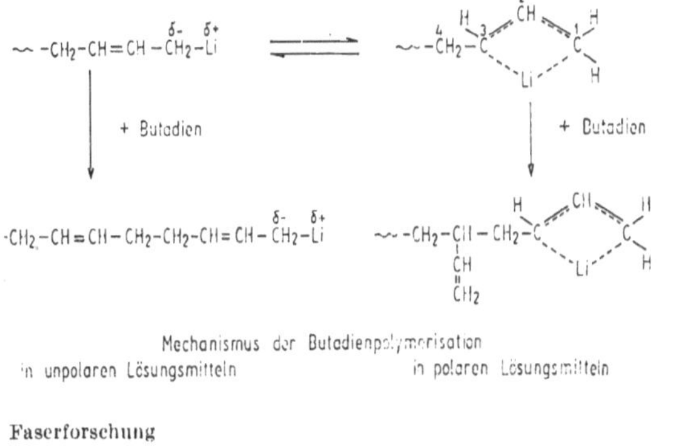

Mechanismus der Butadienpolymerisation
in unpolaren Lösungsmitteln in polaren Lösungsmitteln

Die Ausbildung der π-Allylstrukturen im Reaktionsgleichgewicht wird durch die Polarität der Kohlenstoff/Lithium-Bindung gesteuert. Die Polybutadienyllithium-Bindung ist auf Grund der möglichen Resonanzstabilisierung des Carbanions als Kontaktionenpaar anzusehen [40], das durch Lösungsmittel solvatisiert und damit weiter polarisiert werden kann. Entsprechend der Zunahme der Lösungspolarität hat man in Benzol mit einem sehr geringen, in Benzol/Diäthyläther-Gemischen mit einem größeren und in Tetrahydrofuran mit einem NMR-spektroskopisch eindeutig nachweisbaren π-Allylstrukturanteil der Reaktionszentren und deshalb mit steigenden 1,2-Strukturanteilen zu rechnen. Die 1,2-Addition des Butadiens erfolgt wegen der höheren Polarität der Reaktionszentren rascher als der Butadienumsatz zu 1,4-Strukturen [18, 37].

Eine Erklärung für die Temperaturabhängigkeit der Mikrostruktur bei Polymerisation in Lösungsmittelgemischen mit polaren Komponenten geben *Hogen-Esch* und *Smid* [41]. Für unterschiedlich polare Reaktionszentren (Kontaktionenpaar und solvatgetrenntes Ionenpaar) konnten verschiedene Absorptionsmaxima im UV-Spektrum identifiziert und nachgewiesen werden, daß das Gleichgewicht zwischen diesen aktiven Spezies temperaturabhängig ist. Die Gleichgewichtskonstante und ihre Temperaturabhängigkeit wurden bestimmt. Mit steigender Temperatur nimmt die Intensität des Absorptionsmaximums für das Kontaktionenpaar zu. Übereinstimmend mit diesem Ergebnis berichten *Hsieh* und *Naylor* [42] für Butadienpolymerisationen in Lösungsmittelgemischen über eine Ladungslokalisierung bei zunehmender Temperatur.

6. *Experimentelles*

6.1. *Reinigung des Monomeren, der Lösungsmittel und des Schutzgases*

Die Reinigung wurde nach literaturbekannter Verfahrensweise [43] vorgenommen, die gewählte Spezifizierung ist Schema 2 zu entnehmen. Der Erfolg der Reinigung läßt sich anhand der Reaktionsstöchiometrie kontrollieren (vgl. 3.1).

Schema 2. Reinigungsoperationen für Lösungsmittel, Monomeres und Schutzgas

Monomeres	Lösungsmittel	Schutzgas
techn. Butadien	Kohlenwasserstoffe	techn. Argon
↓	↓	↓
$CaCl_2$-Turm	konz. H_2SO_4	konz. H_2SO_4
↓	↓	↓
Nickel-Kontakt-Turm	CaH_2 (frakt. dest.)	$CaCl_2$-Turm
↓	↓	↓
Silicagel-Turm	Cetyltrocknung	Nickel-Kontakt-Turm
↓	↓	↓
CaH_2-Turm	Reaktionsgefäß	Silicagel-Turm
↓		↓
Vakuumreihen-dest.-Anlage		Zeosorb-Turm
↓		↓
CaH_2 → Na-Draht		Apparaturen
↓		
Butyl-Lithium		
↓		
Polymerisation		

6.2. Initiatorherstellung

Zur Herstellung des Initiators wurde Diphenylmethylcarbinol nach [44] aus Methylmagnesiumjodid durch Umsetzung mit Benzophenon hergestellt (F = 81 °C) und mit konzentrierter Phosphorsäure dehydratisiert.

n^{20} Diphenyläthylen Lit. [45]: 1,6085; gef.: 1,6088

1,4-Dilithium-1,1,4,4-tetraphenylbutan-Herstellung in Äther

Die Synthese erfolgt in einem sorgfältig ausgeflammten und mit Argon gespülten Dreihalskolben, der mit einem Rührer, Gaseinleitungsrohr und Aufsatz zum Evakuieren ausgestattet ist. In diesen Kolben werden 135 ml absoluter Äther und anschließend 2,2 g (0,3 mol) frisch geschnittenes Lithium unter Argon eingefüllt. Dann wird 10 min suspendiert. Dabei werden noch eventuell vorhandene oder eingeschleppte Feuchtspuren vernichtet. Schließlich werden 9 ml (0,05 mol) 1,1-Diphenyläthylen mit einer Injektionsspritze zugegeben. Dabei färbt sich die Lösung rot. Bei einstündiger Reaktion fällt das 1,4-Dilithium-1,1,4,4-tetraphenylbutan in Form ziegelroter Kristalle aus der Lösung aus. Die Suspension wird über eine Druckfritte (G 3) unter Argonatmosphäre abgesaugt. Der Initiator wird 10 min unter Vakuum getrocknet und gewogen. In einem Schutzgaskasten wird in Benzol überführt, unter Rühren (2 h) mit einem Magnetanker gelöst und von unumgesetztem Lithium über eine G 3-Druckfritte abgetrennt. Die Aktivitätsbestimmung nach *Gilman* [13] ergibt für die polymerisationsbereite Lösung eine wirksame Initiatorkonzentration von 0,8 bis 1,0 · 10^{-4} mol/ml.

Stöchiometrie zur Herstellung des Dilithiumtetraphenylbutans

Die Reaktion zwischen 9 g (0,05 mol) 1,1-Diphenyläthylen und Lithium in 135 ml Diäthyläther ergibt bei vollständigem Umsatz 9,3 g (0,025 mol) Dilithiumtetraphenylbutan. Lithium wird im Überschuß (2,2 g = 0,3 mol) angewendet. Die Masse des kristallinen Produktes nach dem Trocknen unter Vakuum beträgt 16 g. Außerdem bleiben 16,9 · 10^{-4} mol Dilithiumtetraphenylbutan/135 ml Äther (ca. 0,63 g) gelöst. Somit beträgt die Gesamtmasse des Produktes 16,63 g. Einem 100%igen Umsatz zu Dilithiumtetraphenylbutan entsprechen 9,3 g. 7,3 g mußten offenbar von Diäthyläther (7,3 g ~ 0,1 mol) herrühren. Bei 0,025 mol Dilithiumtetraphenylbutan entspricht diese Äthermenge gerade einem Tetraätherat.

Initiatorherstellung in Benzol unter Zusatz von Äther

Unter den genannten Schutzvorkehrungen gegen Atmosphärilien werden 2,2 g (0,3 mol) frisch geschnittenes Lithium in 200 ml absolutem Benzol suspendiert und unter Verwendung einer Injektionsspritze mit 9 ml (0,05 mol) Diphenyläthylen versetzt. Jeweils im Abstand von 30 min wird 1 ml Äther zugegeben. Nach der Zugabe von 4 ml Äther färbt sich die benzolische Lösung langsam rot. Unter intensiver Durchmischung vertieft sich diese Farbe im Verlauf von 8 h nach dunkelrot. Der gesamte Reaktionsansatz wird über eine Druckfritte (G 3) unter Argonatmosphäre in ein Vorratsgefäß überführt. Die dunkelrote Lösung von 1,4-Dilithium-1,1,4,4-tetraphenylbutan besitzt eine Li-C-Aktivität von 2,5 · 10^{-4} mol/ml.

Analyse des Initiators

1,4-Dilithium-1,1,4,4-tetraphenylbutan kann nach Reaktion mit Methanol als 1,1,4,4-Tetraphenylbutan und nach Umsetzung mit Kohlendioxid als 2,2,5,5-Tetraphenyladipinsäure charakterisiert werden:

1,1,4,4,-Tetraphenylbutan: F [46]: 121 °C; F gef.: 120 °C
ber. C: 92,8% gef. C: 92,0%
H: 7,2% H: 7.2%

2.2,5,5-Tetraphenyladipinsäure: F [46]: 290 °C F gef.: 288 bis 289 °C

Die Bestimmung der Konzentration an aktivem Lithium erfolgt durch Differenztitration nach *Gilman* [13].

6.3. Polymerisation

Ein 250 ml-Kolben, versehen mit einem Rühranker und einem Aufsatz, wird als Polymerisationsgefäß benutzt. Der Aufsatz wird an eine Vollglas-Vakuum-Butadiendestillationsapparatur angeschlossen und die gesamte Apparatur unter Vakuum ausgeflammt und mit Argon gespült. Anschließend wird das Lösungsmittel mit einer Injektionsspritze durch den Aufsatz, der mit Serumkappen verschlossen ist, eingespritzt. Die berechnete Menge Initiatorlösung wird aus dem Vorratsgefäß mit einer Injektionsspritze entnommen und in das Polymerisationsgefäß eingespritzt. Dann ist zu evakuieren, bis die Lösung zu sieden beginnt. Anschließend werden 10 ml Butadien über eine Meßvorlage in das Polymerisationsgefäß destilliert. Das dichtverschlossene Polymerisationsgefäß wird von der Vakuumdestillationsapparatur abgenommen und die Polymerisation unter Rühren in einem thermostatierten Wasserbad bei der gewünschten Temperatur im Verlauf von 8 h durchgeführt. Mit dem Fortschreiten der Polymerisation wird die Lösung viskoser, so daß der Rühreffekt gegen Polymerisationsende nachläßt.

Nach beendeter Polymerisation wird durch Zugabe von 5 ml Methanol abgestoppt und in der 2- bis 3fachen Menge Methanol ausgefällt. Die Lösung kann von der Polymerisationsmasse dekantiert werden. Zur Reinigung wird das Polymere erneut in Petroläther (Kp ca. 40 °C) gelöst und nach Filtrieren in Methanol wieder ausgefällt. Das Methanol-Fällbad enthält als Stabilisator das Antioxydans Ionol (2,6-Di-tertiär-butyl-4-methylphenol) in Mengen von 0,1 g/300 ml.

Die Polybutadienproben sind farblos und je nach rel. Molekülmasse flüssig bis gummiartig, nachdem sie 24 h im Vakuum bei 60 °C getrocknet wurden.

6.4. IR-Spektroskopie

Die Bestimmung der Isomerenstruktur in den Polybutadienen erfolgte nach einer von *Kimmer* und *Schmalz* vorgeschlagenen Methode [47].

Wir danken Herrn Dr. *J. Dechant* (Abteilung Polymerphysik) für die Mikrostrukturanalyse und Herrn *Dr. A. Bauer* (Abteilung Materialprüfung) für die rechnerische Auswertung der Regressionsgleichung.

Frau *C. Bischoff* und Frau *I. Leibnitz* ist für die Sorgfalt bei der Durchführung der Versuche zu danken.

Literatur

[1] *Uraneck, C. A., Hsieh, H. L.,* und *Buck, O. G.:* Telechelic polymers. J. Polymer Sci. **46** (1960) S. 535–539.
Uraneck, C. A., Hsieh, H. L., und *Sonnenfield, R. I.:* Telechelic elastomers. J. appl. Polymer Sci. **13** (1969) S. 149–169.
Muenker, A. H., und *Hudson, B. E., jr.:* Functionality and functionality distribution measurements of binder prepolymers. J. macromol. Sci., A: Chemistry **3** (1969) S. 1465–1483.
Schroeder, H. R.: Recent developments in synthetic elastomers. Angew. makromol. Chemie **16/17** (1971) S. 1–25.

[2] *Tobolsky, A. V.,* und *Rogers, Ch. E.:* Isoprene polymerization by organometallic compounds. II. J. Polymer Sci. **40** (1959) S. 73–89.

[3] Improvements in or relating to terminally reactive polymers. GBP 906315 vom 27. 10. 1959. Inh.: Phillips Petroleum Company, London. Int. Kl.: C 08d, f. C 08g.

[4] Improvements in or relating to carbonating polymers. GBP 921803 vom 26. 7. 1961. Inh.: Phillips Petroleum Company, London. Int. Kl.: C 08d, f.

[5] Polymers containing terminal epoxy and hydroxy groups. GBP 945851 vom 10. 5. 1962. Inh.: Phillips Petroleum Company, London. Int. Kl.: C 08f.
[6] High molecular polymers and method for their preparation. USP 3074254 vom 19. 2. 1963. Inh.: *Zelinski, R. P.*, und *Hsieh, H. L.*, Bartlesville, Oklahoma. Kl.: 260-45.5.
[7] *Reed, S. F., jr.:* Telechelic diene prepolymers. IV. Anionic polymerization studies. J. Polymer Sci. **10** (1972) S. 1187 bis 1194.
[8] *Wyman, D. P.*, und *Altares, T., jr.:* Difunctional anionic polymerization initiators from the reaction of butyllithium with trans-stilbene. Makromol. Chemie **72** (1964) S. 68–75.
[9] *Fetters, L. J.*, und *Morton, M.:* Synthesis and properties of block Polymers. I. Poly-α-methylstyrene — polyisoprene — poly-α-methylstyrene. Makromol. Chemie **2** (1969) S. 453–458.
[10] *Schlenck, W.*, und *Bergmann, E.:* Forschungen auf dem Gebiet der alkaliorganischen Verbindungen. Liebigs Ann. Chemie **463** (1928) S. 1–97.
[11] *Wittig, G.*, und *Stilz, W.:* Über die Alkalimetallhydrid-Abspaltung mit Triphenylbor. Liebigs. Ann. Chemie **598** (1956) S. 85–92.
[12] *Hogen-Esch, T. E.*, und *Smid, J.:* Solvent-separated Ion Pairs of carbanions. J. amer. chem. Soc. **87** (1965) S. 669–670.
Welch, F. J.: Polymerization of styrene by n-butyllithium. II. Effect of *Lewis* acids and bases. J. amer. chem. Soc. **82** (1960) S. 6002–6005.
Screttas, C. G., und *Eastham, J. F.:* Alkyllithium-amine crystalline complexes. J. amer. chem. Soc. **87** (1965) S. 3276–3277.
[13] *Gilman, H.*, und *Haubein, A. H.:* The quantitative analysis of alkyllithium compounds. J. amer. chem. Soc. **66** (1944) S. 1515–1516.
Gilman, H., und *Cartledge, F. K.:* The analysis of organolithium compounds. J. organometal. Chem. **2** (1964) S. 447–454.
[14] *Spirin, Yu. L., Polyakov, D. K., Gantmacher, A. R.*, und *Medvedev, S. S.:* Polymerization in the presence of organic compounds of alkali metals. J. Polymer Sci. **53** (1961) S. 233–240.
[15] *Gebert, W., Hinz, J.*, und *Sinn, H.:* Umlagerungen bei der durch Lithiumbutyl initiierten Polyreaktion der Diene Isopren und Butadien. Makromol. Chemie **144** (1971) S. 97–115.
[16] *Sinn, H. J., Lundborg, C.*, und *Onsaga, O. T.:* Kinetik der „Polymerisation" von Isopren und Styrol mit n-Butyllithium als Katalysator. Makromol. Chemie **70** (1964) S. 222–259.
[17] *Bywater, S., Worsfold, D. J.*, und *Hollingworth, G.:* Structure of oligomeric polybutadienyllithium and polybutadiene. Macromolecules, Washington **5** (1972) S. 389–393.
[18] *Morton, M., Sanderson, R. D.*, und *Sakata, R.:* Structure of the propagating chain end in the organolithium polymerization of dienes. J. Polymer Sci., B: Polymer Letters **9** (1971) S. 61–70.
[19] *Morton, M., Bostick, E. E., Livingni, R. A.*, und *Fetters, L. J.:* Homogeneous anionic polymerization. IV. Kinetics of butadiene and isoprene polymerization with butyllithium. J. Polymer Sci., **A-1**: Polymer Chem. (1963) S. 1735–1747.
[20] *Spirin, Yu. L., Arest-Yakrobavich, A. A., Polyakov, D. K., Gantmacher, A. R.*, und *Medvedev, S. S.:* Polymerization catalyzed by lithium and lithium Alkyl. J. Polymer Sci. **58** (1962) S. 1181–1189.
[21] *Bywater, S.:* Polymerization initiated by lithium and its compounds. Fortschritte Hochpolymeren-Forsch. **4** (1965) S. 66–110.
[22] *Morton, M., Fetters, L. J.*, und *Bostick, E. E.:* Mechanism of homogeneous anionic polymerization by alkyllithium initiators. J. Polymer Sci., C: Polymer Symposia **1** (1963) S. 311–323.
[23] *Hsieh, H. L.:* Kinetics of polymerization of butadiene, isoprene and styrene with alkyllithiums. Part III. Rate of propagation. J. Polymer Sci., **A 3** (1965) S. 173–180.
[24] *Hsieh, H. L.:* Kinetics of polymerization of butadiene, isoprene and styrene with alkyllithiums. Part I. Rate of polymerization. J. Polymer Sci., **A 3** (1965) S. 153–161.
[25] *Hsieh, H. L.:* Kinetics of polymerization of butadiene, isoprene and styrene with alkyllithiums. Part II. Rate of initiation. J. Polymer Sci., **A 3** (1965) S. 163–172.
[26] *Guyot, A.*, und *Vialle, J.:* Isoprene polymerization by butyllithium in cyclohexane. I. Initiation reaction. J. macromol. Sci. A: Chemistry **4** (1970) S. 79–105.
[27] *Guyot, A.*, und *Vialle, J.:* Isoprene polymerization by butyllithium in cyclohexane. II. Propagation reaction. J. macromol. Sci., A: Chemistry **4** (1970) S. 107–125.
[28] *Höcker, H.:* Molecular weight distribution of „living" polymers generated by a bifunctional initiator. Makromol. Chemie **157** (1972) S. 187–200.
[29] *Bywater, S.*, und *Worsfold, D. J.:* Alkyllithium anionic polymerization initiators in hydrocarbon solvents. J. organometal. Chem. **10** (1967) S. 1–6.
[30] *Hartwell, G. E.*, und *Brown, T. L.:* Organometallic exchange reactions. IV. Lithiomethyltrimethylsilane and t.-Butyllithium in Hydrocarbon Solvents. J. amer. chem. Soc. **88** (1967) S. 4625–4629.
[31] *Urwin, J. R.*, und *Reed, P. J.:* J. organometal. Chem. **15** (1966) S. 1.
[32] *Makowski, H. S., Lynn, M.*, und *Bogard, A. N.:* Butyllithium polymerization of butadiene. II. Effects of solvent and temperature on association of polybutadienyllithium. J. macromol. Sci., A: Chemistry **2** (1968) S. 665–682.
[33] *Uraneck, C. A.:* Influence of temperature on microstructure of anionic-initiated polybutadiene. J. Polymer Sci., **A-1**: Polymer Chem. (1971) 9, S. 2273–2281.
[34] *Hsieh, H. L.:* Microstructures of polydienes prepared from alkyllithium. J. Polymer Sci. **A 3** (1965) S. 181–190.
[35] *Rogers, C. E.:* The effect of association of the propagating ion-pair on polyisoprene microstructure. ACS Polymer Preprints **2** (1961) S. 75–84.
[36] *Antkowiak, T. A., Oberster, A. E., Halasa, A. F.*, und *Tate, D. P.:* Temperature and concentrations effects on polar-modified alkyllithium polymerizations and copolymerizations. J. Polymer Sci., **A-1**: Polymer Chem. (1972) 10, S. 1319–1334.
[37] *Morton, M., Sanderson, R. D.*, und *Sakata, R.:* Nuclear magnetic resonance studies of the propagating chain end in the organolithium polymerization of dienes. I. Butadiene in hydrocarbon media. Macromolecules, Washington **6** (1973) S. 181–185.
[38] *Morton, M., Sanderson, R. D., Sakata, R.*, und *Falvo, L. A.:* Nuclear magnetic resonance studies of the propagating chain end in the organolithium polymerization of dienes. II. Isoprene and 2,3-dimethylbutadiene in hydrocarbon solvents. Macromolecules, Washington **6** (1973) S. 186–189.
[39] *Gantmacher, A. R.:* Anionische und anionisch-koordinative Polymerisation von Kohlenwasserstoffmonomeren in Gegenwart von Verbindungen der Alkalimetalle. Vysokomol. Soed. (Hochmol. Verbind.) Serija **A 13** (1971) S. 1263–1278.
[40] *Hsieh, H. L.*, und *Glaze, W. H.:* Kinetics of alkyllithium initiated polymerizations. Rubber Chem. Technol. **43** (1970) S. 22–73.
[41] *Hogen-Esch, T. E.*, und *Smid, J.:* Studies of contact and solvent-separated ion pairs of carbanions. I. Effect of Temperature, counterion and solvent. J. amer. chem. Soc. **88** (1966) S. 307–318.
[42] *Naylor, F. E., Hsieh, H. L.*, und *Randall, J. C.:* Macromolecules, Washington **3** (1970) S. 486–496.
[43] *Fetters, L. J.:* Procedures for homogeneous anionic polymerization. J. Res. Nat. Bur. Stand., A: Physics, Chemistry **70** (1966) S. 421–433.
[44] *Klages, A.:* Synthese diarylierter Äthylene. Ber. dt. chem. Ges. **35** (1902) S. 2646–2649.
[45] *Auwers, K.*, und *Eisenloher, F.:* Spektrochemische Untersuchungen. III. Mitt. J. prakt. Chemie **84** (1911) S. 37–121.
[46] *Schlenck, W., Appenrodt, J., Michael, A.*, und *Thal, A.:* Über Metalladdition an mehrfache Bindung. Ber. dt. chem. Ges. **47** (1914) S. 473–490.
[47] *Kimmer, W.*, und *Schmalz, E. O.:* Die quantitative infrarotspektroskopische Bestimmung der Isomeren in Polybutadien und Butadien/Styrol-Copolymerisaten, Kautschuk, Gummi, Kunststoffe **16** (1963) S. 606–614.

Eingegangen am 28. Januar 1974

Über die Feinstruktur der Polyamide

IX. Schmelzverhalten von Polycaproproamid¹)

Peter Weigel, Rolf Hirte und Christian Ruscher

Institut für Polymerenchemie der Akademie der Wissenschaften der DDR in Teltow-Seehof, Abt. Polymerphysik

Herrn Prof. Dr. Hermann Klare zur Vollendung des 65. Lebensjahres gewidmet

DK 678.675'126:536.421.1:536.628.2:548.23:548.31

Das Schmelzverhalten von Polycaproamid wurde im Differential-Scanning-Calorimeter untersucht. Im Schmelzbereich beobachtet man bis zu fünf Schmelzpeaks, die sich dem Schmelzen der beiden kristallinen Modifikationen des Polycaproamids zuordnen lassen.

К тонкой структуре полиамидов

IX. Поведение поликапроамида при плавлении

При применении дифференциального регистрирующего калориметра изучено поведение поликапроамида при плавлении. В области плавления наблюдаются до 5 максимумов, которые можно отнести к плавлению двух кристаллических модификаций поликапроамида.

The Fine Structure of Polyamides

IX. Melting Behaviour of Polycaproamide

The melting process of polycaproamide has been investigated by differential-scanning-calorimeter. Up to five melting peaks were observed in the melting region, which were ascribed to the two crystalline modifications of polyamide.

1. *Einleitung und Problemstellung*

Das Schmelzverhalten von Polycaproamid (PA 6) ist mittels DTA bzw. Differentialkalorimetrie schon mehrfach untersucht worden [1 bis 7]. Die Differentialkalorimetrie bietet die Möglichkeit, das thermische Verhalten auf bequeme Weise an kleinsten Substanzmengen zu untersuchen. Allerdings besteht die Schwierigkeit bei solchen Untersuchungen in der Deutung der im Thermogramm zu beobachtenden Erscheinungen.

Da in der Literatur bezüglich der Zuordnung der Peaks besonders beim PA 6 unterschiedliche Meinungen herrschen, soll in einer Veröffentlichungsreihe über das Schmelzverhalten von PA 6 anhand eigener Versuche und der vorliegenden Literaturerfahrungen ein einheitliches und widerspruchsfreies Bild der Vorgänge beim Schmelzen von PA 6 entworfen werden.

Der Schmelzpunkt von PA 6, dessen Gleichgewichtswerte in der Literatur [3, 4, 8, 9, 10] zwischen 232 und 306 °C angegeben wird, wird bei DTA- und differentialkalorimetrischen Untersuchungen gewöhnlich zwischen 215 und 228 °C gefunden.

PA 6 zeigt, wie fast alle Polymeren, im Schmelzbereich Peakaufspaltungen [3, 4, 11 bis 13].

Das Auftreten von Mehrfachpeaks kann verschiedene Ursachen haben [14, 15, 16]:

a) Es sind Kristalle mit unterschiedlichen Ordnungszuständen in der Probe vorhanden. Beim Aufheizen verhält sich jeder Kristalltyp unabhängig vom anderen.

b) Es sind metastabile Kristalle vorhanden. Beim Aufheizen finden Reorganisationsvorgänge zu stabileren Kristallen statt. Die stabilen Kristalle schmelzen bei höheren Temperaturen als die metastabilen.

c) Es findet eine echte Phasenumwandlung von einer Kristallform in die andere statt, wie es von niedermolekularen Substanzen bekannt ist.

d) Es sind verschiedene Kristallmodifikationen in der Probe vorhanden, die sich im Schmelzverhalten unterscheiden.

Bei PA 6 spielen wenigstens zwei der genannten Mechanismen eine Rolle.

So konnten von *Kanetsuna* u. Mitarb. [11] sowie von *Ruscher* und *Weigel* [17] zwei Peaks bei 220 und 226 °C der γ- bzw. α-Modifikation zugeordnet werden. *Illers, Haberkorn* und *Simak* [4] zeigten an jodiertem Material, das gegen Modifikationsänderungen stabil war, daß tatsächlich γ-Material um 5 grd niedriger schmilzt als das monokline Ausgangsmaterial vergleichbarer Kristallinität.

Andererseits wiesen *Arakawa, Nagatoshi* und *Arai* [18] durch Methoxymethylierung von getemperten, gereckten PA-6-Fäden nach, daß die Aufspaltung des Schmelzpeaks in ihrem Falle durch eine Reorganisation von stark gestörten Kristalliten während des Meßvorganges hervorgerufen wurde. Durch die Methoxymethylierung wird die Reorganisation verhindert, so daß das Thermogramm nur das Schmelzen der bei der entsprechenden Kristallisationstemperatur entstandenen Kristallite zeigt. Auch Aufspaltung infolge von Reorganisationserscheinungen wurde von *Ruscher* und *Weigel* [17] sowie *Illers* und *Haberkorn* [3] gefunden und ausführlich untersucht.

Bei Anwesenheit von α- und γ-Anteilen in der Probe und gleichzeitigem Auftreten von Reorganisationserscheinungen ergeben sich im Thermogramm recht verwickelte Verhältnisse. Die eindeutige Zuordnung aller dabei zu beobachtenden Peaks ist bisher noch nicht gelungen.

Wie bei einigen anderen Polymeren findet man auch am PA 6 einen kleinen endothermen Peak, der jeweils etwa 10 grd oberhalb der Tempertemperatur liegt. Die Deutung ist für alle Polymeren noch umstritten. Für PA 6 interpretieren *Kanetsuna* und *Maeda* [19] diesen Peak durch das Vorhandensein eines metastabilen Zustandes, der durch die Temperbehandlung hervorgerufen sein soll. Andere Autoren [3, 17] deuten diesen Peak mit dem Aufschmelzen von sehr kleinen oder stark gestörten Kristalliten, die sich bei der Temperbehandlung bevorzugt bilden.

¹) Auszug aus der Dissertation von *Peter Weigel*, Berlin 1974. Teil VIII: d. Z. **22** (1971) 5, S. 260–265.

2. *Experimentelles*

Für die thermoanalytischen Untersuchungen wurde ein Differential-Scanning-Calorimeter DSC-1B der Firma Perkin-Elmer verwendet. Die Temperatureichung des Kalorimeters erfolgte mit verschiedenen organischen und anorganischen Substanzen, deren Schmelzpunkt genau bekannt war. Die quantitative Eichung wurde mittels der bekannten Schmelzwärmen von Indium, Harnstoff und Silbernitrat vorgenommen.

Die Röntgenweitwinkelaufnahmen wurden mit der Flachkamera URK (VEB Präzisionsmechanik Freiberg) bei Cu-K_α-Strahlung aufgenommen. Die Röntgenkleinwinkelaufnahmen wurden mit einer *Kiessig*-Kamera angefertigt.

Die bei einer Reihe von Proben durchgeführte Temperaturbehandlung erfolgte im DSC-1B unter Stickstoffatmosphäre. Diese Proben wurden vor der jeweiligen Schmelze- und Temperaturbehandlung zur Entgasung auf 200 °C erhitzt und dort 3 min belassen.

3. *Versuchsergebnisse und Diskussion*

3.1. *Schmelzverhalten von monoklinem PA 6*

Da rein monoklin kristallisiertes PA 6 nicht hergestellt werden kann, wurden nach den aus der Literatur bekannten Verfahren verschiedene teilkristalline Proben hergestellt, deren kristalliner Anteil jeweils rein monoklin war. Diese Proben können sich in ihrem Kristallinitätsgrad und in weiteren Ordnungsparametern unterscheiden. Von Interesse ist hier zunächst nur, daß sie keinen hexagonalen Anteil besitzen.

Die Herstellung der Proben erfolgte

1. durch Kristallisation aus der Lösung (Unmattierte Polyamidschnitzel wurden im Verhältnis 1:100 bei 50 °C in konzentrierter Ameisensäure gelöst, anschließend wurde das Lösungsmittel langsam verdampft);
2. durch Recken von Polyamidfasern (Es wurden kommerziell hergestellte Monofile verwendet, die in einem Verhältnis 1:3,5 gereckt waren);
3. durch Temperbehandlung von aus der Schmelze oder dem Glaszustand kristallisierten Polyamid-6-Proben (Es wurde sowohl mattiertes als auch unmattiertes Material eingesetzt. Die Tempertemperatur lag oberhalb von 200 °C);
4. durch Langzeittemperung beliebiger Proben bei Temperaturen > 210 °C (Auf Grund der niedrigen Umordnungsgeschwindigkeiten bei diesen Temperaturen waren sehr lange Temperzeiten notwendig).

Die kristalline Struktur dieser Proben wurde durch Röntgenweitwinkeluntersuchungen bestimmt. Das Schmelzverhalten wurde unter möglichst konstanten experimentellen Bedingungen, wie gleiche Aufheizgeschwindigkeit und gleiche Probenmasse, untersucht. Dadurch wird der Einfluß von methodischen Parametern klein gehalten.

Bild 1 zeigt die Thermogramme und die Röntgenweitwinkelaufnahmen der monoklinen PA-6-Proben. Die Weitwinkelaufnahmen zeigen bei allen vier Proben die für die monokline α-Modifikation charakteristischen zwei Äquatorreflexe. Hinsichtlich der Reflexlage und -breite sind Unterschiede vorhanden; Probe d zeigt im Vergleich zu den anderen drei Proben schärfere Reflexe. Die Unterschiede der Reflexbreite lassen sich als Teilchengrößen- und Gitterstörungseffekte deuten. Schärfere Reflexe bedeuten eine bessere Ordnung in den kristallinen Bereichen.

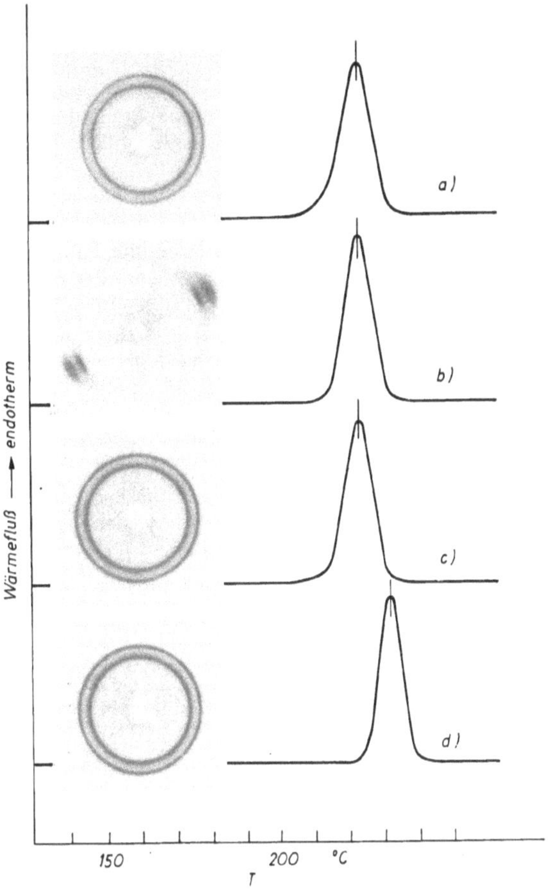

Bild 1. Thermogramme und Röntgenaufnahmen von monoklinem PA 6

a) aus Ameisensäure kristallisiertes PA 6
b) gerecktes PA-6-Monofil
c) aus der Schmelze bei 200 °C kristallisiertes PA 6
d) bei 212 °C für 16 h kristallisiertes PA 6

Die Proben a, b, c zeigen große Gemeinsamkeiten im Schmelzverhalten. Die Maxima der Schmelzkurven liegen bei diesen Proben trotz der unterschiedlichen Herstellungsbedingungen einheitlich bei 223 °C. Die unterschiedliche Schärfe der Schmelzpeaks kann auf Unterschiede des Ordnungszustandes der kristallinen Bereiche zurückgeführt werden. Probe d hat ihr Schmelzmaximum bei 231 °C. Alle vier angegebenen Schmelzpunkte für die α-Modifikation liegen unterhalb des für PA 6 ermittelten Gleichgewichtsschmelzpunktes, der bei den verschiedenen Autoren ca. 20 bis 35 grd höher angegeben wird. Wie das Beispiel der Probe d zeigt, lassen sich durch spezielle Temperbehandlung bei Temperaturen oberhalb 210 °C Proben herstellen, deren experimentell meßbarer Schmelzpunkt oberhalb des Wertes von 223 °C liegt. Interessant ist aber die Tatsache, daß bei allen monoklinen PA-6-Proben, die keiner speziellen Temperbehandlung bei Temperaturen > 210 °C unterzogen wurden, ein Schmelzpunkt von 223 °C gemessen wird. Erst oberhalb dieser Kristallisationstemperatur und bei langen Kristallisationszeiten erfolgt eine merkliche Zunahme des Schmelzpunktes, die die Ordnungsverbesserung im Material signalisiert.

Zum Nachweis dieses Verhaltens wurden PA-6-Proben bei Temperaturen oberhalb 210 °C jeweils 16 h kristallisiert. Anschließend wurden die Schmelzpunkte bestimmt. An diesen Proben wurden außerdem Röntgenkleinwinkeluntersuchungen durchgeführt. Die Aufnahmen wurden mit einer *Kiessig*-Kamera aufgenommen. Die Auswertung erfolgte nach der Methode von *Cvankin* [20, 21]. Dabei wurde die wahre Langperiode L und die Dicke l der kristallinen Bereiche bestimmt. Es wurde das Modell eines Lamellenkristalls zugrunde gelegt.

Für die Abhängigkeit des Schmelzpunktes T_s eines Lamellenkristalls von seiner Dicke gilt Gleichung (1), wobei angenommen wird, daß die Lamellen senkrecht zur Kettenrichtung sehr viel größer als l sind [22]:

$$T_s = T_s^\infty \left(1 - \frac{2\sigma_e}{\Delta H_s \cdot \varrho_k \cdot l}\right). \qquad (1)$$

Hierin bedeuten T_s^∞ den Gleichgewichtsschmelzpunkt des unendlich großen Kristalls, σ_e die spezifische Grenzflächenenergie, ΔH_s die Schmelzenthalpie, ϱ_k die Dichte des Kristalls.

In Bild 2 sind die Schmelzpunkte von zwischen 200 und 216 °C getemperten PA-6-Proben als Funktion der reziproken Kristallitdicke aufgetragen.

Durch Extrapolation auf $1/l = 0$ erhält man danach einen Gleichgewichtsschmelzpunkt von $T_s = 260$ °C. Dieser Wert stimmt gut mit dem von *Illers* und *Haberkorn* [3] für monoklines PA 6 berechneten Gleichgewichtsschmelzpunkt überein.

3.2. Schmelzverhalten von hexagonalem PA 6

Hexagonale Proben besitzen je nach Vorgeschichte des Materials eine mehr oder weniger stabile Ordnung. Das Spektrum möglicher Ordnungszustände, die summarisch als „hexagonal" bezeichnet werden, reicht von smektischer Kettenordnung bis zu hochkristallinen und sehr stabilen Ordnungszuständen, deren genaue Struktur noch umstritten ist.

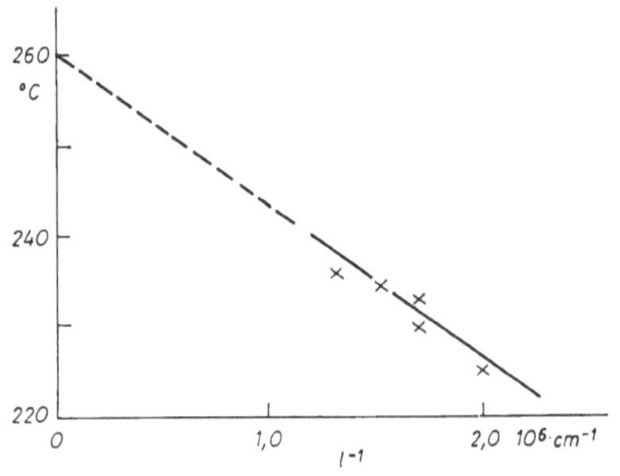

Bild 2. Abhängigkeit des Schmelzpunktes von der reziproken Kristallitdicke

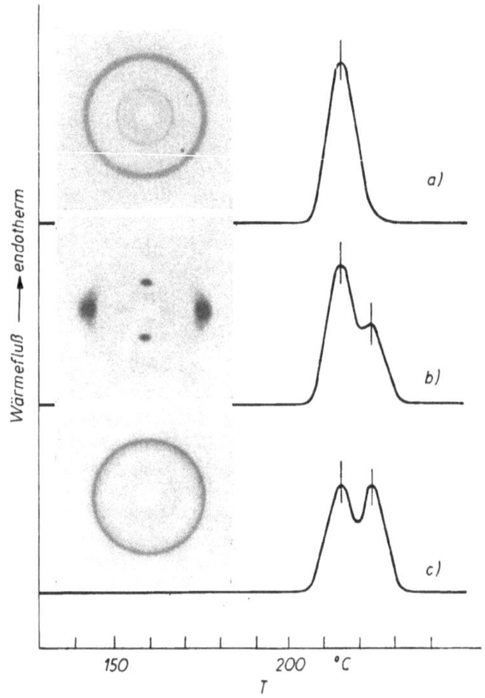

Bild 3. Thermogramme und Röntgenweitwinkelaufnahmen von hexagonalen PA-6-Proben
a) jodierter Faden
b) schnellgesponnener Faden
c) aus der Schmelze bei 120 °C kristallisiertes PA 6

Bei den Untersuchungen zum Schmelzverhalten solcher hexagonaler Anteile muß man Rekristallisationsvorgänge und die Umwandlung bestimmter Anteile der Probe in die monokline Modifikation von vornherein in Rechnung stellen.

Teilkristalline PA-6-Proben, die keine monoklinen Anteile besitzen, lassen sich auf verschiedene Arten herstellen. Drei charakteristische Proben wurden nach den folgenden Verfahren hergestellt:

1. Jodierung monokliner PA-6-Faden
(Durch Jodeinlagerung in die H-Brücken entsteht ein Jodkomplex, der bei anschließender Entfernung des Jods zu einem sehr stabilen γ-Anteil führt [23]);
2. Schnellgesponnener Faden
(Mit extrem hohem Spinnverzug gesponnene PA-6-Fäden zeigen hochorientierte und recht stabile γ-Anteile [24]);
3. Temperbehandlung von Proben, die aus der Schmelze oder dem Glaszustand kristallisiert wurden
(Durch Wahl geeigneter Kristallisationsbedingungen gelingt es, Proben ohne α-Anteil herzustellen. Die Kristallisationstemperaturen müssen dabei unterhalb von 140 °C liegen.)

Bild 3 zeigt die Thermogramme und Röntgenweitwinkelaufnahmen dreier Proben, die nach den oben angeführten Methoden hergestellt wurden.

Die Weitwinkelaufnahmen wurden bei Raumtemperatur angefertigt. Die Röntgenaufnahmen zeigen die für die hexagonale Modifikation charakteristischen Äquator- und Meridianreflexe.

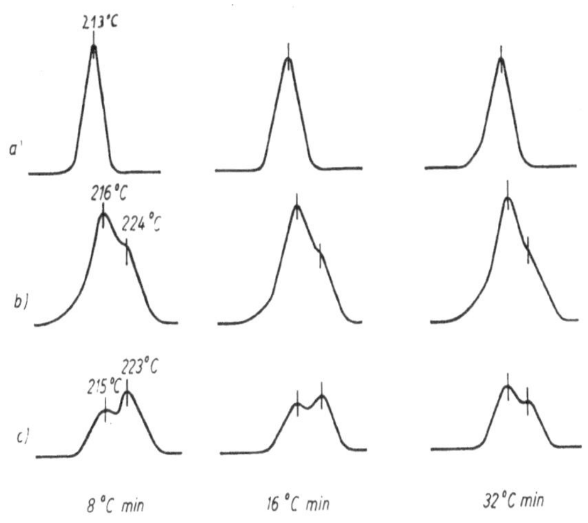

Bild 4. Abhängigkeit des Schmelzverhaltens verschiedener PA-6-Proben von der Aufheizgeschwindigkeit
a) jodierter Faden
b) schnellgesponnener Faden
c) hexagonale Blockprobe

Die Breite der Reflexe nimmt von Probe a bis c zu, d. h., der Ordnungszustand in den hexagonalen Bereichen nimmt ab. Die Thermogramme zeigen deutliche Unterschiede im Schmelzverhalten: während Probe a nur einen einzigen Peak bei 215 °C besitzt, haben die Proben b und c je zwei Peaks bei 215 und 223 °C. Die Breite der Schmelzbereiche nimmt von Probe a bis c zu.

Die jodierte Faser läßt sich, das zeigen eigene Versuche, durch Wärmebehandlung unterhalb der Schmelztemperatur nicht mehr in die α-Modifikation überführen. Das Auftreten nur eines Schmelzpeaks bei dieser Probe zeigt, daß das Material ohne irgendwelche Reorganisationserscheinungen aufgeschmolzen ist.

Um die Natur des Doppelpeaks der beiden anderen Proben aufzuklären, wurde das Schmelzverhalten aller drei Proben bei zwei weiteren Meßgeschwindigkeiten untersucht. Bild 4 zeigt die Zusammenstellung der Thermogramme.

Die jodierten Fäden (Probe a) zeigen im Schmelzverhalten keine Abhängigkeit von der Aufheizgeschwindigkeit. Die Proben b und c dagegen zeigen eine Verschiebung der Anteile beider Peaks.

Da der Peak bei 223 °C dem monoklinen PA 6 zugeordnet wurde, muß man auf eine Umwandlung ursprünglich hexagonalen Materials in monoklines Material während des Aufschmelzvorganges schließen. Dann ist der Peak bei 215 °C als Schmelzpeak der γ-Modifikation zu deuten. Die γ-α-Umwandlung erfolgt um so stärker, je weniger stabil der γ-Anteil ist.

Daß die hier gegebene Deutung korrekt ist, konnte in einem speziellen Versuch nachgewiesen werden.

Dabei wurden gleich hergestellte Blockproben hexagonaler Struktur mit konstanter Aufheizgeschwindigkeit $T_P = 16$ grd/min bis auf verschiedene Temperaturen T_A erhitzt und der dann erreichte Zustand durch Abschrecken in flüssigem Stickstoff eingefroren. Anschließend wurden an den Proben Röntgenweitwinkel- und DSC-Untersuchungen durchgeführt. Die Ergebnisse sind in Bild 5 dargestellt.

Bis zu einer Temperatur $T_A = 210$ °C hat sich der kristalline Zustand nur geringfügig verändert. Erst bei $T_A = 215$ °C, das entspricht der Peakmaximumtemperatur des zweiten Peaks, nimmt der monokline Anteil bei gleichzeitiger Abnahme des hexagonalen Anteils zu. Bei $T_A = 217$ °C, das entspricht der Temperatur des Zwischenminimums in der ursprünglichen Schmelzkurve, enthält die Probe nur noch monokline Kristallite. Damit ist gezeigt, daß während des Aufheizens tatsächlich eine Umkristallisation stattfindet.

Bei den untersuchten Proben wurde stets ein Schmelzpunkt von 215 °C gefunden. Der Gleichgewichtsschmelzpunkt für den γ-Kristall konnte nicht bestimmt werden. Nach *Illers* u. Mitarb. [4] lassen sich an den jodierten Fäden keine Langperiodenwerte bestimmen, wie sie zur Berechnung von T_s^∞ notwendig sind.

3.3. Schmelzen von PA-6-Proben mit monoklinen und hexagonalen Anteilen

In der Praxis besitzen PA-6-Proben häufig sowohl α- als auch γ-Anteile. Die Variation dieser Anteile läßt sich durch geeignete Wahl der Behandlungsparameter leicht durchführen. Damit bietet sich die Möglichkeit, Probenreihen zur Untersuchung des Schmelz- und Umwandlungsverhaltens beider Modifikationen herzustellen. Die Charakterisierung der hier besonders interessierenden α- und γ-Anteile erfolgt am bequemsten mittels Röntgenweitwinkelstreuung.

Es wurden drei Probenserien untersucht, bei denen jeweils das α-γ-Verhältnis variiert wurde:

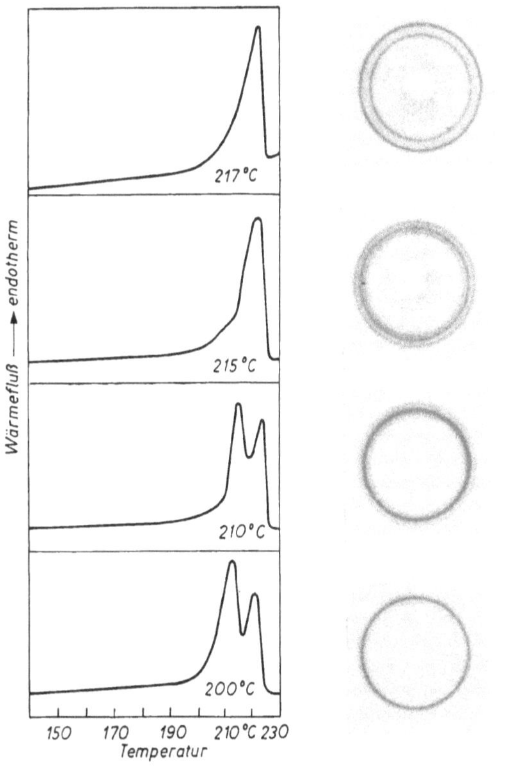

Bild 5. γ-α-Umwandlung während des Aufheizvorganges im DSC
Aufheizgeschwindigkeit 16 grd/min

1. Ausgewählte Proben aus einer Reckserie von kommerzieller PA-6-Seide, Reckverhältnisse von $\lambda = 2{,}45$ bis $\lambda = 3{,}31$,
2. Blockproben, aus der Schmelze abgeschreckt und aus dem Glaszustand kommend, zwischen 150 und 190 °C getempert,
3. Blockproben, aus der Schmelze auf Kristallisationstemperaturen unterhalb 200 °C abgeschreckt.

Gereckte Proben

Die strukturellen Vorgänge beim Recken von Polyamid 6 sind vielfach untersucht worden und insgesamt recht gut bekannt. Die ausgewählten Proben erfassen den Bereich der Phasenumwandlung, in dem bei gleichzeitiger Zunahme der notwendigen Verformungskräfte die Dichte einen starken Anstieg erfährt.

Bild 6 zeigt die Thermogramme und Röntgenaufnahmen, Tabelle 1 enthält die Reckverhältnisse der einzelnen Proben und die aus den Thermogrammen bestimmten Schmelzwärmen.

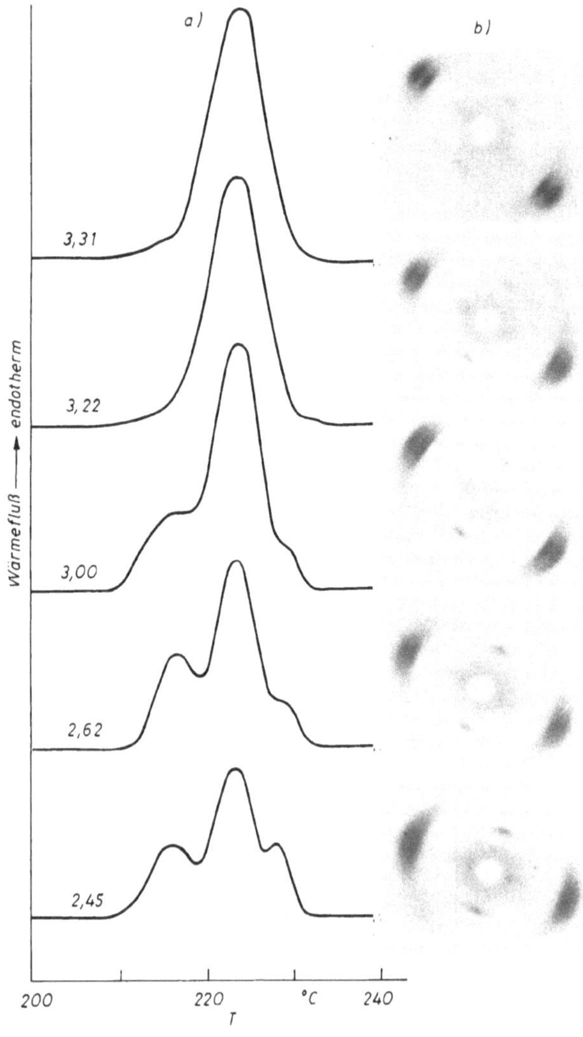

Bild 6. PA-6-Reckreihe
a) DSC-Kurven, Aufheizgeschwindigkeit 16 grd/min
b) Röntgenweitwinkelaufnahmen

Tabelle 1. Schmelzverhalten einer Reckreihe

Probe	Reckverhältnis	Schmelzwärme cal/g
1	2,45	9,6
2	2,62	10,8
3	3,00	12,2
4	3,22	12,9
5	3,31	13,1

Die Röntgenogramme zeigen die Abnahme des γ-Anteils bei Zunahme des α-Anteils. Die Thermogramme zeigen im wesentlichen die in den Abschnitten 3.1 und 3.2 besprochenen Schmelzpeaks für die α- und die γ-Modifikation. Probe 1 zeigt röntgenographisch einen relativ kleinen α-Anteil, der in gewissem Widerspruch zu dem recht kräftigen α-Schmelzpeak im Thermogramm steht. Dabei handelt es sich um die bereits im vorigen Abschnitt beschriebene γ-α-Umwandlung während der Messung.

Für den Anstieg der Schmelzwärme mit wachsendem Reckverhältnis ist die Zunahme des α-Anteils in der Probe verantwortlich. Daneben kommt noch eine Verringerung des amorphen Anteils der Probe in diesem Übergangsgebiet in Betracht.

Blockproben, aus dem Glaszustand kristallisiert

Fadenproben sind, zumindest vor Erreichen der höchsten Reckgrade, relativ schlecht geordnet. Die Untersuchung von Blockproben, die bei relativ hohen Temperaturen getempert werden, verspricht eine bessere Auflösung von im Schmelzbereich ablaufenden Vorgängen. Die zweite Probenserie wurde bei 250 °C für 10 min in der Schmelze getempert, dann in flüssigem Stickstoff abgeschreckt und anschließend für 2 h bei verschiedenen Temperaturen getempert. Bild 7 zeigt die Röntgenaufnahmen und die Thermogramme für diese Proben. Man erkennt auf den Röntgenaufnahmen die Abnahme des hexagonalen Anteils mit steigender Kristallisationstemperatur.

Die Thermogramme zeigen außer den bereits bekannten Schmelzpeaks einen weiteren, mit der Temperatur sich verschiebenden und in seiner Intensität zunehmenden Peak. Hier handelt es sich um den bereits erwähnten Temperpeak. Er liegt jeweils ca. 15 grd oberhalb der Tempertemperatur.

Die Proben, die einer genau definierten Temperung unterzogen wurden, konnten eine für die Tempertemperatur charakteristische Ordnung ausbilden. Das Auftreten des Temperpeaks steht damit in Zusammenhang.

Blockproben, aus der Schmelze kristallisiert

Bei der dritten untersuchten Serie wurde das Material direkt aus der Schmelze auf die Tempertemperatur abgeschreckt. Die Thermogramme, die zusammen mit den Röntgenaufnahmen in Bild 8 zusammengestellt sind, unterscheiden sich schon auf den ersten Blick von denjenigen der vorigen Serie.

Sie enthalten wie diese die beiden Schmelzpeaks in wechselnden Anteilen, in Korrelation zu den röntgenographisch bestimmten α- und γ-Anteilen. Sie enthalten auch wieder den Temperpeak. Daneben sind aber, am deutlichsten bei der bei 180 °C getemperten Probe,

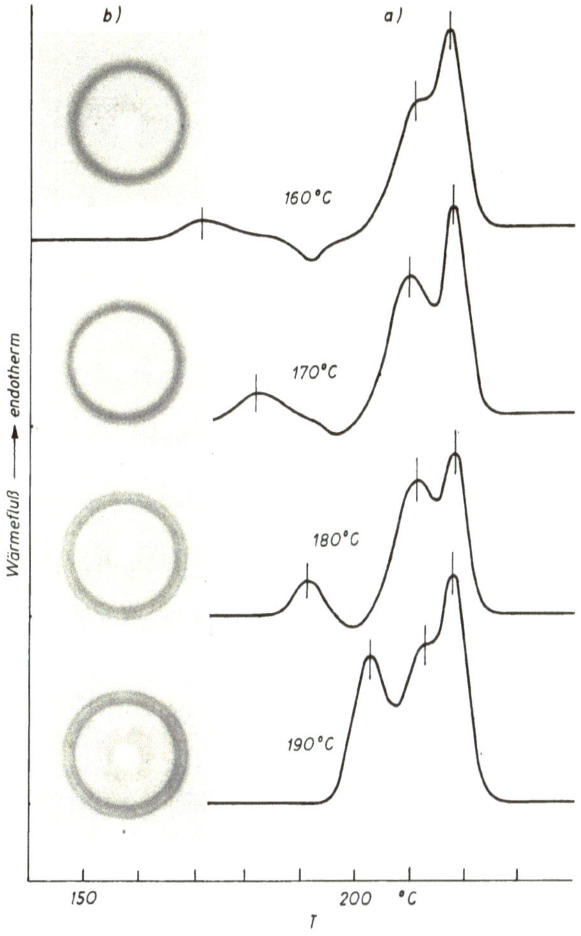

Bild 7. PA-6-Blockproben, aus dem Glaszustand bei verschiedenen Temperaturen kristallisiert, $t_k = 2$ h
a) DSC-Kurven, Aufheizgeschwindigkeit 16 grd/min
b) Röntgenweitwinkelaufnahmen

weitere zwei Peaks zu erkennen. Für die weitere Diskussion sollen die auftretenden Peaks die folgenden Bezeichnungen erhalten:

Peak 1: monokliner Schmelzpeak bei ca. 223 °C;
Peak 2: hexagonaler Schmelzpeak bei ca. 215 °C;
Peak 3: bei etwa 200 bis 212 °C;
Peak 4: bei etwa 208 bis 214 °C;
Peak 5: Temperpeak, etwa 10 bis 15 grd oberhalb der Tempertemperatur.

Bei den vier Proben des Bildes 8 erkennt man, daß der monokline Anteil mit wachsender Kristallisationstemperatur zunimmt, während der hexagonale Anteil abnimmt. Peak 3 ist schon bei $T_k = 160$ °C vorhanden, Peak 4 ist bei dieser Probe noch nicht erkennbar. Bei der nächsten Probe erscheint Peak 4, und Peak 3 verringert seine Intensität. Bei $T_k = 190$ °C werden Peak 3 und 4 nicht mehr aufgelöst. Beide Peaks ändern während der Serie erkennbar ihre Lage und wandern mit zunehmender Tempertemperatur in den Schmelzbereich hinein.

Es wird noch gezeigt werden [25], daß Peak 3 nur bei Vorhandensein hexagonaler Anteile erscheint, während Peak 4 an das Vorhandensein monokliner Anteile gebunden ist.

Die Deutung der im Thermogramm sich abzeichnenden Vorgänge in der Probe ist allein auf Grund der Meßkurve nicht möglich.

Hinweise für die Deutung kann man aus der thermischen Vorgeschichte der untersuchten Probe entnehmen. Aus der Untersuchung der drei Serien dieses Abschnittes:

— Reckreihe — Peak 1 und 2 vorhanden,
— Temperserie an abgeschreckten Proben — Peak 1, 2 und 3 vorhanden,
— Temperreihe an direkt auf die Tempertemperatur gebrachten Proben, Peak 1 bis 5 vorhanden,

läßt sich folgern, daß Peak 5 mit der Temperung in Beziehung steht. Er kann dem Aufschmelzen von bei der Tempertemperatur gebildeten sehr kleinen Kristalliten zugeordnet werden.

Die Peaks 3 und 4, die nur bei der Kristallisation direkt aus der Schmelze beobachtet werden, zeigen als Vorschmelzpeaks das Vorhandensein der bei T_k

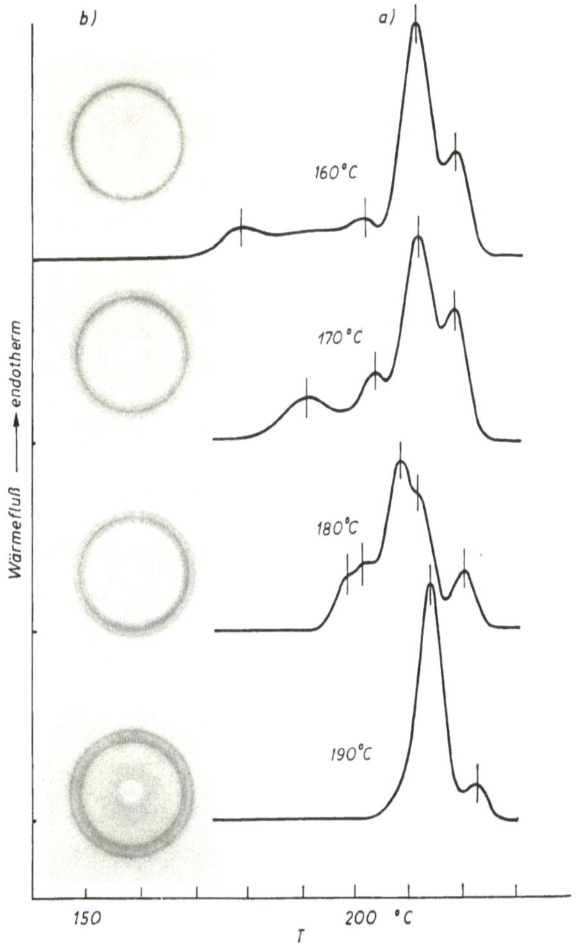

Bild 8. PA-6-Blockproben, aus der Schmelze bei verschiedenen Temperaturen kristallisiert, $t_k = 16$ h
a) DSC-Kurven, Aufheizgeschwindigkeit 16 grd/min
b) Röntgenweitwinkelaufnahmen

gebildeten Kristallite an. Daß sie bei den aus dem Glaszustand getemperten Proben fehlen, läßt darauf schließen, daß ihr Auftreten mit der unzureichenden Keimbildung bei den direkt aus der Schmelze kristallisierten Proben in Verbindung steht.

4. *Zusammenfassung*

Auf unterschiedliche Weise hergestelltes PA 6 mit ausschließlich monoklinen kristallinen Anteilen zeigt nur einen Schmelzpeak bei 223 °C. Durch Temperung oberhalb 210 °C läßt sich dieser Peak zu höheren Temperaturen verschieben. Aus der Abhängigkeit von Schmelztemperatur und Kristallitdicke konnte der Schmelzpunkt des unendlich großen α-Kristalls bestimmt werden ($T_s^\infty = 260\,°C$).

Ausschließlich hexagonales Material zeigt je nach Kristallgüte ein bis zwei Schmelzpeaks bei 215 bzw. 223 °C. Die stabilste γ-Form läßt sich durch Jodierung von monoklinem Material herstellen und schmilzt bei 215 °C auf. Die übrigen hergestellten Proben zeigen einen weiteren Peak bei 223 °C, der durch einen γ-α-Umwandlungsprozeß bedingt wird. Diese γ-α-Umwandlung konnte durch Kombination von DSC- und Röntgenweitwinkeluntersuchungen nachgewiesen werden.

Proben mit Mischstrukturen zeigen im Thermogramm bis zu fünf verschiedene Peaks. Durch Kristallisation aus der Schmelze hergestellte Proben zeigen neben den Peaks bei 215 und 223 °C drei von der Kristallisationstemperatur abhängige Peaks. Aus dem Glaszustand kristallisierte Proben zeigen nur drei Peaks, Peak 3 und 4 fehlen. Beim gereckten Material fehlen die temperaturabhängigen Peaks.

Für gewissenhafte experimentelle Mitarbeit danken wir Frau *I. Eidtner* und Frau *I. Möller*.

Literatur

[1] *Kinoshita, Y.:* An investigation of the structure of polyamide series. Makromol. Chemie **33** (1959) S. 1–20.
[2] *Gechele, G. B.*, und *Crescentine, L.:* Melting temperatures and polymer-solvent interaction for polycaprolactame. J. appl. Polymer Sci. **7** (1963) S. 1349–1357.
[3] *Illers, K. H.*, und *Haberkorn, H.:* Schmelzverhalten, Struktur und Kristallinität von Polyamid 6. Makromol. Chemie **142** (1971) S. 31–67.
[4] *Illers, K. H.*, *Haberkorn, H.*, und *Simak, P.:* Untersuchungen über die γ-Struktur in unverstrecktem und verstrecktem Polyamid 6. Makromol. Chemie **158** (1972) S. 285–311.
[5] *Dole, M.*, und *Wunderlich, B.:* Melting points and heats of fusion of polymers and copolymers. Makromol. Chemie **34** (1959) S. 29–49.
[6] *Marx, P.*, *Smith, C. W.*, *Worthington, A. E.*, und *Dole, M.:* Spez. Wärme synthetischer Hochpolymerer. IV. Polycaprolactam. J. chem. Physics **59** (1955) S. 1015–1019.
[7] *Michaijlow, N. V.*, und *Kleesman, K. O.:* Über zwei Strukturmodifikationen synthetischer Polyamide. Dokl. Akad. Nauk SSSR (Nachr. Akad. Wiss. UdSSR) **91** (1953) S. 99–102.
[8] *Liberti, F. N.*, und *Wunderlich, B.:* Melting of Polycaprolactam. J. Polymer Sci., A-2 **6** (1968) S. 833–848.
[9] *Arakawa, T.*, und *Nagatoshi, F.:* Melting of paracrystals. J. Polymer Sci. B **8** (1970) S. 41–45.
[10] *Arakawa, T.*, *Nagatoshi, F.*, und *Arai, N.:* Thermal analysis of drawn nylon 6. J. Polymer Sci. B **6** (1968) S. 513–516.
[11] *Kanetsuna, H.*, *Kurita, T.*, und *Maeda, K.:* Studies on the effects of thermal history and drawing of nylon 6 by DTA. J. Chem. Soc., Japan **69** (1966) S. 1793 bis 1797.
[12] *Arakawa, T.*, *Nagatoshi, F.*, und *Arai, N.:* Thermal analysis of lamellar crystals of nylon 6. J. Polymer Sci. B **7** (1969) S. 115–120.
[13] *Wiśniewska, W.:* Versuch einer quantitativen Beurteilung der kristallinen Struktur in Polyamid-6-Faserstoff auf Grund der Schmelzdiagramme (DTA) Polimery, Warszawa **17** (1972), 10 S. 517–520.
[14] *Masuoka, M.:* Differential thermal analysis of polyoxymethylene. Rep. Progr. Polymer Physics, Japan **10** (1967) S. 263–266.
[15] *Tejtelbaum, B. I.:* Einige Fragen der thermischen Analyse kristallisierender Polymerer. Dokl. Akad. Nauk SSSR (Nachr. Akad. Wiss. UdSSR) **169** (1966) S. 1375–1378.
[16] *Wunderlich, B.:* Das Kristallisieren und Schmelzen von Hochpolymeren. Ber. Bunsengesellsch. **74** (1970) S. 768–777.
[17] *Ruscher, Ch.*, und *Weigel, P.:* Über die Feinstruktur der Polyamide. VII. Thermoanalytische Untersuchungen an getemperten Polycaproamidproben. Faserforsch. u. Textiltechnik **18** (1967) S. 564–567.
[18] *Arakawa, T.*, *Nagatoshi, F.*, und *Arai, N.:* Melting behavior and morphology of drawn nylon 6. J. Polymer Sci., A-2 **7** (1969) S. 1461–1472.
[19] *Kanetsuna, H.*, u. *Maeda, K.:* Thermal analysis of high polymers. Part I. Bull. Textile Res. Inst., Japan **78** (1966) S. 5–11.
[20] *Cvankin, D. Y.*, *Zubov, Y. A.*, und *Kitaigorodskij, A. J.:* Calculation of long periods in polymers and determination of the size of crystallites and amorphous regions. J. Polymer Sci. C **16** (1968) S. 4081–4091.
[21] *Buchanan, D. R.:* Analysis of smoll-angle X-ray diffraction from polymers. J. Polymer Sci., A-2 **9** (1971) S. 645–658.
[22] *Illers, K. H.*, und *Hendus, H.:* Schmelzpunkt und Kristallitgröße von aus der Schmelze und Lösung kristallisiertem Polyäthylen. Makromol. Chemie **113** (1968) S. 1–22.
[23] *Bradbury, E. M.*, *Brown, L. A.*, *Elliott, A.*, und *Parry, D. A. D.:* The structure of the gamma form of polycaproamide (nylon 6). Polymer, London **6** (1965) S. 465–482.
[24] *Ruscher, Ch.*, *Gröbe, V.*, und *Versäumer, H.:* Über die Feinstruktur der Polyamide. III. Der Einfluß von Flüssigkeitsbädern auf die Struktur und die Eigenschaften verschieden gesponnener Fäden aus Polycaprolactam. Faserforsch. u. Textiltechnik **12** (1961) S. 214–222.
[25] *Weigel, P.*, *Hirte, R.*, u. *Ruscher, Ch.:* Über die Feinstruktur der Polyamide. Teil X. Faserforsch. u. Textiltechnik/Z. Polymerforsch. in Vorbereitung.

Eingegangen am 29. Januar 1974

Faserforschung und Textiltechnik 25 (1974) Heft 5
Zeitschrift für Polymerforschung

Zugelastische Untersuchungen, ihre Durchführung und Auswertung

I. Der Einfluß unterschiedlicher Prüfbedingungen auf die Elastizitätskenngrößen

Albrecht Bauer und Friedrich Winkler

Akademie der Wissenschaften der DDR, Institut für Polymerenchemie in Teltow-Seehof

Herrn Prof. Dr. Hermann Klare zur Vollendung des 65. Lebensjahres gewidmet

DK 678.4/.8:677.4:677.017.426/.427:53.084

Zur Beurteilung elastischer Eigenschaften werden zugelastische Untersuchungen bei konstanter oberer und unterer Zugkraft durchgeführt. Es wird der Einfluß verschiedener Prüfparameter auf die Elastizitätsmerkmale Anfangselastizität C und Elastizitätsänderung m ermittelt. Über die Anzahl der Beanspruchungszyklen, die Dehnungsgeschwindigkeit und die Anzahl der Prüflinge ließen sich gesicherte Aussagen treffen.

Испытание на эластичность при растяжении, его проведение и обработка данных

I. Влияние различных условий испытания на показатели эластичности

Для оценки эластических свойств материалов проводились испытания на эластичность при растяжении при постоянных значениях максимальной и минимальной нагрузек. При этом определялось влияние различных параметров испытания на следующие показатели: начальную эластичность C и изменение эластичности m. Проведенные исследования позволили сделать надежные выводы в отношении числа циклов, скорости деформации и количества проб.

Tensile Elastic Investigations, Procedure and Evaluation

I. The Effect of Various Testing Conditions on the Characteristics of Elasticity

Tensile elastic investigations at upper and lower tensile force have been performed in order to examine the elastic properties. The effect of various testing parameters on the initial elasticity C and the change of elasticity m were determined. Reliable statements were made on the effects of the number of stress cycles, strain rate and number of specimens.

1. *Einleitung*

Die Gebrauchswertbeurteilung tritt im Rahmen der Materialprüfung und damit der Textilprüfung immer stärker in den Vordergrund. Dabei nimmt durch die Entwicklung moderner Bekleidungstextilien die Beurteilung der elastischen Eigenschaften einen wichtigen Platz ein. Neben der Forderung nach hoher Dehnbarkeit der Erzeugnisse bei bereits geringen einwirkenden Kräften tritt der Wunsch nach möglichst rascher und vollkommen elastischer Erholung, um die Formbeständigkeit des Kleidungsstückes während seiner Gebrauchsdauer zu sichern.

Die Prüftechnik muß sich den Gegebenheiten der Praxis immer wieder anpassen und versuchen, aussagekräftige Meßmethoden zu entwickeln. Für die Beurteilung der elastischen Eigenschaften von Fäden und Flächengebilden gilt es also Verfahren zu finden, die möglichst universell anwendbar sind. Der Kostenaufwand in Form von benötigter Prüfzeit, Auswertezeit und notwendiger Prüfmaschine muß aber auch in einem sinnvollen Verhältnis zur Aussagekraft der ermittelten Merkmale stehen. Außerdem ist unter den heutigen Bedingungen des Arbeitskräftemangels darauf zu achten, daß der manuelle Routine-Prüfaufwand gesenkt wird. Dabei kann die rechnerische Auswertung zum Teil aufwendiger werden, wenn sie einer EDV-Anlage übertragbar ist.

Bei der Auswertung eines Prüfverfahrens sollte aber auch beachtet werden, inwieweit handelsübliche Prüfmaschinen verwendet werden können, damit nicht Spezialgeräte entwickelt oder gebaut werden müssen.

Das Kraft-Längenänderungs-Verhalten kann nur dann zur Beurteilung der elastischen Eigenschaften von Fäden und textilen Flächengebilden herangezogen werden, wenn bestimmte Meßwerte nicht nur während der Belastung, sondern auch während der Entlastung festgehalten und entsprechend ausgewertet werden. Für weitergehende Aussagen ist dabei unter Umständen sogar eine wiederholte Be- und Entlastung vorzunehmen.

Es ist nun zu klären, ob eine mehrmalige Beanspruchung eine umfassendere Aussage über die elastischen Eigenschaften liefert, als eine einmalige Beanspruchung bzw. welches Verhältnis zwischen Aufwand und Nutzen steht.

2. *Zugelastisches Verhalten*

Alle Verfahren zur Bestimmung der zugelastischen Eigenschaften haben das Ziel, Merkmale zu finden, deren Zahlenwerte sich durch die Beanspruchung und die anschließende Entspannung des zu prüfenden Materials so verändern, daß sie als Maß für die Beurteilung der Elastizität dienen können.

Bisher hat sich immer wieder gezeigt, daß dazu Beziehungen zwischen Längenänderungen oder Dehnungen am geeignetsten sind. Man kann sie nicht nur leicht messen, sondern auch mit den immer stärker werdenden Forderungen nach Repräsentationsgüte vereinbaren. Bleibende Längenänderungen an bestimmten Stellen eines textilen Erzeugnisses führen zu Ausbeulungen und setzen zumindest die Repräsentationsgüte herab.

Schon früher haben wir [2, 3, 4] wiederholt darauf hingewiesen, daß sich zur Untersuchung des zugelastischen Verhaltens verschiedene Möglichkeiten anbieten. So kann das zu prüfende Material bei gleichbleibender unterer Zugkraft bzw. Dehnung mit konstanter oder steigenden Wechselkräften bzw. -dehnungen wiederholt beansprucht werden. Es ist dabei möglich, jeweils bei der unteren und/oder oberen Zugkraft bzw. Dehnung eine bestimmte Einwirkungsdauer festzulegender Größe vorzusehen. Diese Einwirkungszeiten stellen im Prinzip zwischengeschaltete Relaxations- oder Retardationsversuche dar. Sie bringen in Verbindung mit der Bestimmung des zugelastischen Verhaltens keine neuen Erkenntnisse, so daß auf sie verzichtet werden sollte.

In systematischen Zusammenstellungen der verschiedenen Prüfmöglichkeiten zur Ermittlung der zugelastischen Eigenschaften wurde von uns [2 bis 6] auf die Vor- und Nachteile der einzelnen Prüfmethoden hingewiesen.

Allgemein kann festgestellt werden, daß die *Verfahren mit steigenden Dehnungs- oder Kraftstufen* normalerweise automatisch sehr schwer zu verwirklichen sind. Außerdem ergeben sich, wie Untersuchungen von uns [2, 3, 4] sowie von *H. Böhringer* [1] zeigten, keine eindeutigen Unterschiede zwischen verschiedenen Materialien.

Beim *Verfahren mit konstanten Dehnungsstufen* werden als Bewertungsmaßstab die sich bei der oberen und unteren Dehnung einstellenden Kräfte herangezogen, nur ist hierbei zu beachten, daß die untere Dehnung relativ hoch gewählt werden muß, weil sonst nach wenigen Beanspruchungszyklen die Kraft Null erreicht wird. Es besteht auch die Möglichkeit mit konstanter oberer Dehnung und konstanter unterer Zugkraft zu arbeiten und dann als Meßgrößen die sich bei der oberen Dehnung einstellende Kraft und die sich bei der unteren Zugkraft einstellende Längenänderung zu verwenden. Diese beiden Werte lassen sich aber schlecht in ein Verhältnis bringen.

Als sinnvollstes Verfahren bietet sich aus den vorstehend genannten Gründen das *Verfahren mit konstanten Kraftstufen* an. Bei der Untersuchung der zugelastischen Eigenschaften will man eine Aussage über das Verhältnis von reversiblen und irreversiblen Arbeits- bzw. Dehnungsanteil erhalten und dies läßt sich mit den beim Verfahren mit konstanten Kraftstufen gemessenen Längenänderungen am besten ermitteln. Im Bild 1 ist für die j-te Kraftstufe ein Kraft-Längenänderungs-Diagramm bei konstanter oberer Zugkraft $F_{0,j}$ und konstanter unterer Zugkraft F_u dargestellt, wobei F_u gleich der Vorspannkraft F_v gewählt worden ist. Zu ermitteln sind für jeden Beanspruchungszyklus i der gewählten Kraftstufe j die gesamte Längenänderung $\Delta l_{ges,i,j}$ bei der oberen Zugkraft und die bleibende Längenänderung $\Delta l_{bl,i,j}$ bei der unteren Zugkraft. Als Differenz aus beiden Werten ist die elastische Längenänderung $\Delta l_{el,i,j}$ zu berechnen. In Bild 1 ist dies für den ersten und den Beginn des zweiten Zyklus dargestellt. Der Quotient aus elastischer und gesamter Längenänderung für jeden Beanspruchungszyklus wird als elastisches Dehnungsverhältnis D bezeichnet:

$$D_{i,j} = \frac{\Delta l_{ges,i,j} - \Delta l_{bl,i,j}}{\Delta l_{ges,i,j}} = \frac{\Delta l_{el,i,j}}{\Delta l_{ges,i,j}}. \quad (1)$$

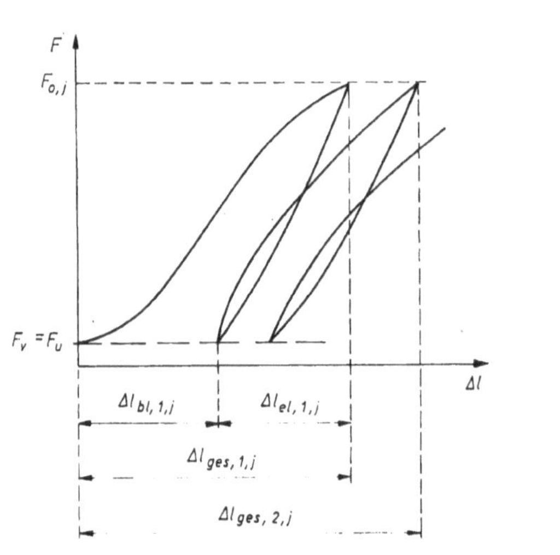

Bild 1. Kraft-Längenänderungs-Diagramm für konstante obere und untere Zugkraft

Trägt man das elastische Dehnungsverhältnis in doppeltlogarithmischem Papier über der Anzahl der Beanspruchungszyklen i auf, so erhält man, wie unsere Untersuchungen [2, 3] ergeben haben, eine abfallende Gerade. Der Zusammenhang läßt sich durch die Gleichung

$$\lg D_{i,j} = \lg C_j - m \cdot \lg i \quad (2)$$

oder durch die Potenzfunktion

$$D_{i,j} = C_j \cdot i^{-m} \quad (3)$$

ausdrücken.

C und m erweisen sich nunmehr als kennzeichnend für das elastische Verhalten eines Materials. Während C die anfängliche Elastizität charakterisiert, ist m ein Maß für die Neigung der Geraden und somit auch für die Veränderung der Elastizität bei wiederholter Beanspruchung. Für eine gute Elastizität muß C also möglichst großes in (bei vollständiger anfänglicher Elastizität = 100%) und m möglichst klein (bei vollständig verbleibender Elastizität = Null). Entsprechend dieser Aussagen wird C von uns mit Anfangselastizität und m mit Elastizitätsänderung bezeichnet.

Die Ermittlung der Merkmale C und m kann graphisch oder rechnerisch erfolgen, wobei die rechnerische Auswertung mit Hilfe der Methode der kleinsten Quadrate sehr genaue Werte für C und m liefert. Für die rechnerische Auswertung nach der Methode der kleinsten Quadrate haben wir früher [2] die Formeln angegeben.

Obwohl die Auswertung mit Hilfe der Methode der kleinsten Quadrate die aufwendigste Methode ist, wenden wir sie bei unserer gesamten Auswertung an, da sie alle Meßwerte erfaßt und die genauesten Merkmalswerte liefert.

3. *Verfahrensbedingte Einflußgrößen*

Wie unsere früheren Untersuchungen [4, 5, 6] ergeben haben, wirken verschiedene Einflüsse auf die Anfangselastizität C und die Elastizitätsänderung m ein. Einer näheren Betrachtung müßten also folgende verfahrensbedingte Einflußgrößen unterzogen werden:

Anzahl der Beanspruchungszyklen,
Dehnungsgeschwindigkeit,
Anzahl der Prüflinge,
Einspannlänge,
Untere Zugkraft,
Raumklima.

Um das Prüfverfahren ökonomisch zu gestalten, wird eine möglichst geringe Zahl von Beanspruchungs-

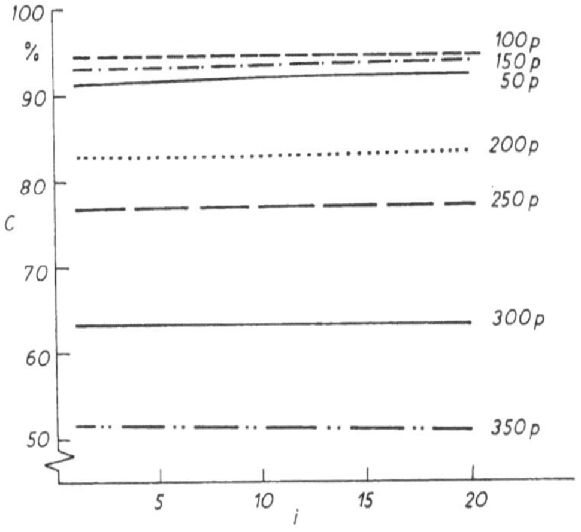

Bild 2. Anfangselastizität C in Abhängigkeit von der Beanspruchungszyklenanzahl i und der oberen Zugkraft bei 50 mm/min Dehnungsgeschwindigkeit

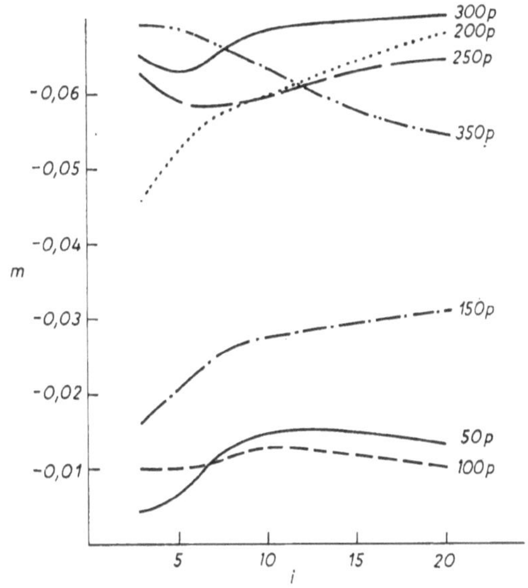

Bild 3. Elastizitätsänderung m in Abhängigkeit von der Beanspruchungszyklenanzahl i und der oberen Zugkraft bei 50 mm/min Dehnungsgeschwindigkeit

zyklen angestrebt, andererseits soll aber auch eine eindeutige Aussage möglich sein. Die Dehnungsgeschwindigkeit wirkt sich direkt auf die notwendige Prüfzeit aus. Die Streuungen der Merkmale C und m werden von der Zahl der Prüflinge beeinflußt. Es ist also notwendig, diese verschiedenen Einflußgrößen zu untersuchen und wenn möglich ein Optimum zu finden.

3.1. Einfluß der Anzahl der Beanspruchungszyklen

Um den Einfluß der Anzahl der Beanspruchungszyklen feststellen zu können, wurden von uns Fäden mit jeweils bis zu 20 Beanspruchungszyklen in verschiedenen Kraftstufen untersucht. Dazu dienten je Kraftstufe fünf Prüflinge. Die errechneten Merkmale waren Anfangselastizität C und Elastizitätsänderung m. Mittelwerte und Variationskoeffizienten der beiden Merkmale wurden für steigende Anzahlen der Beanspruchungszyklen berechnet und über diesen aufgetragen (Bilder 2 bis 5). Bild 2 ist zu entnehmen, daß die Anfangselastizität C von der Anzahl der Beanspruchungszyklen fast unabhängig ist; während bei der Elastizitätsänderung m nach Bild 3 bei den ersten Beanspruchungszyklen noch stärkere Änderungen eintreten, ist ab etwa dem achten Beanspruchungszyklus auch eine gewisse Konstanz eingetreten. Der Variationskoeffizient V_c des C-Wertes (Bild 4) zeigt in Abhängigkeit von den Beanspruchungszyklen keine eindeutige Tendenz, er ist aber größenordnungsmäßig relativ klein. Der Variationskoeffizient V_m des m-Wertes dagegen (Bild 5) nimmt bis etwa zum achten Beanspruchungszyklus stark ab, dann ist nur noch eine geringe Änderung vorhanden.

An verschiedenen andersartigen Fäden wurden ähnliche Ergebnisse erzielt. Aus den Bildern 2 und 4 sowie weiteren hier nicht angeführten Untersuchungsergebnissen an den verschiedensten Materialien geht hervor, daß die Anfangselastizität C und auch der

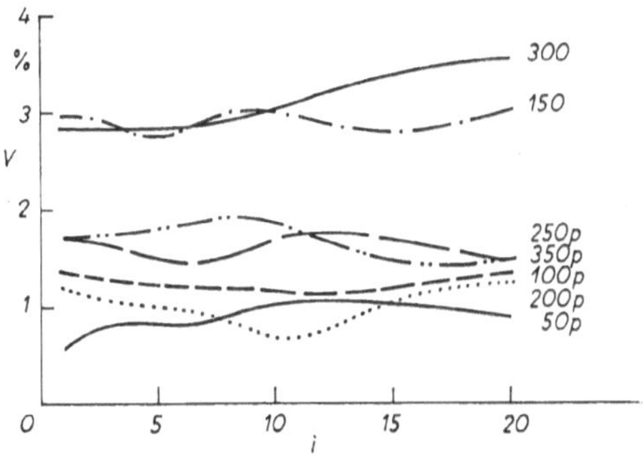

Bild 4. Variationskoeffizient V_c der Anfangselastizität C in Abhängigkeit von der Beanspruchungszyklenanzahl i und der oberen Zugkraft bei 50 mm/min Dehnungsgeschwindigkeit

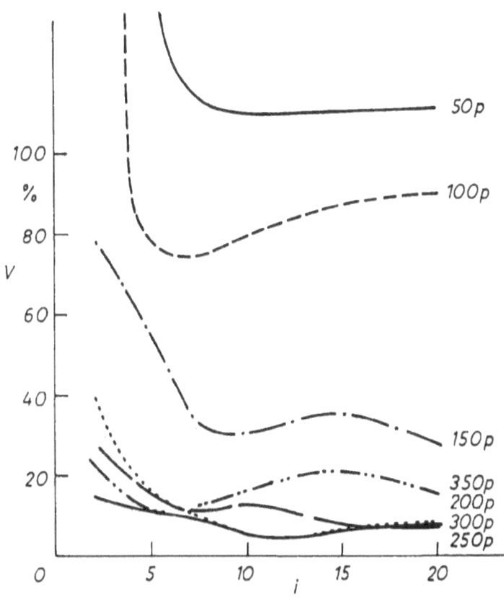

Bild 5. Variationskoeffizient V_m der Elastizitätsänderung m in Abhängigkeit von der Beanspruchungszyklenanzahl i und der oberen Zugkraft bei 50 mm/min Dehnungsgeschwindigkeit

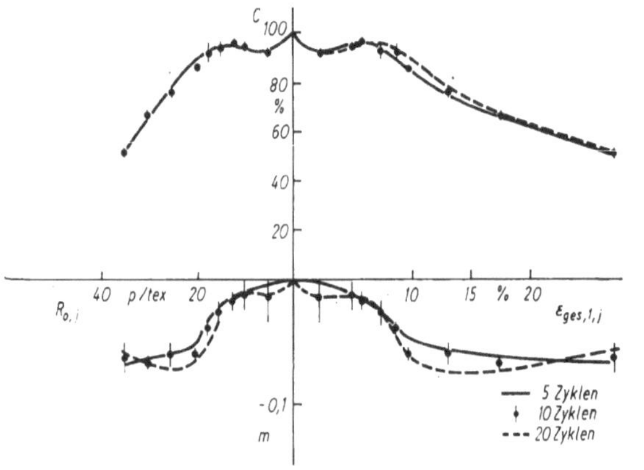

Bild 6. Elastizitätsmerkmalswerte für unterschiedliche Anzahlen i der Beanspruchungszyklen als Parameter

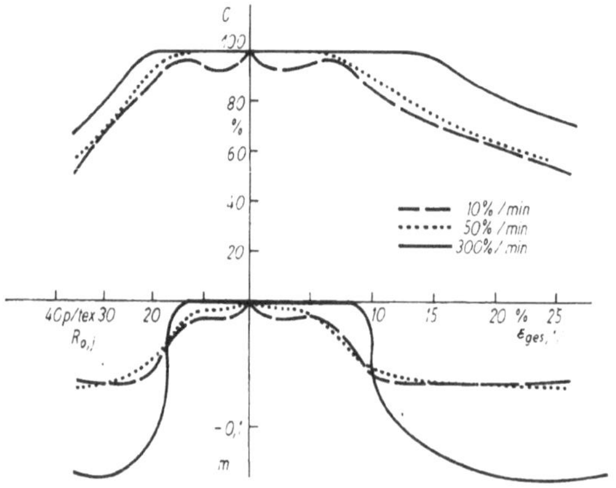

Bild 7. Elastizitätsmerkmale für unterschiedliche Dehnungsgeschwindigkeiten als Parameter für fünf Prüflinge

Variationskoeffizient der Anfangselastizität V_c von der Anzahl der Beanspruchungszyklen i relativ unabhängig sind. Da aber die Elastizitätsänderung m von der Anzahl der Beanspruchungszyklen beeinflußt wird, wurde für die Entscheidungsfindung, wieviel Beanspruchungszyklen i notwendig sind, die Abhängigkeit der Elastizitätsänderung m von den Beanspruchungszyklen i einer eingehenden Untersuchung unterzogen. In umfangreichen Untersuchungen konnte geklärt werden, daß sich die m-Werte, von einzelnen Ausnahmen abgesehen, oberhalb des zehnten Beanspruchungszyklus nur noch wenig ändern, so daß sich mit zehn Beanspruchungszyklen ziemlich genaue Werte für C und m ergeben.

Eine gute Charakterisierung eines Materials wird erhalten, wenn die Elastizitätskennwerte C und m in Abhängigkeit von der feinheitsbezogenen oberen Zugkraft oder von der gesamten Dehnung $\varepsilon_{ges,1,j}$ nach dem ersten Beanspruchungszyklus aufgetragen werden.

Die Darstellung der vier möglichen Zusammenhänge wird von uns entsprechend einem früheren Vorgehen [6] in Form von vier in einem Punkt zusammentreffenden Diagrammen in jeweils einem Bild vorgenommen. Bild 6 zeigt dies als Parameter-Darstellung für unterschiedliche Anzahlen i der Beanspruchungszyklen. Dabei sind für die zehn Zyklen die absoluten Werte der Vertrauensbereiche mit eingetragen worden. Hier sind zwar zwischen 5 und 20 Zyklen bei einigen Kraftstufen deutliche Unterschiede (insbesondere für den Zusammenhang zwischen m und $\varepsilon_{ges,1,j}$) zu erkennen, auf einen statistisch gesicherten Unterschied kann aber nicht ohne weiteres geschlossen werden. Die Ergebnisse für zehn Zyklen liegen meist erwartungsgemäß zwischen den Ergebnissen für 5 und für 20 Zyklen.

Zusammenfassend kann als Ergebnis dieser Untersuchungen gefolgert werden, daß zehn Belastungszyklen eine gut gesicherte Aussage liefern.

3.2. Einfluß der Dehnungsgeschwindigkeit

Die Dehnungsgeschwindigkeit hat, wie aus dem Bild 7 hervorgeht, einen starken Einfluß auf die Elastizitätsmerkmale C und m. Die Anfangselastizität C nähert sich mit steigender Dehnungsgeschwindigkeit (Bild 8) einem konstanten Wert, der ab etwa 500 mm/min erreicht ist. Es sind zwei Arten von Kurvenverläufen vorhanden, die Kurven für die 250 p bis 350 p Kraftstufen zeigen mit wachsender Dehnungsgeschwindigkeit ein Ansteigen der Anfangselastizität, während sich für die 50 p bis 200 p Kraftstufen ein Minimum der Anfangselastizität bei etwa 50 mm/min abzeichnet. Diese Differenzierung der Kurvenzüge hängt vermutlich mit dem Verlauf der Kraft-Längenänderungs-Kurve zusammen; zwischen 200 p und 250 p liegt nämlich der „Yield point" (der deutsche Begriff „Zugkraft an der Streckgrenze" ist in der Textilprüfung nicht üblich). Oberhalb des „Yield points" scheint eine andere Zeitkonstante für das System zu gelten, worüber aber auf Grund der bisherigen Untersuchungen noch keine weiteren Aussagen gemacht werden können. Die Elastizitätsänderung m steigt mit wachsender Dehnungsgeschwindigkeit für die hohen Kraftstufen an und durchläuft bei 50 mm/min bis 250 mm/min ein Minimum. Bei kleinen Kräften ist ein eindeutiger Abfall vorhanden (Bild 9). Die eingezeichneten Vertrauensbereiche bekräftigen den Kurvenverlauf. Auch hier ist die Grenze für die Differenzierung der beiden Kurventypen zwischen der 150-p- und 200-p-Kraftstufe.

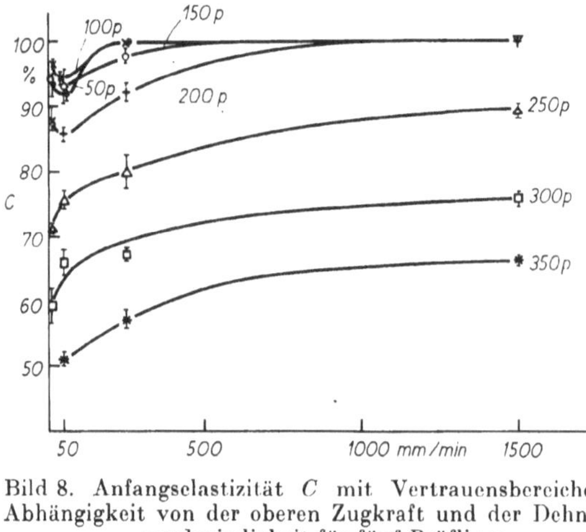

Bild 8. Anfangselastizität C mit Vertrauensbereichen in Abhängigkeit von der oberen Zugkraft und der Dehnungsgeschwindigkeit für fünf Prüflinge

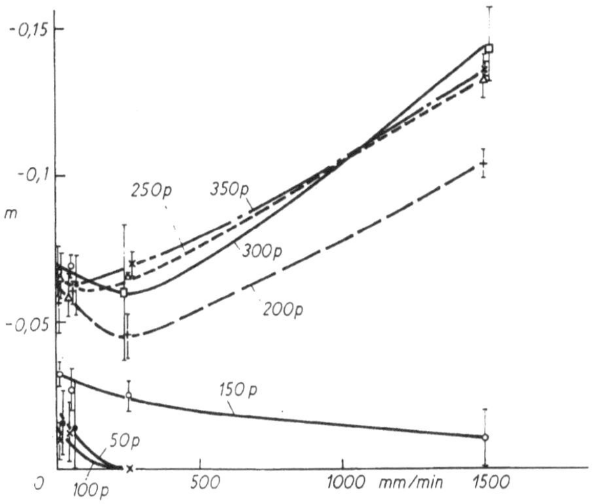

Bild 9. Elastizitätsänderung m mit Vertrauensbereichen in Abhängigkeit von der oberen Zugkraft und der Dehnungsgeschwindigkeit für fünf Prüflinge

Unter Beachtung der Größe der Streuung, der Differenzierbarkeit, der Berücksichtigung der Prüfzeit (wobei ein einwandfreies Ermitteln und Festhalten der Meßwerte möglich sein muß) und der Elastizitätsänderung m sollte bei einem zu standardisierenden „Einpunkt"-Verfahren mit einer Dehnungsgeschwindigkeit von etwa 250 mm/min, also 50%/min, gearbeitet werden (Bild 9).

Der durchschnittliche Variationskoeffizient V_m der Elastizitätsänderung m beträgt bei 50 mm/min etwa 40% und bei 250 mm/min etwa 16%. Das heißt, daß zum Erreichen von einem gleichen Vertrauensbereich über doppelt soviel Prüflinge bei 50 mm/min zu prüfen sind wie bei 250 mm/min. Wenn noch beachtet wird, daß die notwendige Prüfzeit bei 50 mm/min etwa 4mal so hoch liegt wie bei 250 mm/min, so ist die Entscheidung, daß die Dehnungsgeschwindigkeit 250 mm/min, also 50%/min, betragen soll auch vom ökonomischen Standpunkt aus gesehen zu befürworten. Es ist allerdings dabei zu bedenken, daß nicht in jedem Falle nur prüftechnische und ökonomische Gesichtspunkte eine Rolle spielen dürfen. Wenn vom Einsatzgebiet her andere Dehnungsgeschwindigkeiten zu erwarten sind, müssen über das Einpunkt-Verfahren hinaus Untersuchungen bei weiteren Dehnungsgeschwindigkeiten durchgeführt werden.

3.3. *Einfluß der Prüflings-Anzahl*

Um festzustellen, ob zwischen der Anzahl der Prüflinge und der Anzahl Beanspruchungszyklen und der daraus resultierenden notwendigen Prüfzeit und dem sich ergebenden Variationskoeffizienten für die Elastizitätsänderung m ein Optimum ermittelt werden kann, wurden bei einer beliebigen Kraftstufe (200 p) 20 Prüflinge mit je 20 Beanspruchungszyklen untersucht. Dann wurden für jeden Beanspruchungszyklus von $i = 2$ bis 20 die Elastizitätsmerkmale C und m errechnet und anschließend für jede Prüflingszahl von 2 bis 20 Mittelwert und Variationskoeffizient für die Werte C und m ermittelt. Da der Variationskoeffizient der Elastizitätsänderung V_m die beste Differenzierung ermöglichte, wurde für den Variationskoeffizienten V_m in Abhängigkeit von der Prüflingsanzahl n_p und der Beanspruchungszyklusanzahl i folgende Regressionsgleichungen errechnet:

$$V_m[\%] = 14{,}21 - 314{,}72\, i + 116{,}23\, n_p - 191{,}9\, i n_p + 1925{,}9\, i^2 - 344{,}8\, n_p^2. \quad (4)$$

Bei der Ermittlung der Prüfzeit t wurde folgendermaßen vorgegangen. Aus der Größe der gesamten Längenänderung bis zum erstmaligen Erreichen der oberen Zugkraft und anschließend der unteren Zugkraft konnte durch Division durch die Dehnungsgeschwindigkeit die notwendige Prüfzeit t_a für den ersten Zyklus errechnet werden. Die etwa größenordnungsmäßig gleichbleibende elastische Längenänderung in den folgenden Zyklen gestattete näherungsweise die Ermittlung der Prüfzeit t_b pro Zyklus. Aus diesen beiden Prüfzeiten konnte die Prüfzeit für einen Prüfling zu

$$t \approx t_a + t_b(i - 1) \quad (5)$$

angenommen werden. Bei mehreren Prüflingen multipliziert sich die Zeit mit n_p. Wird die Prüfzeit t jetzt über der Anzahl der Beanspruchungszyklen i in Abhängigkeit von der Prüflingsanzahl m_p aufgetragen, so läßt sich aus diesem Diagramm durch Umzeichnen relativ schnell die Prüfzeit t in Abhängigkeit von der Prüflingsanzahl n_p und der Anzahl der Beanspruchungszyklen i darstellen. In Bild 10 sind die Prüfzeit t und der Variationskoeffizient V_m in Abhängigkeit von der Prüflingsanzahl n_p und der Anzahl der Beanspruchungszyklen i aufgezeichnet. Als Optimum deutet sich in diesem Bild ein Bereich um den Punkt $i = 10$, $n_p = 2$ und $V_m = 4$ sowie $t = 100$ an. Das heißt, daß die Entscheidung zehn Beanspruchungszyklen (siehe Abschnitt 3.1) richtig war und daß andererseits die Prüfung von 2 bzw. 3 Prüflingen je Meßpunkt vollkommen ausreichend ist. Die sich hier abzeichnenden Möglichkeiten der Einschränkung des Prüfaufwandes bedürfen allerdings noch einer Untermauerung bei weiteren Kraftstufen und anderen Materialien.

Bild 10. Variationskoeffizient V_m der Elastizitätsänderung m und notwendige Prüfzeit t in Abhängigkeit von der Prüflingsanzahl n_p und der Beanspruchungszyklenanzahl i für die 200-p-Kraftstufe bei 140 mm/min Dehnungsgeschwindigkeit

3.4. Einfluß der Einspannlänge, der unteren Zugkraft und des Raumklimas

Da zu vermuten ist, daß die Einspannlänge keinen entscheidenden Einfluß auf die Elastizitätsmerkmale ausübt, wurden keine eingehenden Untersuchungen durchgeführt. Die Größe der unteren Zugkraft hat, wie Untersuchungen von uns [5] an Elastomerseiden gezeigt haben, einen großen Einfluß auf die Elastizitätsmerkmale, der in einem weiteren Teil der Arbeit behandelt werden soll. Die vorliegenden Untersuchungen wurden zunächst nur im Normalklima durchgeführt.

4. Schlußbetrachtungen

Die vorliegenden Untersuchungen hatten zum Ziel, die Bedingungen für ein möglichst ökonomisches Prüfverfahren zur Ermittlung von Elastizitätsmerkmalen zu ermitteln. Über den Einfluß einiger Prüfparameter konnte Klarheit geschaffen und die Prüfbedingungen für weitere Untersuchungen festgelegt werden. In einem weiteren Teil der Arbeit soll berichtet werden, wie sich das Prüfverfahren noch vereinfachen läßt.

Literatur

[1] *Böhringer, H.:* Prüfmethoden an Zellwolle. Klepzigs Textil-Z. **41** (1938) S. 214–219.
[2] *Winkler, F.:* Zur Bestimmung des zugelastischen Verhaltens von Textilien. Faserforsch. u. Textiltechnik **13** (1962) 5, S. 211–223.
[3] *Winkler, F.:* Neues Verfahren zur Bestimmung der zugelastischen Eigenschaften von Textilien und seine Anwendung zur Prüfung von Chemiefäden. Abhandl. Dt. Akad. Wiss. Berlin. Kl. Chemie Geol. Biol. (1963) 1. „Chemiefaser-Symposium 1962". Berlin: Akademie-Verlag 1963, S. 480–492.
[4] *Winkler, F.:* Der Einsatz moderner Zugprüfgeräte für die Bestimmung der zugelastischen und dynamischen Eigenschaften von Textilien. Chemiefasern **15** (1965) 9, S. 675–684.
[5] *Winkler, F.:* Möglichkeiten zur Prüfung elastischer Fäden. Dt. Textiltechnik **18** (1968) 6, S. 371–375; 7, S. 445–451.
[6] *Winkler, F.:* Rationelle Prüfung elastischer Eigenschaften von Fäden und textilen Flächengebilden. Lenzinger Berichte, Lenzing/Österr. **26** (1968) Nov., S. 61–74.

Eingegangen am 30. Januar 1974

Bestimmung von Oberflächeneigenschaften und der Anschmutzungsneigung von Polyacrylnitrilfasern in Abhängigkeit von den Bedingungen der Faserherstellung

Hans-Jörg Jacobasch, Ingrid Grosse
Akademie der Wissenschaften der DDR, Institut für Technologie der Fasern in Dresden und
Hans Dawczynski, VEB Chemiefaserkombinat Schwarza „Wilhelm Pieck", Rudolstadt-Schwarza

Herrn Prof. Dr. Hermann Klare zur Vollendung des 65. Lebensjahres gewidmet

DK 677.494.745.32:677.021.125.26–913.3:541.183:677.014.882:677.017.852:677.017.653

Die Pigmentschmutzaufnahme von naßgesponnenen Polyacrylnitrilfasern wird in Abhängigkeit von der Zusammensetzung des Fällbades, des Reckens, der Trocknungsbedingungen, des Estergehaltes und der Mattierung untersucht. Die Ergebnisse, die vor allem mit den Resultaten von Porositäts- und elektrokinetischen Messungen korrelieren, zeigen, daß die Anschmutzungsneigung durch die scheinbare Dichte der Fasern und die Polarität der Faseroberfläche bedingt wird. Es werden Möglichkeiten zur Verminderung der Schmutzaufnahme aufgezeigt.

Определение поверхностных свойств и загрязняемости полиакрилонитрильных волокон в зависимости от условий формования

Изучено загрязнение полиакрилонитрильных волокон, сформованных по мокрому способу, пигментом в зависимости от состава осадительной ванны, степени вытяжки, условий при сушке, содержания сложного эфира и матирования. Полученные при этом результаты, коррелирующиеся, прежде всего, с результатами определения пористосты и электрокинетического потенциала, показывают, что загрязняемость волокон обуславливается их кажущейся плотностью и полярностью поверхности. Указаны возможности снижения загрязнения волокон.

Determination of the Effect of Preparation Conditions on the Surface Properties and Soiling of Polyacrylonitrile Fibers

The dependence of the adsorption of pigment soil by wet spun polyacrylonitrile fibers on the composition of the coagulation bath, drawing and drying conditions, ester content and delustering conditions has been investigated. The results, which were found to be in satisfying correlation with data obtained by porosimetry and electrokinetic measurements, show the soiling tendency to depend on the apparent density of the fibers and on the polarity of the fiber surface. Conditions for reducing the soil adsorption are described.

1. Einleitung

Textile Erzeugnisse aus Polyacrylnitrilfaserstoffen haben neben zahlreichen günstigen Gebrauchseigenschaften den Nachteil einer starken Pigmentschmutzaufnahme im Vergleich mit anderen Faserstoffen. Besonders augenfällig ist die starke Anschmutzungsneigung bei hellen Hochbauschartikeln und Fußbodenbelägen. Aufgenommener Schmutz läßt sich dagegen leicht wieder auswaschen, auch neigen Polyacrylnitrilfasererzeugnisse wenig zur Rückvergrauung aus schmutziger Waschflotte.

In der vorliegenden Arbeit wurden die folgenden Prozeßparameter

Dimethylformamidgehalt im Spinnbad,
Reckung,
Trocknungsbedingungen,
Mattierung,
Estergehalt,
Präparation

bei der Polyacrylnitrilfaserherstellung nach dem Naßspinnverfahren variiert und einige Oberflächenparameter der Fasern bestimmt.

Aus den Ergebnissen können Möglichkeiten zur Verminderung der Anschmutzungsneigung abgeleitet werden.

2. *Experimentelles*

Der Einfluß der Reckung, der Trocknungsbedingungen und des Dimethylformamidanteils im Fällbad auf die Anschmutzungsneigung wurde an Proben untersucht, die in der Versuchsanlage des WOLPRYLA-65-Betriebes des CFW „Friedrich Engels", Premnitz, ersponnen wurden.

Die Trocknung der Gelfasern erfolgte laboratoriumsmäßig durch Lösungsmittelaustausch mit n-Heptan-Methanol-Mischungen (vgl. [1]), durch Trocknung im Vakuumtrockenschrank bei 60 °C, im Labortrockenschrank bei 105 °C während 5 h bzw. bei 130 °C während 30 min.

Die Auswirkung des Estergehaltes auf die Pigmentschmutzaufnahme wurde an labormäßig hergestellten Fasern (0,17 tex, 36 mm Schnittlänge), der Einfluß der Mattierung an unmattierten und mit Titandioxid mattierten Handelsfasern (WOLPRYLA 65) untersucht.

Die Trocken-Pigmentschmutzaufnahme wurde nach einer von *Flath* [2] publizierten Vorschrift mit einer Test-Schmutzmischung aus

45% Zement,
45% Kaolin,
3% Fe_3O_3,
2% Gasruß,
5% Paraffinöl

an Faserflocke geprüft.

Als Maßzahl für die aufgenommene Schmutzmenge diente der SAD-Wert

$$\mathrm{SAD} = \log \frac{\varrho_v}{\varrho_n};$$

ϱ_v = Reflexionsgrad der Probe vor der Anschmutzung,
ϱ_n = Reflexionsgrad der Probe nach der Anschmutzung.

An ausgewählten Proben wurde die Schmutzaufnahme gravimetrisch nach Veraschen der angeschmutzten Fasern bestimmt. Die Messung des spezifischen elektrischen Widerstandes erfolgte mit dem Teraohmmeter des VEB Statron, Fürstenwalde, bei einer Meßspannung von 700 V. Zur Methodik der Jodsorptions- und Zetapotentialmessungen sei auf die Literatur [1] bzw. [3] verwiesen. Die Porosität der Faserproben wurde durch Quecksilberhochdruckporosimetrie (vgl. [4]) bestimmt. Weitere experimentelle Einzelheiten sind im Text enthalten.

3. *Ergebnisse*

In Tabelle 1 ist die Trockenschmutzaufnahme von Polyacrylnitrilfasern als Funktion des Dimethylformamidgehaltes im Spinnbad, der Reckung und der Trocknungsbedingungen aufgeführt. Es ist ersichtlich, daß der Dimethylformamidgehalt des Fällbades keinen signifikanten Einfluß auf die Anschmutzungsneigung der Fasern ausübt. Dagegen ist eine deutliche Auswirkung der Reckung und der Trocknungsbedingungen erkennbar. Die durch Lösungsmittelaustausch getrockneten Fasern schmutzen deutlich weniger an als die durch Wärmebehandlung getrockneten. Weiterhin wird an den durch Lösungsmittelaustausch und durch Vakuumbehandlung getrockneten Fasern eine Zunahme der Anschmutzung mit steigender Reckung beobachtet. An den intensiver getrockneten Fasern ist diese Tendenz in Tabelle 1 nicht erkennbar. Da diese Fasern sehr stark zur Anschmutzung neigen und bei hoher Schmutzaufnahme keine Proportionalität zwischen SAD-Wert und Schmutzaufnahme existiert (s. Bild 7), wird vermutet, daß hier die Anschmutzungsunterschiede zwischen den einzelnen Reckstufen verwischt werden, d. h., bei starker Anschmutzungsneigung der Fassern (SAD $\geqq$ 0,5) sind die Ergebnisse der angewendeten Laboranschmutzungsmethode unsicher. Die daraufhin durchgeführte intensivere Untersuchung des Zusammenhanges zwischen der Schmutzaufnahme (photometrisch und gravimetrisch) und der Reckung an den bei 105 und 130 °C getrockneten Proben zeigte nach Tabelle 2 folgende Ergebnisse:

1. An den gereckten Fasern werden gravimetrisch deutlich höhere Schmutzaufnahmen als an den ungereckten Fasern ermittelt.

Tabelle 1. Trockenschmutzaufnahme und ζ_{max} in KCl-Lösungen von Polyacrylnitrilfasern in Abhängigkeit vom DMF-Gehalt im Spinnbad, der Reckung und der Trocknungsbedingungen

Faser	Trocknungsbedingungen							
	LM-Austausch		60 °C Vakuum		5 h bei 105 °C		30 min bei 130 °C	
	100 · SAD	ζ_{max} mV	100 · SAD	ζ_{max} mV	100 · SAD	ζ_{max} mV	100 · SAD	ζ_{max} mV
ungereckt, 20% DMF	36,2	−13	39,8	−27	63,5	−43	70,0	−38
ungereckt, 60% DMF	36,1	−14	50,7	−46	72,6	−32	63,9	−36
nach dem 1. Reckbad entnommen, 20% DMF,	41,0	−18	64,0	−53	66,7	−50	63,7	−60
nach dem 1. Reckbad entnommen, 60% DMF;	43,3	−18	64,9	−59	67,2	−45	66,0	−56
nach dem 2. Reckbad entnommen, 20% DMF;	45,1	−35	61,2	−66	66,2	−78	64,7	−60
nach dem 2. Reckbad entnommen, 60% DMF	47,3	−47	64,2	−65	67,0	−68	64,4	−71

Tabelle 2. Gravimetrisch bestimmte Schmutzaufnahme (in %) von Polyacrylnitrilfasern in Abhängigkeit von der Reckung und der Trocknung

Faser	Trocknungsbedingungen 5 h bei 105°C	Trocknungsbedingungen 30 min bei 130°C
Ungereckt, 20% DMF	4,36	4,7
ungereckt, 60% DMF	4,33	3,3
nach dem 1. Reckbad entnommen, 20% DMF	12,0	8,5
nach dem 1. Reckbad entnommen, 60% DMF	17,5	8,2
nach dem 2. Reckbad entnommen, 20% DMF	13,0	11,2
nach dem 2. Reckbad entnommen, 60% DMF	18,6	10,8

2. An beiden Trocknungsreihen ist sowohl der SAD-Wert als auch die gravimetrisch ermittelte Schmutzaufnahme schlecht reproduzierbar, wobei die Schwankungen an den gereckten Fasern geringer sind als bei den nach dem ersten bzw. zweiten Reckbad entnommenen.

Diese Befunde lassen darauf schließen, daß auch an den intensiver getrockneten Polyacrylnitrilfasern die Schmutzaufnahme mit steigender Reckung zunimmt, jedoch durch den SAD-Wert nur ungenügend charakterisiert wird.

Die Abhängigkeit der Anschmutzungsneigung vom Gehalt an Acrylsäuremethylester in den Polyacrylnitrilfasern ist in Tabelle 3 dargestellt. Bis zu Estergehalten von 9% wird die Trockenschmutzaufnahme nur unwesentlich durch den Estergehalt beeinflußt, dagegen zeigen Fasern mit einem Estergehalt von 12% eine deutlich geringere Schmutzaufnahme.

Eine Abnahme der photometrisch, d. h. über den SAD-Wert ermittelte Schmutzaufnahme ist auch über eine Mattierung mit Titandioxid zu erreichen (Tabelle 4). Im Gegensatz dazu wird jedoch die gravimetrisch ermittelte Schmutzaufnahme nicht wesentlich durch die Mattierung beeinflußt.

Tabelle 3. Trockenschmutzaufnahme, Porenvolumen und maximales Zeta-Potential in KCl-Lösungen von Polyacrylnitrilfasern mit unterschiedlichem Acrylsäuremethylester-Gehalt

Estergehalt	100 · SAD	Porenvolumen mm^3/g	ζ_{max} mV
3	50,0	11,6	−58
5	51,7	16,6	(−47)
7	53,5	13,1	−60
9	50,2	11,7	−64
12	32,2	78	−43

Tabelle 4. Trockenschmutzaufnahme und max. Zetapotential in KCl-Lösungen von unmattierten und mattierten Polyacrylnitrilfasern

Faserprobe	ζ_{max} mV	100 · SAD	Aschegehalt vor der Anschmutzung %	Aschegehalt nach der Anschmutzung %	Pigmentschmutzaufnahme %
unmattiert	−56	53,7	0,06	5,72	5,66
mattiert	−67	44,3	0,42	6,12	5,70

Abweichend von den bisher dargestellten Abhängigkeiten der Trockenschmutzaufnahme ist der Einfluß der Art und Anwendungskonzentration von Präparationsmitteln auf die Anschmutzungsneigung nicht eindeutig. In Tabelle 5 ist die Trockenschmutzaufnahme von WOLPRYLA-65-Fasern dargestellt, die nach dem ersten Reckbad als Gelfasern entnommen und mit den aufgeführten Kationtensiden in unterschiedlich konzentrierten Bädern behandelt wurden. Die Trocknung wurde bei 130°C während 30 min im Trockenschrank vorgenommen.

4. *Diskussion*

Als wesentliche Einflußgrößen auf die Pigmentschmutzaufnahme von Faserstoffen werden in der Literatur diskutiert:

elektrostatische Aufladbarkeit,
Oberflächenmorphologie,
zwischenmolekulare Wechselwirkungskräfte.

Tabelle 5. Trockenschmutzaufnahme, Zeta-Potential in Wasser und maximales Zeta-Potential in KCl-Lösungen von mit Kationtensiden vor der Trocknung appretierten Polyacrylnitrilfasern

Ausrüstung Flottenkonzentration g/l	Sapamin OC			Tinorex — TC 31			Marvelan SF spez.			Marvelan FT			Smotilon AG		
	TA 100 · SAD	ζ_{H_2O} mV	ζ_{max} mV	TA 100 · SAD	ζ_{H_2O} mV	ζ_{max} mV	TA 100 · SAD	ζ_{H_2O} mV	ζ_{max} mV	TA 100 · SAD	ζ_{H_2O} mV	ζ_{max} mV	TA 100 · SAD	ζ_{H_2O} mV	ζ_{max} mV
ohne Ausrüstung	42,0	−50	−61	—	—	—	—	—	—	—	—	—	—	—	—
0,1	42,9	−27	−47	44,1	−53	−58	41,0	−6	−18	—	—	—	—	—	—
1,0	29,4	−18	−18	36,8	−20	−29	33,9	+11	+18	40,0	−23	−55	41,9	−32	−32
10,0	29,2	+3	+3	28,7	−3	−4	35,4	+34	+45	38,8	—	—	33,9	−53	−64
20,0	31,3	+8	+8	29,2	+3	+4	40,7	+56	+5	39,5	−30	−30	38,4	−11	−76

Tabelle 6. Spezifischer elektrischer Widerstand und Trockenschmutzaufnahme von Polyacrylnitrilfasern

Faser, Behandlung	spez. elektr. Widerstand Ω · cm	100 · SAD
ungereckt, 20% DMF, durch Lösungsmittelaustausch getrocknet;	$2 \cdot 10^{15}$*)	36,2
nach dem 1. Reckbad entnommen, 20% DMF, durch Lösungsmittelaustausch getrocknet;	$6{,}3 \cdot 10^{13}$	41,0
nach dem 1. Reckbad entnommen, 20% DMF, 30 min bei 130 °C getrocknet	$1{,}8 \cdot 10^{10}$	63,7

*) Bei der nach TGL 142-2055 üblichen Meßspannung von 100 V liegen die Widerstandswerte der durch Lösungsmittelaustausch getrockneten Proben $> 5 \cdot 15^{15}$ Ω · cm.

Weiterhin wird angeführt, daß durch eine geeignete Querschnittsform, durch bestimmte Färbungen und durch eine Mattierung die Schmutzsichtbarkeit bei unverminderter Schmutzaufnahme verringert werden kann [5] (soil-hiding-Effekt). Im folgenden wird untersucht, auf welche der genannten Einflußgrößen die veränderten Prozeßparameter einwirken.

4.1. *Elektrostatische Aufladbarkeit*

Obwohl von verschiedenen Autoren [6, 7, 8] experimentell nachgewiesen wurde, daß die elektrostatische Aufladbarkeit von Faserstoffen die Schmutzaufnahme nur wenig beeinflußt, wird, wie aus der Patentliteratur hervorgeht [9, 10], nach wie vor versucht, die Anschmutzungsneigung durch antistatische Modifizierung bzw. Ausrüstung zu senken. Zur weiteren Untermauerung der Ansicht über den fehlenden Zusammenhang zwischen elektrostatischer Aufladbarkeit und Anschmutzungsneigung wurde von einigen Polyacrylnitrilfaserproben, die sich stark in der Schmutzaufnahme unterschieden, der elektrische Widerstand bestimmt. Aus den Werten der Tabelle 6 geht hervor, daß die wenig anschmutzenden Fasern sogar höhere Widerstandswerte aufweisen, d. h. stärker zur elektrostatischen Aufladung neigen als die stark anschmutzenden, bei 130 °C getrockneten Fasern. Die geringe Anschmutzungsneigung der durch Lösungsmittelaustausch getrockneten Fasern kann also nicht durch eine verminderte elektrostatische Aufladbarkeit erklärt werden.

4.2. *Oberflächenmorphologie*

In einer früheren Arbeit [8] war an verschiedenen PVY-Handelsfasern gezeigt worden, daß die Oberflächenrauhigkeit nicht den entscheidenden Einfluß auf die unterschiedliche Anschmutzungsneigung ausübt.

Betrachtet man die elektronenmikroskopischen Oberflächenaufnahmen von Polyacrylnitrilfasern unterschiedlicher Reckung und Trocknungsbedingungen im Vergleich zum SAD-Wert (Tabelle 1), so erkennt man auch hier, daß zwischen Oberflächenmorphologie und Anschmutzungsneigung kein Zusammenhang besteht (Bilder 1 bis 6).

Die Oberflächenmorphologie wird durch die Reckung stark beeinflußt (Fibrillenbildung), dagegen durch die Trocknung nur wenig. Im Gegensatz dazu wird die Anschmutzungsneigung mit steigender Trocknungsintensität größer.

Die fehlende Korrelation zwischen Oberflächenrauhigkeit und Anschmutzungsneigung läßt sich mit der Annahme deuten, daß bei der Haftung der Schmutzpartikel eine Deformation der Haftfläche stattfindet, die zu einem Ausgleich von Oberflächenrauhigkeiten führt. Diese Erklärung steht im Einklang mit Untersuchungen von *Dahneke* [11], der eine Deformation von Polystyrolteilchen bei der Haftung auf Chromplatten feststellen konnte.

Eine andere Deutung besteht in der Annahme, daß durch eine Quellung der Oberflächenschicht in feuchter Atmosphäre (die Anschmutzungsuntersuchungen wurden bei 65% rel. Luftfeuchte durchgeführt) eine Quellung der Oberflächenschicht eintritt, die mit einer Verminderung der Oberflächenrauhigkeit verbunden ist.

4.3. *Wechselwirkungskräfte*

Setzt man voraus, daß zwischen den Pigmentschmutzteilchen und der Polyacrylnitrilfaseroberfläche keine kovalente chemische Bindung auftritt, dann ist eine Wechselwirkung zwischen den Schmutzteilchen und dem Faserstoff nur über Dispersions-, elektrostatische und Dipolkräfte möglich.

Dispersionskraftwechselwirkungen zwischen Einzelmolekülen sowie zwischen makroskopischen Körpern beruhen auf der zeitlichen Unsymmetrie der Ladungen in den Elektronenhüllen infolge der Elektronenbewegung. Diese Ladungsunsymmetrie ist einem Dipolmoment gleichzusetzen, das dann zu einer quasielektrostatischen Wechselwirkung führt.

Die Dispersions-Wechselwirkungsenergie W zwischen zwei gleichen Teilchen (Atome, Moleküle, Ionen) ist

$$W = \frac{\lambda}{d^6} = \frac{-\frac{3}{4}\pi^2 h\nu_0 \alpha^2}{d^6}; \qquad (1)$$

λ = *London*'sche Konstante,
d = Abstand,
α = Polarisierbarkeit,
h = *Planck*'sches Wirkungsquantum,
ν_0 = charakteristische Frequenz.

Bei einfachen Molekülen ist νh_0 annähernd gleich der Ionisierungsenergie (vgl. [12]).

In makroskopischen Festkörpern addieren sich die zwischen den Molekülen wirkenden Dispersionskräfte, so daß sich beispielsweise die zwischen zwei parallelen Platten der gleichen Substanz auftretende Dispersionswechselwirkungsenergie zu

$$W = -\frac{A}{12\pi d^2} \qquad (2)$$

ergibt;

A = *van der Waals*/*Hamaker*-Konstante.

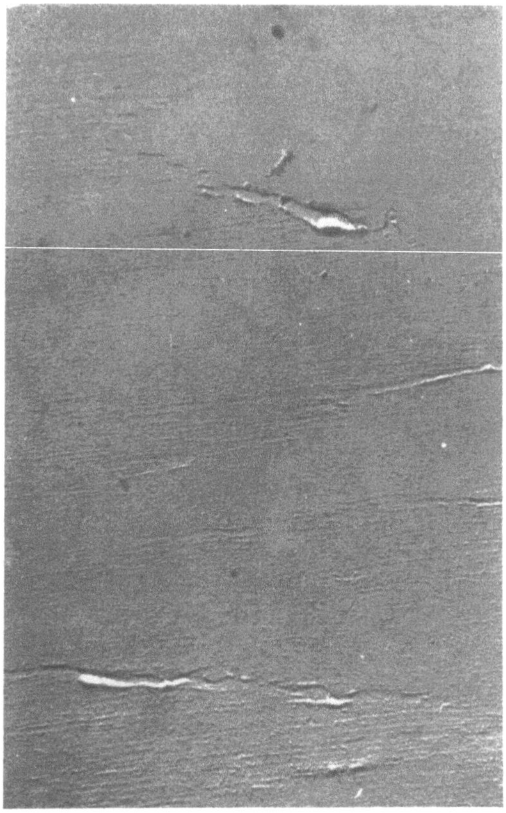

Bild 1. Elektronenmikroskopische Aufnahme einer Polyacrylnitrilfaser (8000:1): ungereckt, 60% DMF im Fällbad; durch Lösungsmittelaustausch getrocknet

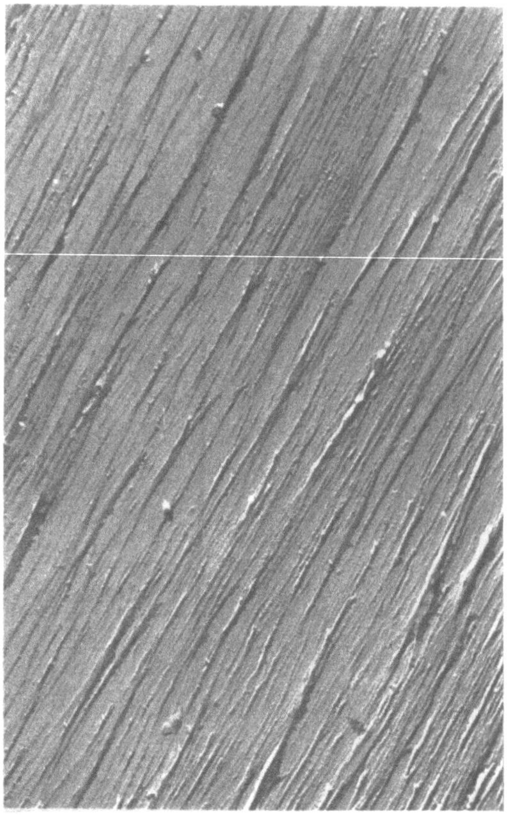

Bild 3. wie 1: nach dem ersten Reckbad entnommen, 60% DMF im Fällbad, durch Lösungsmittelaustausch getrocknet

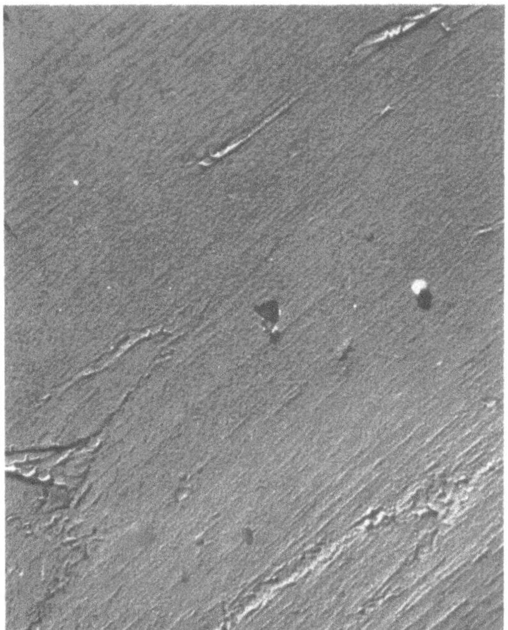

Bild 2. wie 1: ungereckt, 60% DMF im Fällbad, 30 min bei 130 °C getrocknet

Bild 4: wie 1: nach dem ersten Reckbad entnommen, 60% DMF im Fällbad, 30 min bei 130 °C getrocknet

Bild 5. wie 1: nach dem zweiten Reckbad entnommen, 60% DMF im Fällbad, durch Lösungsmittelaustausch getrocknet

Bild 6. wie 1: nach dem zweiten Reckbad entnommen, 60% DMF im Fällbad, 30 min bei 130 °C getrocknet

Die durch Dispersionskräfte verursachte Anziehungskraft pro Flächeneinheit beträgt

$$F = \frac{A}{6\pi d^3}. \tag{3}$$

Für andere geometrische Körper (Kugel/Kugel, Platte/Kugel) wurden entsprechende Gleichungen abgeleitet (vgl. [13]).

Die spezifische Haftkraft zwischen Festkörpern unterschiedlicher chemischer Konstitution ergibt sich, falls die Konstanten A in ähnlicher Größenordnung liegen, zu

$$F_{1/2} \approx \sqrt{F_1 \cdot F_2}, \tag{4}$$

d. h.

$$A_{1/2} \approx \sqrt{A_1 \cdot A_2}. \tag{5}$$

Bestimmungen von *van der Waals/Hamaker*-Konstanten sind nach der von *Hamaker* abgeleiteten mikroskopischen Theorie, nach einer von *Lifschitz* entwickelten makroskopischen Theorie sowie auf Grund halbempirischer Betrachtungen von *Fowkes* möglich.

Nach *Hamaker* (vgl. [13]) gilt:

$$A = \frac{3}{4}\pi^2 q^2 \lambda; \tag{6}$$

q = Anzahl der Teilchen pro Volumeneinheit.

Auf Grund der *Lifschitz*-Theorie (vgl. [14]) ergibt sich die Anziehungskraft zwischen parallelen Platten zu:

$$F = \frac{\hbar\overline{\omega}}{8\pi^2 d^3}, \tag{7}$$

d. h.

$$A = \frac{3\hbar\overline{\omega}}{3\pi}; \qquad \hbar = \frac{h}{2\pi}. \tag{8}$$

$\overline{\omega}$ läßt sich aus der Frequenzabhängigkeit der Dielektrizitätskonstanten bestimmen. Es gilt:

$$\overline{\omega} = \int_0^\infty \left(\frac{\varepsilon - 1}{\varepsilon + 1}\right)^2 d\xi, \tag{9}$$

$$\varepsilon(i\xi) - 1 = \frac{2}{\pi}\int_0^\infty \frac{\omega\varepsilon''(\omega)}{\omega^2 + \xi^2}\, d\omega; \tag{10}$$

$\omega = 2\pi\nu$ = Kreisfrequenz,
ε'' = Imaginärteil der komplexen Dielektrizitätskonstante.

Zur Bestimmung von $\overline{\omega}$ ist es also erforderlich, ε'' als Funktion der Frequenz zu ermitteln. Dies ist über UV-spektroskopische Messungen möglich.

Nach *Fowkes* [15] läßt sich die *van der Waals/Hamaker*-Konstante aus dem Dispersionskraftanteil der freien Oberflächenenergie ermitteln:

$$A = 6\pi d^2 \gamma^d; \qquad (11)$$

d = Molekularabstand,
γ^d = Dispersionskraftanteil der freien Oberflächenenergie.

Für faserbildende Hochpolymere sind lediglich Werte, die nach der *Fowkes*'schen Beziehung bestimmt wurden, bekannt, wobei die Literaturwerte stark streuen.

Über die von der Faseroberfläche ausgehenden polaren Kräfte gegenüber Schmutzpigmenten können z. Z. ebenfalls keine Aussagen gemacht werden, da sowohl die Größe des Dipolmoments als auch die Orientierung der Dipole nicht bekannt sind. Über die Größe des Anteils rein elektrostatischer Kräfte liegen ebenfalls keine Informationen vor.

4.3.1. Einfluß der Prozeßparameter auf die Wechselwirkungskräfte zwischen der Faseroberfläche und den Schmutzpartikeln

Nach der von *Hamaker* abgeleiteten Theorie über die Dispersionswechselwirkungen zwischen makroskopischen Körpern ist die Anziehungskraft gemäß den Gleichungen (2) bis (6) der *London*'schen Konstante λ und dem Quadrat der Teilchenzahl pro Volumeneinheit proportional.

Während die *London*-Konstante λ für faserbildende Hochpolymere noch nicht zugänglich ist, kann speziell bei Polyacrylnitrilfasern die Zahl der Teilchen pro Volumeneinheit, d. h. die scheinbare Dichte, durch geeignete Trocknungsbedingungen variiert werden. Untersuchungen von *Flath* [1] ergaben, daß WOLPRYLA-65-Gelfasern, die durch Gefriertrocknung oder Lösungsmittelaustausch entwässert wurden, hohe Porenvolumen aufweisen. Porositätsmessungen mit Hilfe der Quecksilberhochdruckporosimetrie an ausgewählten Proben der Tabelle 1 zeigen, daß die durch Lösungsmittelaustausch entwässerten Faserproben eine hohe Porosität besitzen, wobei die Maxima der Porenvolumenverteilung bei einem Porendurchmesser zwischen 300 und 400 Å liegen (Tabelle 7).

Durch die Reckung und besonders durch intensive Trocknung wird das Porenvolumen verkleinert. Einen ähnlichen Verlauf wie die Porosität in Abhängigkeit von Reckung und Trocknung nimmt auch die Jodsorption (Tabelle 8). Mit steigender Trocknungsintensität und zunehmender Reckung werden die Jodsorptionszahlen geringer.

Vergleicht man die Jodsorptionszahlen der Tabelle 8 mit den SAD-Werten der Tabelle 1, so stellt man fest, daß die Faserproben mit Jodsorptionszahlen > 200 eine geringe Schmutzaufnahme zeigen; Fasern mit Jodsorptionszahlen von ca. 150 und weniger neigen dagegen stark zur Anschmutzung.

Der Zusammenhang zwischen Jodsorption und Anschmutzung beruht vermutlich auf der Korrelation zwischen Porosität und Jodsorption, da ja die Jodsorption ein Maß für die „Zugänglichkeit" des Faserinneren darstellt.

Stellt man den SAD-Wert der Proben (s. Tabelle 7) als Funktion des Quadrats der Dichte dar, so erhält

Tabelle 7. Trockenschmutzaufnahme und Porenvolumen von Polyacrylnitrilfasern

Faser, Behandlung	Trockenschmutzaufnahme: 100 · SAD	Trockenschmutzaufnahme: Aschegehalt nach der Anschmutzung	Porenvolumen mm³/g	scheinbare Dichte ϱ g/cm³
ungereckt, 60% DMF, durch LM-Austausch getrocknet	36,1	2,31	925	0,577
nach dem 1. Reckbad entnommen, 60% DMF, durch LM-Austausch getrocknet	43,3	2,77	509	0,742
nach dem 2. Reckbad entnommen, 60% DMF, durch LM-Austausch getrocknet	47,3	3,27	353	0,838
nach dem 2. Reckbad entnommen, 60% DMF, bei 64,2 60 °C im Vakuum getrocknet	64,2	6,67	26	1,160
nach dem 2. Reckbad entnommen, 60% DMF, 5 h bei 105 °C getrocknet	67,0	7,92*)	18	1,162
nach dem 2. Reckbad entnommen, 60% DMF, 30 min bei 130 °C getrocknet	64,4	7,85*)	20	1,161

*) Die Unterschiede in der Schmutzaufnahme gegenüber den Werten der Tabelle 2 resultieren aus leicht veränderten Anschmutzungsbedingungen.

Tabelle 8. Jodsorptionszahlen von Polyacrylnitril-Fasern unterschiedlicher Reckung, Trocknung und Spinnbadzusammensetzung

Faser, Behandlung	Trocknungsbedingungen: Lösungsmittelaustausch	Vakuumtrockn. 60 °C	5 h bei 105 °C	30 min bei 130 °C
ungereckt, 20% DMF	279	234	149	57
ungereckt, 60% DMF	311	154	161	167
nach dem 1. Reckbad entnommen, 20% DMF	237	90	70	35
nach dem 1. Reckbad entnommen, 60% DMF	253	68	52	43
nach dem 2. Reckbad entnommen, 20% DMF	217	59	44	30
nach dem 2. Reckbad entnommen, 60% DMF	247	48	53	41

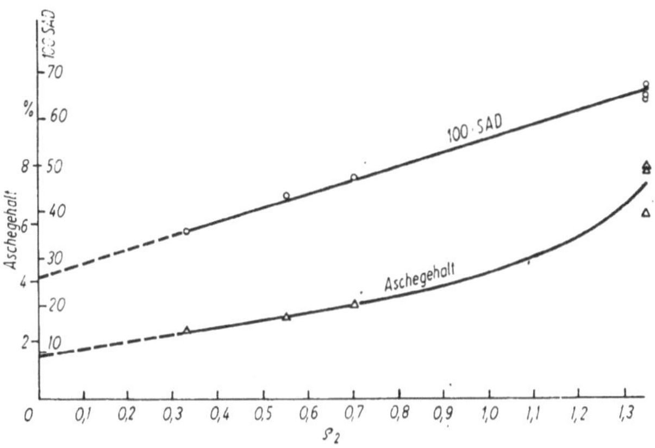

Bild 7. Zusammenhang zwischen der scheinbaren Dichte von Polyacrylnitrilfasern und der Pigmentschmutzaufnahme

man einen annähernd linearen Verlauf, wie er von Gleichung (6) gefordert wird. In ähnlicher Weise hängt bei geringen Anschmutzungsgraden die gravimetrisch durch Veraschen der angeschmutzten Proben bestimmte Schmutzaufnahme vom Quadrat der Dichte ab (Bild 7).

Bei stärkerer Anschmutzung besteht kein unmittelbarer Zusammenhang zwischen Schmutzaufnahme und SAD-Wert; wahrscheinlich ist bei starker Verschmutzung überschüssiger Schmutz an die bereits auf der Faser anhaftenden Partikel gebunden. Unter diesen Bedingungen ist keine strenge Gültigkeit der Gleichung (6) zu erwarten.

Insgesamt berechtigen die in Bild 7 dargestellten Untersuchungsergebnisse zu folgenden Schlüssen:

— Die Schmutzhaftung an Polyacrylnitrilfasern wird in starkem Maße durch Dispersionskräfte verursacht. Der Verlauf der SAD-ϱ^2- bzw. Aschegehalt-ϱ^2-Kurven, die nicht durch den Ursprung des Koordinatensystems gehen, sagt jedoch aus, daß nicht nur Dispersionskräfte, sondern vermutlich auch Dipolkräfte, die von der Faseroberfläche bzw. darauf adsorbierten Wasserschichten ausgehen, für die Schmutzhaftung verantwortlich sind.

— Die verringerte Schmutzaufnahme mikroporöser Faserstoffe beruht nicht auf einer verminderten Schmutzsichtbarkeit. Es tritt also kein wesentlicher soil-hiding-Effekt auf, der auch bei Porengrößen, die unterhalb der Wellenlänge des sichtbaren Lichtes liegen, nicht zu erwarten ist.

Für den Einfluß des Estergehaltes auf die Schmutzaufnahme existieren mehrere Deutungsmöglichkeiten. Durch die Substitution der stark polaren Acrylnitril-Monomeren-Einheiten durch weniger polaren Acrylsäuremethylester werden sowohl die *London*'sche Konstante des Polymeren als auch die Polarität der Faseroberfläche verändert. Weiterhin ist mit der Erhöhung des Estergehaltes eine Vergrößerung des Porenvolumens der Faser verbunden (Tabelle 3). Welche dieser Veränderungen am stärksten für die Verminderung der Anschmutzungsneigung und des maximalen Zeta-Potentials in KCl-Lösungen verantwortlich ist, kann z. Z. noch nicht entschieden werden, da sich Methoden zur getrennten Bestimmung der *London*'schen bzw. *van der Waals/Hamaker*-Konstanten von Polymeren und der Polarität an der Faseroberfläche noch in der Entwicklung befinden.

4.3.2. Anwendung von Zeta-Potential-Messungen

Frühere Untersuchungen [16] geben zu der Vermutung Anlaß, daß durch Zeta-Potential-Messungen in KCl-Lösungen sowohl Dispersions- als auch Dipolwechselwirkungskräfte erfaßt werden. Es liegt deshalb nahe, Zeta-Potential-Messungen in KCl-Lösungen auch zur Charakterisierung des Haftverhaltens der hier untersuchten Faserstoffe anzuwenden.

Die in der vorliegenden Arbeit aufgeführten Zeta-Potential-Messungen wurden nach dem Prinzip der Elektroosmose mit einer von *v. Stackelberg* u. Mitarb. [3] beschriebenen Apparatur durchgeführt. Die Berechnung erfolgte nach der Beziehung:

$$\zeta = \frac{V \cdot \varkappa \cdot \pi\eta \cdot 300^2}{I \cdot \varepsilon};$$

V = Wanderungsgeschwindigkeit der Meßflüssigkeit in der Meßkapillare,
$\varkappa$ = spezifische Leitfähigkeit im Diaphragma,
η = Viskosität der Meßlösung,
I = Stromstärke,
ε = Dielektrizitätskonstante.

Bei Messungen in sehr feinen Kapillaren können zur Berechnung des Zeta-Potentials nicht die Konstanten η und ε und die Leitfähigkeit der kompakten Flüssigkeiten, sondern die entsprechenden Größen bei feiner Verteilung verwendet werden. Diese sind jedoch nicht bekannt. Wir machten, um trotzdem Zeta-Potential-Messungen auswerten zu können, die Annahme, daß bei der Elektroosmose in Diaphragmen poröser Polyacrylnitrilfasern die Überführung der Meßflüssigkeit vorwiegend an der Faseroberfläche und nicht in den Poren erfolgt, da diese im allgemeinen nicht durchgängig sind. Zur Berechnung des Zeta-Potentials wurden deshalb die tabellierten Werte der Viskosität und der Dielektrizitätskonstanten für Wasser (diese werden durch geringe Elektrolytzusätze nur wenig beeinflußt) und die Oberflächenleitfähigkeit von wenig porösen Polyacrylnitrilfasern verwendet.

Unter Anwendung dieser vereinfachenden Annahmen wurden die in den Tabellen 1 bis 3 aufgeführten maximalen Zeta-Potentiale in KCl-Lösungen bestimmt.

Es ist zu erkennen, daß an der durch Lösungsmittelaustausch getrockneten Reckreihe und an den Fasern mit unterschiedlichem Estergehalt die Anschmutzungsneigung zumindest qualitativ mit der Höhe des maximalen Zeta-Potentials in KCl-Lösungen korreliert.

An den durch Wärmebehandlung getrockneten Reckreihen und den unterschiedlich mattierten Proben besteht kein Zusammenhang zu den SAD-Werten, jedoch zu den gravimetrisch bestimmten Schmutzmengen (Tabelle 2 und 4).

Obwohl bei der Bestimmung des Zeta-Potentials und der Anschmutzungsneigung Unsicherheiten auftreten, lassen sich Zeta-Potential-Messungen zur Charakterisierung des Haftverhaltens der untersuchten Polyacrylnitrilfaserproben verwenden. Ein quantitativer Zusammenhang zwischen dem maximalen Zeta-Potential in KCl-Lösungen und der visuell feststellbaren Schmutzaufnahme ist jedoch nicht zu erwarten.

4.3.3. Einfluß der Präparation

Werden Polyacrylnitril-Handelsfaserstoffe mit Lösungen kationaktiver Tenside behandelt, so erhält man bei Tensidkonzentrationen, die zu einem Zeta-Potential von ungefähr Null führen, verringerte Werte der Trockenanschmutzung [8]. Die Minima der Trockenschmutzaufnahme stimmen mit minimalen Werten der freien Oberflächenenergie überein [17]. Die Deutung dieser Erscheinung beruht auf der Annahme, daß polare Gruppen, die die Höhe des negativen Zeta-Potentials beeinflussen, über Dipol-Dipol- und Dipol-Molekül-Wechselwirkungen mit der Oberfläche der Schmutzpartikel zusätzlich zu den Dispersionskräften die Haftkraft verstärken. Der Dipolcharakter der Oberfläche von Polyacrylnitrilfasern wird einmal durch stark polare Nitrilgruppen und zum anderen durch adsorbiertes Wasser, d. h. dessen teilweise Dissoziation und Orientierung bedingt. Messungen der elektrochemischen Doppelschichtkapazität an Polymerüberzügen auf Goldelektroden [18] sowie Untersuchungen über die pH-Wert-Abhängigkeit des Zeta-Potentials und zur Adsorption kationaktiver Tenside [19] deuten darauf hin, daß an nicht zu hydrophoben Fasern, also auch an Polyacrylnitrilfasern, die elektrochemische Doppelschicht bereits bei normalen Luftfeuchten an der Faserstoffoberfläche vorgebildet ist. Aus dem Überschuß negativer Ladungsträger an der Grenze starre/diffuse Doppelschicht und der relativ großen Beweglichkeit der Gegenionen im diffusen Teil der Doppelschicht resultiert eine polare bzw. Induktionswechselwirkung mit kontaktierenden Substanzen, so auch den Schmutzpartikeln.

Die Applikation kationaktiver Tenside in Konzentrationen, die zu einem Zeta-Potential von Null führen, bewirkt eine Kompensation der Ladungen an der Grenze starre/diffuse Doppelschicht, d. h. die Polarität der Oberfläche wird vermindert. Der gleiche Effekt wird durch die elektrostatische Bindung der Tensidkationen an die stark polare Nitrilgruppe in Analogie zur Färbung mit basischen Farbstoffen erreicht.

Die Applikation kationaktiver Tenside auf die Faserstoffoberfläche führt jedoch auch zu einer Veränderung der Dispersionskraft-Wechselwirkung zu kontaktierenden Substanzen und, bedingt durch die geringe Härte der Präparationen, zu einer Vergrößerung der Haftfläche.

Für die Dispersionswechselwirkungsenergie zwischen zwei parallelen Platten der gleichen Art, die durch ein Medium getrennt sind, gilt (vgl. [12])

$$W = -\frac{A^x}{12\pi d^2}, \qquad (12)$$

wobei $A^x = A_1 + A_0 - 2A_{10}$;

A_1 = *van der Waals/Hamaker*-Konstante der Platten,
A_0 = *van der Waals/Hamaker*-Konstante des Mediums,
A_{10} = Wechselwirkungskonstante zwischen Platte und Medium.

Selbst wenn wir voraussetzen, daß die *van der Waals/Hamaker*-Konstanten des Faserstoffs und der Schmutzpartikel gleich und bekannt sind, ist eine quantitative Beschreibung des Präparationsmittel-Einflusses auf die Faserstoff/Pigmentschmutz-Haftung nicht möglich, da die Konstanten A_0 und A_{10} nicht bekannt sind, die Konstanten A_0 und A_{10} von der Orientierung zwischen beiden Haftpartnern, d. h. auch von der Konzentration des Präparationsmittels abhängen.

Wegen der Vielfalt der hier skizzierten Faktoren, die diese Anschmutzungsbeeinflussung des Präparationsmittels bedingen, ist eine Auswahl des hinsichtlich der Anschmutzung günstigsten Präparationsmittels auf Grund theoretischer Vorhersagen schwierig.

Es kann bisher lediglich ausgesagt werden, daß Anwendungskonzentrationen von Kationtensiden, die zu einem Zeta-Potential von Null in destilliertem Wasser bzw. zu niedrigen Werten des maximalen Zeta-Potentials in KCl-Lösungen führen, minimale Werte der Anschmutzung verursachen. Tenside, die das Zeta-Potential der Fasern nur wenig beeinflussen, d. h. nichtionogene und anionaktive Tenside sowie Kationtenside mit geringer Zeta-Potential-Beeinflussung (Marvelan FT, Smotilon AG in Tabelle 6), verändern die Anschmutzungsneigung nur geringfügig.

5. Schlußfolgerungen

Aus den durchgeführten Untersuchungen zum Zusammenhang zwischen Prozeßparametern der Polyacrylnitrilfaserherstellung und der Neigung zur Trockenschmutzaufnahme lassen sich folgende technisch realisierbare Möglichkeiten zur Verringerung der Anschmutzungsneigung ableiten:

Herstellung mikroporöser Fasern,
Erhöhung des Gehaltes an weniger polaren Comonomeren,
Anwendung von Kationtensiden als Präparationsmittel in Konzentrationen, die ungefähr zu einem Zeta-Potential von Null führen.

Von diesen angeführten Möglichkeiten ist die letzte am ehesten zu verwirklichen, da der Prozeß der Faserherstellung praktisch nicht verändert werden muß. Da die Waschpermanenz des auf diese Weise erreichten Antischmutzeffektes nur gering ist, ist eine spezielle Anwendung dieses Verfahrens besonders für Fasern, die zu Fußbodenbelägen, Dekostoffen u. ä. verarbeitet werden, zu empfehlen. Für Waschartikel aus Polyacrylnitrilfasern ist eine Behandlung nach der Haushaltwäsche mit Weichspülmitteln auf der Basis kationaktiver Tenside zweckmäßig.

Bei der Entwicklung anschmutzarmer Polyacrylnitrilfasern auf Basis der beiden erstgenannten Möglichkeiten ist vor allem zu prüfen, ob die sonstigen Verarbeitungs- und Gebrauchseigenschaften den Anforderungen entsprechen und ob die Herstellung derartiger Fasern ökonomisch tragbar ist.

6. Zusammenfassung

Es wurde der Einfluß verschiedener Prozeßparameter der Herstellung von Polyacrylnitrilfasern auf die Anschmutzungsneigung untersucht. Dabei wurde festgestellt, daß das Reckverhältnis, die Trocknungsbedingungen, der Gehalt an Acrylsäuremethylester sowie die Art und Anwendungskonzentration von Präparationsmitteln die Anschmutzung beeinflussen. Durch eine Mattierung mit Titandioxid wird die optisch wahrnehmbare Anschmutzungsneigung verringert. Zur Deutung der gefundenen Ergebnisse wurden vor allem elektrokinetische und Porositätsmessungen herangezogen. Es konnte gezeigt werden, daß die unterschiedliche

Anschmutzungsneigung von Polyacrylnitrilfasern in erster Linie durch die unterschiedliche Größe der von der Faser ausgehenden Dispersionskräfte sowie der an der Faseroberfläche wirkenden Dipolkräfte bedingt ist. Technische Möglichkeiten zur Verminderung der Anschmutzungsneigung von Polyacrylnitrilfasern liegen in der Verminderung der Polarität des Polymeren und der Faseroberfläche sowie in einer Erhöhung des Porenvolumens der Fasern.

Danksagung

Die Autoren danken Herrn Dr. *K. Langner*, Chemiefaserkombinat Schwarza „Wilhelm Pieck", Rudolstadt-Schwarza, für die Ausführung der Porositätsmessungen, Herrn Dr. *U. Müller*, TU Dresden, für die Anfertigung der elektronenmikroskopischen Aufnahmen sowie Frau *U. Berger*, Frau *H. Henne*, Frl. *M. Mros* und Frau *G. Neumann* für die sorgfältige Ausführung der sonstigen experimentellen Arbeiten.

Literatur

[1] *Flath, H.-J.*: Habilitationsschrift TU Dresden 1969.
[2] *Flath, H.-J.*: Prüfmethoden für die Anschmutzung von Textilien. Dt. Textiltechnik **18** (1968) S. 97–105.
[3] *v. Stackelberg, M., Kling, W., Benzel, W.*, und *Wicke, F.*: Die elektrokinetischen Potentiale von Textilfasern in Lösungen von normalen Elektrolyten und grenzflächenaktiven Verbindungen. Kolloid.-Z. **135** (1954) S. 67–80.
[4] *Langner, K.*: Untersuchungen zur Hohlraumstruktur von Polynitrilfaserstoffen. Faserforsch. u. Textiltechnik **20** (1969) 12, S. 597–599.
[5] *Wandel, M., Gutschik, E.*, und *Carl, W.*: Moderne Teppichfasern — Probleme und Möglichkeiten, Antistatik, Anschmutz- und Brennverhalten. Chemiefasern (1972) S. 397–401.
[6] *Rydzewska, D.*: Elektrostatische Beschmutzung von Textilien. Prace Inst. Włókienn. **14** (1964) S. 61–73.
[7] *Reichle, A.*: Über die Schmutzempfindlichkeit von Textilien. Melliand Textilber. **50** (1969) S. 1081–1089.
[8] *Jacobasch, H.-J.*, und *Flath, H.-J.*: Zu den Ursachen der Trockenanschmutzung von Textilien. Faserforsch. u. Textiltechnik **20** (1969) S. 338–346.
[9] GBP 1196803.
[10] DLP 78219.
[11] *Dahneke, B.*: The influence of flattening on the adhesion of particles. J. Colloid and Interface Sci **40** (1973) S. 1–13.
[12] *Sonntag, H.*, und *Strenge, K.*: Koagulation und Stabilität disperser Systeme. Berlin: Deutscher Verlag der Wissenschaften 1970.
[13] *Overbeek, J. Th. G.*, und *van Silfhout, A.*: Van der Waal forces between macroskopic objects. Study week on molecular forces 1966. Pontificial academiae scientiarum scripta varia Bd. 31.
[14] *Krupp, H., Sperling, G.*: Theorie of adhesion of small particles. J. appl. Physics **37** (1966) S. 4176–4180.
[15] *Fowkes, F. M.*: Attractive forces at interfaces. Chemistry and physics of interfaces. Amer. Chem. Soc. Publ. Washington 1967, S. 1–12.
[16] *Jacobasch, H.-J.*: Elektrokinetische Untersuchungen an Faserstoffen. Faserforsch. u. Textiltechnik **20** (1969) 4, S. 191–196.
[17] *Grimm, H., Jacobasch, H.-J., Grosse, I.*, und *Ferse, A.*: Über Oberflächeneigenschaften von Faserstoffen bezüglich des Anschmutz- und Waschverhaltens. Wiss. Z. Techn. Univ. Dresden **20** (1971) 3, S. 739–742.
[18] *Ferse, A., Paul, M.*: Kapazitätsmessungen am System Metall-Polymerfilm-Elektrolytlösung. Z. phys. Chemie, Leipzig **252** (1973) 3/4, S. 198–208.
[19] Unveröffentlichte Ergebnisse.

Eingegangen am 4. Februar 1974

Kurze Mitteilungen[1]

Untersuchungen zum Mechanismus der alternierenden Copolymerisation von Acrylnitril als Bestandteil von Donator/Akzeptor-Komplexen[2]

Herrn Prof. Dr. Hermann Klare zur Vollendung des 65. Lebensjahres gewidmet

DK 678.745.32–13:[66.095.26:678–13]:678.021.4:541.128:541.64:541.124

Nachdem der Umfang an Erkenntnissen über Zusammenhänge zwischen der chemischen Zusammensetzung von Copolymeren und deren Eigenschaften bereits ein hohes Maß erreicht hat, wendet man sich in jüngster Zeit zunehmend der Frage zu, welche Beziehungen zwischen Copolymereigenschaften und der Sequenzlängenverteilung der Cokomponenten in der Polymerkette bestehen. Für die Untersuchung dieses Problems sind Blockcopolymere und alternierende Copolymere als Extremfälle statistischer Sequenzlängenverteilungen von besonderem Interesse.

Äquimolare alternierende Acrylnitrilcopolymere lassen sich mit geeigneten Elektronendonatormonomeren, wie z. B. Styrol, Propylen, Isobutylen, Butadien, unabhängig vom Monomerausgangsverhältnis herstellen, wenn durch Einsatz von Acrylnitril in Form seiner Komplexe, z. B. mit $ZnCl_2$ oder mit Alkylaluminiumhalogeniden, der Elektronenakzeptorcharakter des Acrylnitrils verstärkt worden ist [1]. Wir haben einige Untersuchungen zur Komplexbildung im System Acrylnitril/Zinkchlorid/Styrol, zu dessen alternierender Copolymerisation, zum Alternierungsgrad der Copolymeren sowie zu deren Eigenschaften im Vergleich zu äquimolaren statistischen Acrylnitril/Styrol-Copolymeren durchgeführt und berichten hier im Überblick über die erhaltenen experimentellen Ergebnisse.

Die Bildung eines Ladungsübertragungskomplexes zwischen Acrylnitril/Zinkchlorid als Elektronenakzeptor und Styrol als Elektronendonator wurde UV-spektroskopisch untersucht. Die UV-Spektren verschieden konzentrierter Styrol/$ZnCl_2$-Lösungen in Acrylnitril wurden mit dem Beckman-Spektralphotometer DB-G gegen gleichkonzentrierte Styrollösungen in Acrylnitril als Referenz bei 40, 50 und 60 °C aufgenommen; sie weisen ein scharfes Absorptionsmaximum bei 305 nm auf. Der Acrylnitril/Zinkchlorid-Komplex absorbiert in diesem Bereich nicht, d. h. also, daß das gefundene Absorptionsmaximum entweder einem Ladungsübertragungskomplex bzw. dessen angeregtem Zustand zuzuordnen ist oder auf Grund einer Wechselwirkung des Styrols mit $ZnCl_2$ entsteht.

Ikegami und *Hirai* [2] interpretieren die in Benzollösung gefundene, gegenüber den Ausgangskomponenten stärkere Absorption einer Acrylnitril/Zinkchlorid/Styrol-Mischung bei 310 bis 345 nm mit Ladungsübertragungskomplexbildung und ermittelten durch *Ketelaar*-Auftragung eine Gleich-

[1]) Die Veröffentlichung der „Kurzen Mitteilungen" erfolgt unter alleiniger Verantwortung der Verfasser.
[2]) Kurzfassung eines Vortrages, vorgetragen von *Barbara Sandner* anläßlich der Hochpolymerentagung 1973 vom 10. bis 12. 9. 1973 in Karl-Marx-Stadt.

gewichtskonstante von $6 \cdot 10^{-2}$. Unter den von uns angewandten Konzentrationsbedingungen waren Näherungsverfahren zur Bestimmung der Gleichgewichtskonstanten nicht anwendbar. Wir berechneten deshalb die Gleichgewichtskonzentration des von *Ikegami* und *Hirai* angenommenen Komplexes $ZnCl_2(AN)_2(Sty)_2$ und die Gleichgewichtskonstante seiner Bildung algebraisch aus dem Verhältnis der Extinktionsmoduli bei verschiedener $ZnCl_2$- und Styrol-Konzentration. Die Werte für die Komplexbildungskonstante betragen: 41 $l^2\,mol^{-2}$ bei 60 °C, 46 bei 50 °C und 60 bei 40 °C. Diese Werte erscheinen hoch im Vergleich zu denen für viele andere Ladungsübertragungskomplexe angegebenen Bildungskonstanten im Bereich von 10^{-2} bis 1.

Nach dem von *Kakubo*, *Iwatsuki* und *Yamashita* [3] empirisch aufgestellten Klassifikationsschema für Ladungsübertragungskomplexe sollten bei Gleichgewichtskonstanten >5 isolierbare stabile Komplexe entstehen, die eine Copolymerisation nicht initiieren können.

Die spontane Initiierung der Copolymerisation von Acrylnitril, das mit $ZnCl_2$ im Verhältnis 10:1 bis 1:1 komplexiert ist, und Styrol ist jedoch möglich, nach unseren Ergebnissen mit hinreichender Polymerisationsgeschwindigkeit aber erst bei Temperaturen oberhalb 45 °C, so daß eine hohe Gleichgewichtskonstante im Prinzip mit diesem experimentellen Befund vereinbar ist.

Gegenüber der konventionellen radikalischen Polymerisation bzw. Copolymerisation stellten wir bei der alternierenden Copolymerisation des Acrylnitril/$ZnCl_2$/Styrol-Systems Abweichungen in der Kinetik fest. Bereits in der Anfangsphase der Polymerisationsreaktion fanden wir eine Abnahme der Polymerisationsgeschwindigkeit und eine Zunahme der Grenzviskosität des Copolymeren mit steigendem Umsatz. Die Temperaturabhängigkeit der Polymerisationsgeschwindigkeit, der Grenzviskosität und der Zusammensetzung des Copolymeren untersuchten wir im Bereich von 50 bis 75 °C. Aus der Zunahme der Copolymerisationsgeschwindigkeit bei Temperaturerhöhung ermittelten wir die Bruttoaktivierungsenergie der Polymerisation zu 17,3 kcal/mol durch *Arrhenius*-Auftragung; sie entspricht also der normaler radikalischer Polymerisationsreaktionen. Die Grenzviskosität des alternierenden Copolymeren nimmt erwartungsgemäß mit steigender Polymerisationstemperatur ab, während die äquimolare Zusammensetzung des Copolymeren in diesem Temperaturbereich unverändert erhalten blieb.

Durch Variation der Konzentrationsverhältnisse der Komponenten bei der in allen Fällen in Substanz ohne Verdünnungsmittel durchgeführten Copolymerisation fanden wir die folgenden Zusammenhänge:

Bei konstantem Acrylnitril/Styrol-Verhältnis nimmt die Copolymerisationsgeschwindigkeit mit steigender Zinkchlorid-Konzentration zu.

Bei konstantem $ZnCl_2$/Acrylnitril-Verhältnis nimmt die Copolymerisationsgeschwindigkeit mit steigender Styrolkonzentration zu, erreicht ein Maximum bei etwa 50 mol% Styrol in der Monomermischung, wie es auch für andere alternierende Copolymerisationen gefunden wurde, und nimmt dann wieder ab. Bei konstantem $ZnCl_2$/Styrol-Verhältnis tritt ab 50 mol% Styrol in der Monomermischung eine starke Zunahme der Polymerisationsgeschwindigkeit mit zunehmender Styrolkonzentration auf.

Diese gefundenen Konzentrationsabhängigkeiten der Copolymerisationsgeschwindigkeit lassen sich durch die Beziehung: $V_{Br} \sim [St]^3[ZnCl_2]^2$ darstellen. Eine derartige Abhängigkeit wurde bisher nur für die Systeme 1-Methylcyclopropen/SO_2 und Cyclopenten/SO_2 [4] von *Iwatsuki* und *Yamashita* beschrieben und dazu ein Mechanismus angenommen, nach dem der Cycloolefin/SO_2-Ladungsübertragungskomplex durch Reaktion mit dem Donatormonomeren, also dem Cycloolefin, ein für die Initiierung effektives Radikal ergibt, das durch Komplexaddition wächst und keinem Kettenabbruch unterliegt.

Die durch Membranosmometrie oder aus der durch Sedimentation in der Ultrazentrifuge ermittelten Verteilungskurve bestimmten Zahlenmittel der rel. Molekülmassen liegen für alle genannten Konzentrationsverhältnisse im Bereich von ca. 300000 bis 500000. Diese auch durch viskosimetrische Messungen bestätigte relative Konstanz der rel. Molekülmassen ist eventuell mit dem von *Iwatsuki* und *Yamashita* postulierten Fehlen der Abbruchreaktion zu erklären. Das Postulat ließe sich zusätzlich durch die von uns gefundene relativ enge Verteilung der rel. Molekülmasse mit einem Durchschnittswert von $\bar{M}_w/\bar{M}_n = 1{,}3$ stützen. Allerdings stellten wir die gleiche enge Verteilung auch an äquimolaren statistischen Acrylnitril/Styrol-Copolymeren fest, die durch konventionelle radikalische Substanzcopolymerisation in Gegenwart von Dibenzoylperoxid hergestellt wurden, so daß insgesamt noch kein ausreichender Beweis für den genannten Komplexmechanismus vorhanden ist.

Durch Zusatz kleiner Mengen Essigsäure oder Essigsäureanhydrid zum Acrylnitril/$ZnCl_2$/Styrol-System gelang es uns, auch alternierende Copolymere mit niederen rel. Molekülmassen von 100000 bis 300000 herzustellen. Die Uneinheitlichkeit dieser Copolymeren war größer, wir fanden einen $\bar{M}_w/\bar{M}_n$-Wert von 2.

Die alternierende Struktur der in Gegenwart von $ZnCl_2$ hergestellten Copolymeren wiesen wir durch UV-spektroskopische und IR-spektroskopische Untersuchungen nach. *Brüssau* und *Stein* [5] wiesen bereits 1970 auf die Sequenzlängenabhängigkeit der UV-Absorption von Styrol/Acrylnitril-Copolymeren hin. Nach den von uns für alternierende Copolymere einerseits und äquimolare statistische Copolymere andererseits gefundenen Unterschieden in den spezifischen Extinktionskoeffizienten ε bei 268, 264 und 259 nm liegen im alternierenden Copolymeren keine nachweisbaren benachbarten Styroleinheiten vor.

Wir nutzten außerdem die bekannte sequenzlängenabhängige Wellenzahlverschiebung der Nitrilbande bei 2245 cm^{-1} im Ultrarotspektrum von Acrylnitril/Styrol-Copolymeren [6] zur Bestätigung des Alternierungsgrades. Aus der Copolymerisationskinetik, d. h. aus den r-Werten und dem Monomerausgangsverhältnis, läßt sich für das äquimolare statistische Copolymere eine Wahrscheinlichkeit von 14,3% ($r_1 = 0{,}07$; $r_2 = 0{,}40$; $F = 2{,}39$) berechnen, mit der Acrylnitrilsequenzen >1 in der Kette vorkommen. Aus den experimentell gefundenen Wellenzahlverschiebungen der Nitrilbande des alternierenden Copolymeren bzw. äquimolaren statistischen Copolymeren gegenüber dem Polyacrylnitril berechneten wir für das letztere eine Wahrscheinlichkeit von 12,9% Acrylnitrilsequenzen >1, die gut mit dem aus der Copolymerisationskinetik bestimmten Wert von 14,3% übereinstimmt. Wenn das alternierende Copolymere nach *Gaylord* [7] in konzentrierter wäßriger $ZnCl_2$-Lösung und mit Kaliumperoxydisulfat als radikalischem Initiator hergestellt wurde, enthielt es, berechnet aus der Wellenzahlverschiebung, 11,9% Acrylnitrilsequenzen >1, d. h. es unterscheidet sich praktisch kaum von einem äquimolaren statistischen Copolymeren.

Obwohl äquimolare statistische Acrylnitril/Styrol-Copolymere schon einen relativ hohen Alternierungsgrad aufweisen, Acrylnitril- und Styroleinheiten liegen zu ca. 85% isoliert vor, unterscheiden sie sich doch in einigen Eigenschaften von alternierenden, in Gegenwart von $ZnCl_2$ hergestellten Acrylnitril/Styrol-Copolymeren. Die Differentialthermoanalyse ergab Unterschiede im Glasumwandlungsverhalten, die Thermogravimetrie im Zersetzungsbeginn und das rheologische Verhalten Hinweise auf eine geringere Flexibilität der streng alternierenden Copolymerkette als die der statistischen.

In verdünnter Lösung konnten wir keine Unterschiede im

Verhalten der alternierenden und von äquimolaren statistischen Acrylnitril/Styrol-Copolymeren feststellen. Wir ermittelten dieselbe *Schulz/Blaschke*-Konstante — 0,21 — in DMF-Lösung bei 25 °C, gleiche zweite Virialkoeffizienten und eine auf beide Copolymertypen anwendbare Beziehung zwischen Viskosität und rel. Molekülmasse.

Ausführliche Veröffentlichungen zu den Untersuchungsergebnissen sind in Vorbereitung.

Literatur

[1] *Gaylord, N. G.*: Alternating copolymers from complexed polar monomers. IUPAC International Symposium on Macromolecular Chemistry, Budapest 1969; Plenary and Main Lectures S. 343—363. Budapest: Akadêmiai Kiado 1971.

[2] *Ikegami, T.*, und *Hirai, H.*: Polymerization of coordinated monomers. III. Copolymerization of acrylonitrile-zinc chloride or methyl methacrylate-zinc chloride complex with styrene. J. Polymer Sci., A-1: Polymer Chem. **8** (1970) S. 195—208.

[3] *Iwatsuki, S.*, und *Yamashita, Y.*: Radical Alternating Copolymerizations. In: Progress in Polymer Science, Japan, Vol. 2. Tokyo: Kodansha Ltd. Wiley & Sons 1971, S. 1—48.

[4] *Iwatsuki, S.*, *Okada, T.*, und *Yamashita, Y.*: Studies on the charge transfer complex and polymerization. XVI. Spontaneous copolymerization of cyclopentene and sulfur dioxide. J. Polymer Sci., A-1: Polymer Chem. **6** (1968) S. 2451—2460.

[5] *Brüssau, R. J.*, und *Stein, D. J.*: Abhängigkeit der UV-Absorption binärer Styrol-Copolymerisate von der Länge der Styrolsequenzen. Angew. makromol. Chemie **12** (1970) S. 59—71.

[6] *Fieber, W.*, *Kimmer, W.*, und *Schmolke, R.*: Frequenzverschiebungen in Ultrarotspektren von Styrol/Acrylnitril-Copolymeren. Z. Chemie **12** (1972) 6, S. 233—234.

[7] *Gaylord, N. G.*, *Takahashi, A.*, und *Anand, L. C.*: Preparation of alternating copolymers in the presence of metal halides in an aqueous medium. J. Polymer Sci., B: Polymer Letters **9** (1971) S. 97—102.

Barbara Sandner, *Peter Fritzsche* und *Karl-Joachim Linow*

Akademie der Wissenschaften der DDR,
Institut für Polymerenchemie in Teltow-Seehof

Eingegangen am 30. Oktober 1973

Neue Bücher

Microautoradiography and Electron Probe Analysis — Their Application to Plant Physiology —. Hgg. von *U. Lüttge*. Berlin/Heidelberg/New York: Springer 1972. 242 S. DM 46,—.

In zahlreichen Publikationen berichtet *U. Lüttge* über die erfolgreiche Anwendung von Radionucliden und deren speziellen Nachweisverfahren, der Autoradiographie, bei der Bearbeitung biologischer Fragestellungen. Eigene und die Erfahrungen anderer auf diesem Fachgebiet wurden nun in dem herausgegebenen Buch vereint.

Nach einer Einführung über die Anwendung der Mikroautoratiographie in der Botanik von *U. Lüttge* folgen die Kapitel:

P. Dörner: Photometrische Methoden in der quantitativen Autoradiographie;

J. P. Passioura: Quantitative Autoradiographie in Gegenwart von Umgebungsstrahlung;

U. Lüttge: Mikroautoradiographie wasserlöslicher organischer Ionen;

W. Eschrich und *E. Fritz:* Mikroautoradiographie wasserlöslicher organischer Verbindungen;

R. G. Herrmann und *W. O. Abel:* Mikroautoradiographie von organischen Verbindungen, die weitestgehend in polaren und unpolaren Lösungsmitteln unlöslich sind;

J. D. Pickett-Heaps: Autoradiographie im Elektronenmikroskop;

A. Länchli: Elektronenstrahl-Mikroanalyse.

Das Buch ist übersichtlich gestaltet. Das Gesamtinhaltsverzeichnis wird ergänzt durch eine Feingliederung, die jedem der sieben Kapitel vorangestellt ist. Diese werden ergänzt durch kurze Literaturverzeichnisse, für die Zeitschriften sozialistischer Länder bedauerlicherweise nicht ausgewertet wurden. Ein umfangreiches Sachwortverzeichnis erschließt das zusammengestellte Material.

Jedes der Kapitel bringt eine abgerundete Darstellung der in der Überschrift genannten Problematik. Damit ist zwangläufig eine Vielfachbeschreibung einzelner Bedingungen, wie z. B. Wahl der Kernspuremulsionen, unvermeidbar. Auch eine Zuordnung von einzelnen Problemen zu den Kapiteln wird schwierig. So findet man ausführliche Angaben zur Mikrodensitometrie auf S. 71 im Kapitel über Mikroautoradiographie wasserlöslicher anorganischer Ionen und nicht unter der Überschrift Mikrodensitometrie im Kapitel über photometrische Methoden in der quantitativen Mikroautoradiographie.

Als zu kurz wird die Beschreibung der elektronenmikroskopischen Autoradiographie empfunden, da gerade dieses Verfahren es erlaubt, Feinstrukturverbindungen zu lokalisieren.

Der Leser findet in diesem Buch keine grundlegenden Diskussionen zur Autoradiographie und der photographischen Prozesse, dafür aber interessante Informationen zur Objektbehandlung und zur Quantifizierung der Ergebnisse.

Ein sehr gut ausgestattetes und zu empfehlendes Buch, für den, der durch das Buch zur Anwendung der Autoradiographie angeregt wird, nur in Verbindung mit anderen Monographien zu diesem Fachgebiet erfolgreich zu gebrauchen und den in der Autoradiographie Erfahrenen als eine wertvolle Ergänzung anzusehen.

Fazit: Ein nicht nur für Pflanzenphysiologen nützliches und brauchbares Buch. *D. Paul*

Patentschau

Auszug aus der Lieferung 1/1974 der Patentschau „Faserstoffe und Textiltechnik", Ausgabe A: Chemiefaserstoffe einschl. Polymere und org. Ausgangsstoffe, zusammengestellt von der Abteilung Information und Dokumentation des Instituts für Polymerenchemie der AdW der DDR, 153 Teltow-Seehof, Kantstr. 55

Die Patentschau ist nach der Internationalen Patentklassifikation (IPC) gegliedert. Es bedeuten: DLP = DDR-Patent; DTP = Deutsches Bundespatent; DTA = (West)Deutsche Auslegeschrift; DTO = (West)Deutsche Offenlegungsschrift; OEP = Oesterreichisches Patent; POP = Polnisches Patent; CHP = Schweizer Patent; FRP = Französisches Patent; GBP = Britisches Patent; JaP = Japanisches Patent; SWP = Schwedisches Patent; SUP = Sowjetisches Patent; CSP = Tschechoslowakisches Patent USP = Amerikanisches Patent; A. = Anmeldedatum, O. bzw. B. = Tag der Ausgabe der Patent-, Offenlegungs- bzw. Auslegeschrift.

Sektion B. Arbeitsverfahren

B 64. Fördern, Packen, Lagern; Handhaben dünner oder fadenförmiger Werkstoffe

B 65 h. Behandeln von dünnem oder fadenförmigem Gut, z. B. Folien, Gewebe, Kabel

CHP 542779. Aufwickelvorrichtung für Fäden, Garne und Bändchen. Erf.: *Valter, Slavik.* Inh.: Heberlein & Co. AG, Wattwil (CH). A. 22. 3. 72. Int. Kl.: B 65 h 54/32. A.-Z.: 4242/72.

USP 3721599 (Teil v. Pat. 3616001. A. 20. 5. 68. A.-Z.: 730301). Verfahren und Vorrichtung zum Sichern eines Endlosfadens auf einer Auflagefläche. Erf.: *Kenneth J. Addis.* Inh.: Deering Milliken Research Corp., Spartanburg, S. C. A. 8. 12. 70, B. 20. 3. 73. Kl.: 156-394, Int. Kl.: B 29h 17/28, B 65h 57/12. 8 Anspr. A.-Z.: 96082.

DTO 2314699. Vorrichtung zur Verhinderung des Fadenbruches als Folge der Verwicklung des Fadens auf dem Abwickelstrang bei Wickelmaschinen. Erf.: *Armando Canton.* Anm.: Fadis S.p.A., Solbiate Arno, Varese (IT). A. 24. 3. 73, B. 11. 10. 73. Kl.: 47k, 5/12, Int. Kl.: B 65h 59/10. A.-Z.: P 2314699. Prior.: 30. 3. 72 (IT; A.-Z.: 22628 A/72).

Sektion C. Chemie und Metallurgie

CHEMIE

C 01. Anorganische Chemie

C 01b. Nicht-metallische Elemente, Metalloide und ihre Verbindungen, außer den unter C 01c aufgeführten

JAP 7315790. Orientierte C-Fäden. Erf.: *Tadashi Araki* u. *Kiro Asano.* Inh.: Kureha Chemical Industry Co. Ltd. A. 6. 7. 71, B. 28. 2. 73. Kl.: 14 E 2, 14 EO. A.-Z.: 7149268.

JAP 7318583. Elektrolytische Reinigung von Kohlenstoffäden. Erf.: *Muneyoshi Minami.* Inh.: Toray Industries, Inc. A. 15. 7. 71, B. 8. 3. 73. Kl.: 48 A 02, 42 EO, 48 DO. A.-Z.: 7152127.

JAP 7333122. Kohlenstoffäden aus Acrylfäden mit niedrigem Lösungsmittelrestgehalt. Erf.: *Kenya Nagai, Koji Terada* u. *Shigeo Mitsui.* Inh.: Toray Industries, Inc. A. 3. 9. 71, B. 8. 5. 73. Kl.: 42 EO, 14 E 21, 14 EO. A.-Z.: 7167377.

SUP 391773. Verfahren zur Herstellung von Kohlenstoffäden. Erf.: *Sugio Otani.* Anm.: Kureha Kagaku Kogyo Kabushiki Kaisha (JA). A. 19. 2. 66, B. 25. 7. 73. Int. Kl.: C 01b 31/07, D 01f 9/00. A.-Z.: 1057115/23 – 5.

USP 3721732. Verfahren zur Herstellung von faserigen Körpern mit kreisförmigem Querschnitt aus Siliciumcarbideinkristallen und faserige Körper, die nach genanntem Verfahren erhalten werden. Erf.: *Wilhelmus Franciscus Knippenberg* u. *Gerrit Verspuri.* Inh.: US Philips Corp., New York, N. Y. A. 7. 3. 68, B. 20. 3. 73. Kl.: 423-346, Int. Kl.: C 01b 31/36, B 01j 17/32, 17/00. 7 Anspr. A.-Z.: 711349 (Zus. z. Pat. m. A.-Z.: 690005. A. 12. 12. 67). Prior.: 8. 3. 67 (NL; A.-Z.: 6703609).

C 03. Glas; Mineral- und Schlackenwolle

C 03b. Herstellung, Formgebung und Nachbehandlungsverfahren

DTO 2205507. Verfahren und Vorrichtung zum Herstellen von Fasern. Erf.: *A. Walz* u. *Georg Sporleder.* Anm.: Feldmühle Anlagen- und Produktionsgesellschaft mbH, 4000 Düsseldorf (DT). A. 5. 2. 72, B. 25. 10. 73. Kl.: 32a, 37/06, Int. Kl.: C 03b 37/06. A.-Z.: P 2205507.

SUP 392012 (Urheberschein). Begrenzung für Spulen. Erf.: *A. A. Pencis, V. R. Blakis, V. N. Molotkov* u. *K. K. Adata.* Anm.: Valmierskij zavod steklovolokna. A. 22. 6. 71, B. 27. 7. 73. Int. Kl.: C 03b 37/02. A.-Z.: 1673370/29 – 33.

SUP 392014 (Urheberschein). Vorrichtung zur Herstellung von Stapelfasern. Erf.: *R. P. Polevoj.* A. 18. 10. 71, B. 27. 7. 73. Int. Kl.: C 03b 37/06. A.-Z.: 1706299/29 – 33.

C 03c. Chemische Zusammensetzung von Gläsern, Glasuren oder Emails; Oberflächenbehandlung von Glas; Verbinden von Glas mit Glas oder anderen Stoffen

GBP 1331264. Chemische Oberflächenbehandlung von anorganischen Fasern. Inh.: Imperial Chemical Industries Ltd. A. 5. 8. 70, B. 26. 9. 73. Kl.: C3.P, B2.E, D1.P, Int. Kl.: C 08f 1/00, B 32b 17/02, 17/10, D 06m 15/72. A.-Z.: 37802/70. Entspr. DTO 2139316.

GBP 1331638. Verfahren zum Behandeln von anorganischen Glasfasermaterialien. Inh.: VEB Kombinat Technisches Glas Ilmenau. A. 28. 10. 70, B. 26. 9. 73. Kl.: D1.P, Int. Kl.: D 06m 13/00, 11/02, 15/66, 13/54, 15/72. A.-Z.: 51257/70.

C 07. Organische Chemie

C 07c. Acyclische und carbocyclische Verbindungen

USP 3725461. Ungesättigte Polyester auf Basis Terephthalsäure. Erf.: *Saunders E. Jamison.* Inh.: Celanese Corp., New York, N. Y. A. 13. 4. 70, B. 3. 4. 73. Kl.: 260-475 P, Int. Kl.: C 07c 69/82. 1 Anspr. A.-Z.: 32497.

USP 3726888. Veresterungs- und Extraktionsverfahren. Erf.: *Jimmy L. Hatten, Kurt R. Nauck jr.* u. *Samuel S. Mims.* Inh.: El Paso Products Co., Odessa, Tex. A. 8. 3. 71, B. 10. 4. 73. Kl.: 260-485 S, Int. Kl.: C 07c 69/44. 11 Anspr. A.-Z.: 121705.

DTO 2321150. Verfahren zur Herstellung von Methacrylnitril. Erf.: *Giorgio Caporali, Nicola Giordano, Luicano Moreschini, Franco Paletti* u. *Francesco Pignataro.* Anm.: Montecatini Edison S.p.A., Mailand (IT). A. 26. 4. 73, B. 31. 10. 73. Kl.: 12o, 21, Int. Kl.: C 07c 121/32. A.-Z.: P 2321150. Prior.: 28. 4. 72 (IT; A.-Z.: 23699 A/72).

C 08. Makromolekulare Verbindungen; ihre Herstellung und chemische Verarbeitung; auf diesen Verbindungen beruhende Gemische

C 08b. Polysaccharide und deren Derivate

JAP 7326882. Entfernung von Metallverunreinigungen aus Alkalicellulose. Erf.: *Hideo Ochiai, Kyoichi Shioya* u. *Koichi Yasui.* Inh.: Asahi Chemical Industry Co. Ltd. A. 12. 8. 71, B. 9. 4. 73. Kl.: 26(1) B 2. A.-Z.: 7160599.

SUP 392072 (Urheberschein). Verfahren zum Bleichen organolöslicher Celluloseester. Erf.: *V. Ja. Bytenskij* u. *G. A. Zenkova.* A. 21. 12. 70, B. 27. 7. 73. Int. Kl.: C 08b 11/20. A.-Z.: 1499951/23 – 5.

JAP 7326881. Cyanäthylierte Hydroxyalkylcellulosen. Erf.: *Nobuo Kawamoto.* Inh.: Fuji Chemical Co. Ltd. A. 11. 8. 71, B. 9. 4. 73. Kl.: 26(1) B 2. A.-Z.: 7161194.

C 08f. Polymerisationsprodukte

OEP 311040. Verfahren zur Gewinnung von gummiartigen Polymeren oder Copolymeren aus ihren Lösungen in organischen Lösungsmitteln. Erf.: *Alessandro Beranger.* Inh.: Snam Progetti S.p.A., Mailand (IT). A. 28. 5. 71, B. 15. 2. 73. Kl.: 39b, 12, Int. Kl.: C 08f 1/92. A.-Z.: A 4670/71. Prior.: 29. 5. 70 (IT; A.-Z.: 25269 A/70). Entspr. DTO 2126659.

OEP 312287. Verfahren zur Polymerisation von α-Olefinen. Inh.: Solvay & Cie., Brüssel. A. 5. 10. 71, B. 15. 11. 73. Kl.: 39b, 12, Int. Kl.: C 08f 1/28. A.-Z.: A 8595/71. Prior.: 6. 10. 70 (LU; A.-Z.: 61816). Entspr. DTO 2146685, CHP 530426, FRP 2109881 u. GBP 1321766.

OEP 312288. Verfahren zur Polymerisation von α-Olefinen. Inh.: Solvay & Cie., Brüssel. A. 7. 10. 71, B. 15. 11. 73. Kl.: 39b, 12, Int. Kl.: C 08f 1/28. A.-Z.: A 8665/71. Prior.: 8. 10. 70 (LU; A.-Z.: 61838). Entspr. DLP 92122, DTO 2146686, CHP 532087, FRP 2109880 u. GBP 1314784.

OEP 312291. Verfahren zur Polymerisation von Olefinen. Inh.: Solvay & Cie., Brüssel. A. 22. 10. 71, B. 15. 11. 73. Kl.: 39b, 12, Int. Kl.: C 08f 1/28. A.-Z.: A 9162/71. Prior.: 23. 10. 70 (LU; A.-Z.: 61917). Entspr. DLP 92125, DTO 2146688, CHP 532088, FRP 2111472 u. GBP 1315768.

GBP 1331080. Olefinpolymerisation. Inh.: Montecatini Edison S.p.A. A. 18. 12. 70, B. 19. 9. 73. Kl.: C3.P, Int. Kl.: C 08f 1/56. A.-Z.: 60436/70. Prior.: 22. 12. 69 (IT; A.-Z.: 26163). Entspr. OEP 302651 u. FRP 2074020.

JAP 7334281. Katalysatoren zur Polymerisation von α-Olefinen. Erf.: *Takao Tonoike, Atsuyuki Kachi, Hiromasa Chiba, Yasuo Iwahashi* u. *Shiro Konotsune.* Inh.: Chisso Co. Ltd. A. 6. 9. 71, B. 17. 5. 73. Kl.: 26(3) B 111.1. A.-Z.: 7168253. Entspr. DTO 2243459 u. FRP 2151113.

CSP 151527. Verfahren zur Herstellung von Katalysatoren für die Polymerisation von Äthylen oder seinen Gemischen mit α-Olefinen oder/und Diolefinen. Erf.: *Paolo Galli, Giovanni Di Drusco* u. *Ermanno Susa.* A. 9. 10. 69, B. 29. 3. 73. Kl.: 39c, 25/01, Int. Kl.: C 08f 3/06. A.-Z.: 6757/69. Prior.: 9. 10. 68 (IT; A.-Z.: 22249 A/68). Entspr. FRP 2020228 u. GBP 1288594.

USP 3726837. Polymerisation von äthylenisch ungesättigten Monomeren mit einem 1,2-Diaryl-1,2-dicyanoäthan. Erf.: *Hendrik A. P. de Jongh* u. *Cornelis R. H. I. de Jonge.* Inh.: Akzo N. V. Arnhem (NL). A. 2. 7. 70, B. 10. 4. 73. Kl.: 260-77,5 UA, Int. Kl.: C 08f 1/78, 7/04. 8 Anspr. A.-Z.: 52073. Prior.: 8. 7. 69 (NL; A.-Z.: 6910428).

USP 3728417. Radikalischer Perester-Initiator für die Pfropfpolymerisation. Erf.: *Donald F. Knaack.* Inh.: Avisun Corp., Philadelphia, Pa. A. 5. 12. 68, B. 17. 4. 73. Kl.: 260-878, Int. Kl.: C 08f 15/04. 10 Anspr. A.-Z.: 781573. Entspr. DLP 82562, DTO 1960242, FRP 2025434 u. GBP 1238388.

OEP 311039. Verfahren zur Herstellung von modifiziertem Polyäthylen. Erf.: *Sergio Arrighetti, Giorgio Corradini* u. *Sebastiano Cesca.* Inh.: Snam Progetti S.p.A., Mailand (IT). A. 17. 7. 70, B. 15. 2. 73. Kl.: 39b, 12, Int. Kl.: C 08f 3/06. A.-Z.: A 6543/70. Prior.: 18. 7. 69 (IT; A.-Z.: 19811 A/69). Entspr. FRP 2055171.

OEP 312285. Verfahren zur Herstellung von neuen hochmolekularen löslichen Polymeren. Erf.: *Aldo Priola, Arnaldo Roggero* u. *Sebastiano Cesca.* Inh.: Snam Progetti S.p.A., Mailand. A. 2. 9. 71, B. 15. 11. 73. Kl.: 39b, 12, Int. Kl.: C 08f 3/16. A.-Z.: A 7660/71. Prior.: 3. 9. 70 IT; A.-Z.: 29299 A/70). Entspr. DTA 93027.

GBP 1333403. Polymerisation von Vinylchlorid. Inh.: Montecatini Edison S.p.A. A. 7. 10. 70, B. 10. 10. 73. Kl.: C3.P, Int. Kl.: C 08f 1/04, 3/30. A.-Z.: 47719/70. Prior.: 9. 10. 69 (IT; A.-Z.: 23127). Entspr. DTO 2049563 u. FRP 2064223.

CHP 541587. Verfahren zur Herstellung neuer Copolymerer. Erf.: *André Viout, Paul Roussopoulos* u. *Christos Papantoniou.* Inh.: L'Oreal 14, Rue Royale, Paris 8e (FR). A. 11. 6. 70. Int. Kl.: C 08f 15/00, 19/00. A.-Z.: 8788/71 (Teilges. v. Pat. m. A.-Z.: 8843/70). Prior.: 12. 6. 69 (LU; A.-Z.: 58849). Entspr. DTO 2028871.

SUP 248213 (Urheberschein). Verfahren zur Herstellung von Copolymeren des Äthylens. Erf.: *S. M. Samojlov, E. A. Zimakova* u. *V. N. Monastyrskij.* A. 23. 10. 67, B. 25. 7. 73. Int. Kl.: C 08f 15/02. A.-Z.: 1192499/23 – 5.

DLP 100480. Verfahren zur Stabilisierung von Olefinterpolymeren. Erf.: *Sergio Arrighetti, Sebastiano Cesca, Giuseppe Ghetti* u. *Eugenio Vajna.* Inh.: Snam Progetti S.p.A. (IT). A. 28. 7. 72, B. 20. 9. 73. Kl.: 39b4, 27/00, Int. Kl.: C 08f 27/00. A.-Z.: AP C 08f/164750. Prior.: 31. 7. 71 (IT; A.-Z.: 27014 A/71). Entspr. DTO 2237573.

USP 3729439. Entropisch stabilisierte wäßrige Dispersionen. Erf.: *Fred W. Parker.* Inh.: E. I. du Pont de Nemours and Co., Wilmington, Del. A. 30. 4. 71, B. 24. 4. 73. Kl.: 260-29,7 W, Int. Kl.: C 08f 15/40, 37/00. 10 Anspr. A.-Z.: 139203.

DTO 2217974. Acrylnitrilpolymerisate mit antistatischem Verhalten. Erf.: *Eduard Radlmann* u. *Günther Ernst Nischk.* Anm.: Farbenfabriken Bayer AG, 5090 Leverkusen (DT). A. 14. 4. 72, B. 25. 10. 73. Kl.: 29b, 3/65, 39b4, 29/56, Int. Kl.: D 01f 7/02, C 08f 29/56. A.-Z.: P 2217974.

OEP 312290. Flammfeste Formmassen aus Olefinpolymeren. Erf.: *Alfred Pelz* u. *Franz Jilek.* Inh.: Österreichische Stickstoffwerke AG, Linz. A. 19. 10. 71, B. 15. 11. 73. Kl.: 39b, 12, Int. Kl.: C 08f 29/02. A.-Z.: A 9011/71.

CHP 542891. Verfahren zur Herstellung eines polyacrylsäureester-modifizierten Polyvinylchlorid-Verarbeitungshilfsmittels. Erf.: *Paul Kraft, Robert H. Brunner* u. *Adam F. Kopacki.* Inh.: Stauffer Chemical Co., Park Avenue 299, New York (US). A. 7. 10. 70. Int. Kl.: C 08f 29/24, 37/00. A.-Z.: 14828/70.

GBP 1328777. Stabilisierte Vinylchloridpolymere. Inh.: Shell Internationale Research Maatschappij N. V. A. 22. 3. 72, B. 5. 9. 73. Kl.: C3.P, Int. Kl.: C 08f 29/18, 45/62. A.-Z.: 13372/72. Prior.: 24. 3. 71 (NL; A.-Z.: 7103927). Entspr. DTO 2213927.

GBP 1331353. Lichtschutzmittel. Inh.: Ciba-Geigy AG. A. 23. 8. 71, B. 26. 9. 73. Kl.: C2.C, C3.P, Int. Kl.: C 07c 69/84, C 08f 29/02. A.-Z.: 39412/71. Prior.: 26. 8. 70 (CH; A.-Z.: 12750, CHP 527873. Entspr. OEP 307749 u. FRP 2106095.

SUP 391151 (Urheberschein). Polymerkomposition auf der Basis von Polyvinylchlorid. Erf.: *M. Ch. Ginijatullin, R. G. Timergaleev, T. B. Sachmina* u. *V. A. Voskresenskij.* Anm.: Kazanskij inženernostroitel'nyj Institut. A. 27. 4. 71, B. 25. 7. 73. Int. Kl.: C 08f 29/24. A.-Z.: 1651646/23 – 5.

USP 3725509. Feuerabweisende thermoplastische Polymerkompositionen aus einem Methylmethacrylatpolymeren mit einem Copolymeren eines äthylenartig ungesättigten Monomeren und einem phosphorhaltigen Vinylmonomeren. Erf.: *Paul Kraft* u. *Siegfried Altscher.* Inh.: Stauffer Chemical Co., New York, N. Y. A. 23. 6. 70, B. 3. 4. 73. Kl.: 260-899 Int. Kl.: C 08f 29/24. 10 Anspr. A.-Z.: 49204.

OEP 312299. Stabilisierte polymere Massen. Erf.: *Giuseppe Cantatore* u. *Millo Brenchesi*. Inh.: Montecatini Edison S.p.A., Mailand. A. 3. 5. 71, B. 15. 11. 73. Kl.: 39b, 24, Int. Kl.: C 08f 45/58. A.-Z.: A 3796/71. Prior.: 4. 5. 70 (IT; A.-Z.: 24148 A/70). Entspr. FRP 2091104.

OEP 312300. Verfahren zur Herstellung eines stabilisierten Polymeren. Inh.: Koninklijke Industrieele Maatschappij Noury & van der Lande N. V., Deventer (NL). A. 6. 1. 71, B. 15. 11. 73. Kl.: 39b, 24, Int. Kl.: C 08f 45/58. A.-Z.: A 1734/72. Prior.: 27. 1. 70 (NL; A.-Z.: 7001087). Entspr. DTO 2112483, FRP 2076998 u. GBP 1290821.

GBP 1333424. Azinderivate des Piperidins und deren Anwendung als Stabilisatoren. Inh.: Ciba-Geigy (UK) Ltd. A. 19. 9. 70, B. 10. 10. 73. Kl.: C3.C, C3.P, Int. Kl.: C 07d 29/26, 29/32. A.-Z.: 44759/70.

USP 3728299. Textilschlichte-Lösung, die ein Copolymeres aus einem hydrophoben Monomeren, einem ungesättigten organischen Carbonsäuremonomeren und einen Halogenwasserstoff als Lösungsmittel enthält. Erf.: *Charles K. Schramm*. Inh.: Colloids, Inc., Newark, N. J. A. 22. 1. 71, B. 17. 4. 73. Kl.: 260-33,8 UA, Int. Kl.: C 08f 45/30, D 06m 15/00. 8 Anspr. A.-Z.: 108956.

USP 3719643. Hochdruckverfahren für die Herstellung von Polyäthylen. Erf.: *Ralph M. Knight*. Inh.: Dart Industries Inc., Los Angeles, Calif. A. 25. 1. 71, B. 6. 3. 73. Kl.: 260-87,3, Int. Kl.: C 08f 1/60, 3/04. 7 Anspr. A.-Z.: 109416. Entspr. DTO 2203428.

C 08g. Polykondensations- und Polyadditionsprodukte

GBP 1331611. Verfahren zum Reinigen von mit Polyesterschmelze verschmutzten Apparaten. Inh.: VEB Chemiefaserkombinat Schwarza „Wilhelm Pieck". A. 30. 11. 70, B. 26. 9. 73. Kl.: C3.R, Int. Kl.: C 08g 17/08. A.-Z.: 56719/70.

GBP 1333364 (Zus. z. Pat. 1257971). Stabilisierung von Propiolactonen. Inh.: Shell Internationale Research Maatschappij N. V. A. 12. 1. 72, B. 10. 10. 73. Kl.: C2.C, C3.R, Int. Kl.: C 07d 3/00, C 08g 17/02. A.-Z.: 1501/72. Prior.: 14. 1. 71 (NL; A.-Z.: 7100545).

CSP 151320 (Urheberschein). Verfahren zur Erzeugung von Copolyestern, die sich zur Herstellung von hochschrumpfenden Fasern eignen. Erf.: *Vítězlav Brezina, Emanuel Stašek, Vladimír Lacko* u. *Kamila Rzymanová*. A. 11. 5. 71, B. 20. 11. 72. Kl.: 39c, 16, Int. Kl.: C 08g 17/04. A.-Z.: 3410/71.

USP 3725337 (Teil v. Pat. 3582521. A. 27. 5. 70. A.-Z.: 40949, S. 930/71). Verfahren zum Stabilisieren von Polyäthylensulfid. Erf.: *Jose L. Villa*. Inh.: Thiokol Chemical Corp., Bristol, Pa. A. 16. 2. 71, B. 3. 4. 73. Kl.: 260-45,8 R, Int. Kl.: C 08g 17/58. 4 Anspr. A.-Z.: 115737.

USP 3725348. Mit Metallsalzen von Sulfoisophthalsäureestern und mit Alkylgruppen verkappten Polyäthylenoxid modifizierte Polyester. Erf.: *Albert Keith Harrison* u. *John Mather*. Inh.: Imperial Chemical Industries Ltd., London (GB). A. 23. 12. 70, B. 3. 4. 73. Kl.: 260-75 S, Int. Kl.: C 08g 17/14, 17/18. 4 Anspr. A.-Z.: 101118 (Zus. z. Pat. m. A.-Z.: 783419. A. 12. 12. 68). Prior.: 5. 12. 67 (GB; A.-Z.: 55313/67, GBP 1238850). Entspr. DTO 1812997 u. FRP 1603779.

DTO 2216261. Transparente Polyamide. Erf.: *Ludwig Brinkmann* u. *Walter Herwig*. Anm.: Farbwerke Hoechst AG vorm. Meister Lucius & Brüning, 6000 Frankfurt (DT). A. 5. 4. 72, B. 18. 10. 73. Kl.: 39b5 20/20, Int. Kl.: C 08g 20/20. A.-Z.: P 2216261.

GBP 1331089. Verfahren zur Herstellung von Polyamidimiden. Inh.: Bayer AG. A. 10. 11. 70, B. 19. 9. 73. Kl.: C3.R, B2.E, Int. Kl.: C 08g 20/32, 20/38, C 09d 3/70. A.-Z.: 53326/70. Prior.: 11. 11. 69 (DT; A.-Z.: P 1956512, DTO 1956512. Entspr. FRP 2069253.

JAP 7334997. N-Alkoxymethylierte Copolyamide. Erf.: *Yuko Takeuchi* u. *Takeshi Matsubara*. Inh.: Toa Gosei Chemical Industry Co. Ltd. A. 10. 9. 71, B. 23. 5. 73. Kl.: 26(5) E1. A.-Z.: 7169732.

USP 3721652. Polymere aus Pyrrolidon-(2). Erf.: *Carl E. Barnes*. Inh.: Radiation Research Corp., Stamford, Conn. A. 3. 9. 70, B. 20. 3. 73. Kl.: 260-78 P, Int. Kl.: C 08g 20/16. 17 Anspr. A.-Z.: 69471. (Zus. z. Pat. m. A.-Z.: 763898. A. 30. 9. 68; u. Pat. m. A.-Z.: 711926. A. 11. 3. 68). A.-Z.: 711926 u. 763898 entspr. GBP 1267446. Entspr. DTO 2142757 u. FRP 2105232.

USP 3728319. Reaktionsprodukte von Poly-N-Vinylpyrrolidon oder Poly-N-Vinylpyrrolidonen mit Alkylseitengruppen und organischen sekundären oder tertiären Aminen. Erf.: *Robert J. Kiesel, David I. Randall* u. *Nathan D. Field* u. *Stanley Rudoff*. Inh.: GAF Corp., New York, N. Y. A. 19. 2. 70, B. 17. 4. 73. Kl.: 260-88,1 R, Int. Kl.: C 08f 7/12, 27/00. 8 Anspr. A.-Z.: 12867. Entspr. DTO 2107560.

USP 3729448. Polyimide aus 2,6-Diamino-s-triazinen und Dianhydriden. Erf. u. Inh.: *Raymond Seltzer* u. *David A. Gordon*. 63 E. 9th St., New York, N. Y. A. 31. 10. 69, B. 24. 4. 73. Kl.: 260-65, Int. Kl.: C 08g 20/32. 14 Anspr. A.-Z.: 873109. Entspr. DTO 2038275 u. FRP 2057895.

USP 3745152. Verfahren zur Polymerisation von Lactamen mit Trityl-4-N-tritylaminobutyrat. Erf.: *Aldemaro Ciaperoni, Enrico Pontoglio* u. *Giovanni Cravini*. Inh.: Montecatini Edison S.p.A., Mailand (IT). A. 17. 3. 71, B. 10. 7. 73. Kl.: 260-78 P, Int. Kl.: C 08g 20/16. 4 Anspr. A.-Z.: 125340. Prior.: 17. 3. 70 (IT; A.-Z.: 22100/70). Entspr. FRP 2083379.

USP 3721656. Verfahren zur Herstellung von stabilen Polyurethanlösungen. Erf.: *Yuichi Ikeda, Choji Yuyama, Tsuguhisa Hirukawa* u. *Yoshio Isshiki*. Inh.: Ameliotex Inc., New York, N. Y. A. 3. 9. 71, B. 20. 3. 73. Kl.: 260-77,5 AA, Int. Kl.: C 08g 22/04. 4 Anspr. A.-Z.: 177632.

USP 3728308. Katalysator für die Urethanreaktion. Erf.: *Ronald D. Allison, Louis G. Rey* u. *Roy E. Morgan jr.* Inh.: The Dow Chemical Co., Midland, Mich. A. 18. 2. 71, B. 17. 4. 73. Kl.: 260-77,5 AB, Int. Kl.: C 08g 22/40. 4 Anspr. A.-Z.: 116628. Entspr. DTO 2206328 u. FRP 2125349.

GBP 1328916. Pyrazoleinheiten enthaltende Polymere und ihre Herstellung. Inh.: Labofina S. A. A. 7. 12. 71, B. 5. 9. 73. Kl.: C3.R, D1.B, D1.P, Int. Kl.: C 08g 33/02, D 06m 13/20, D 06p 1/38. A.-Z.: 56840/71. Prior.: 21. 4. 71 (BE; A.-Z.: 766039).

USP 3729453. Verfahren zur Herstellung von Polyamidoximen und davon abgeleiteten Polybenzimidazol(PBJ)-Polymeren. Erf.: *Carl N. Zellner* u. *Henry W. Steinman*. Inh.: Celanese Corp., New York, N. Y. A. A. 30. 10. 70, B. 24. 4. 73. Kl.: 260-79,3 R, Int. Kl.: C 08g 33/02. 22 Anspr. A.-Z.: 85752.

JAP 7312753. Farbstabilisatoren für Caprolacton und seine Polyester. Erf.: *Yasuji Nakahara, Kiyoshi Ichikawa, Ryoji Haorinaka* u. *Kunio Kondo*. Inh.: Asahi Chemical Industry Co. Ltd. A. 2. 7. 70, B. 23. 4. 73. Int. Kl.: C 07d, B 01j, C 08g, C 08k. A.-Z.: 7057555.

USP 3729527. Thermoplastpolymermischungen aus Polyamiden und Polyacrylsulfonen. Erf.: *Eric Nield*. Inh.: Imperial Chemical Industries Ltd., London (GB). A. 28. 4. 71, B. 24. 4. 73. Kl.: 260-857 R, Int. Kl.: C 08g 41/04. 5 Anspr. A.-Z.: 138286.

USP 3728287. Hydrolysieren von Polyestern. Erf.: *Chester E. Burmaster*. Inh.: Eastman Kodak Co., Rochester, N. Y. A. 18. 10. 71, B. 17. 4. 73. Kl.: 260-2,3, Int. Kl.: C 08g 53/22. 7 Anspr. A.-Z.: 190291.

USP 3729440. Wärmebeständiges Polycarbonat. Erf.: *Frank N. Liberty*, Inh.: General Electric Co. A. 4. 1. 71, B. 24. 4. 73. Kl.: 260-45.7, Int. Kl.: C 08g 51/58. 5 Anspr. A.-Z.: 103824. Entspr. DTO 2165892.

USP 3745147 (ausgesch. aus Pat. 3636033. A. 27. 2. 69, B. 18. 1. 72. A.-Z.: 803115). Stabilisierte organische Verbindungen, die sterisch gehinderte Phenolthiosuccinate enthalten. Erf.: *Eduard K. Kleiner*. Inh.: Ciba-Geigy Corp., Ardsley, N. Y. A. 28. 4. 71, B. 10. 7. 73. Kl.: 260-45,85 S, Int. Kl.: C 08f 45/58, C 08g 51/58. 10 Anspr. A.-Z.: 138355.

Sektion D. Textilien und Papiere

TEXTILIEN

D 01. Natürliche oder künstliche Fäden oder Fasern; Spinnen

D 01d. Mechanisches Verfahren und Vorrichtungen für die Herstellung von künstlichen Fäden, Gespinsten, Fasern, Borsten oder Bändern

DLP 100286. Vorrichtung zum Mehrfachspinnen von Schmelzen aus synthetischen linearen Hochpolymeren. Erf. u. Inh.: *Reiner Bloß, Rudolf Krannich* u. *Werner Möller*. A. 9. 11. 72, B. 12. 9. 73. Kl.: 29a, 6/10, Int. Kl.: D 01d 3/00. A.-Z.: WP D 01d/166756.

DLP 100743. Spinndüse zur Herstellung von textilen Flächengebilden durch Schmelzspinnen von synthetischen Hochpolymeren. Erf. u. Inh.: *Günther Boehnia, Horst Bürger, Wilfried Hannes, Ingo Hesse, Manfred Funk, Gerhard Otte* u. *Ulrich Thiele*. A. 20. 10. 72, B. 5. 10. 73. Kl.: 29a, 6/10, Int. Kl.: D 01d 3/00. A.-Z.: WP D 01d/166482.

DLP 100023. Verfahren und Vorrichtung zur Wiedergewinnung von Fibrillen aus synthetischen Polymeren. Erf.: *Carlo Raganato*. Inh.: Solvay & Cie. (BE). A. 7. 9. 72, B. 5. 9. 73. Kl.: 29a, 6/31, Int. Kl.: D 01d 5/00. A.-Z.: AP D 01d/165530. Prior.: 9. 9. 71 (LU; A.-Z.: 63876). Entspr. CHP 539131 u. FRP 2152583.

DLP 100499. Verfahren zur Herstellung von diskontinuierlichen Fibrillen Erf.: *Carlo Raganato* u. *Georges Voituron*. Inh.: Solvay & Cie. (BE). A. 4. 8. 72, B. 20. 9. 73. Kl.: 29a, 6/31, Int. Kl.: D 01d 5/00. A.-Z.: AP D 01d/164870. Prior.: 6. 8. 71 (LU; A.-Z.: 63673). Entspr. DTO 2237285 u. FRP 2148449.

DTO 2320188. Verfahren und Vorrichtung zur Herstellung von Polymerfasern. Erf.: *Cornelius Emile Petrus Valerius van den Berg* u. *Hubertus Johannes Vroomans*. Anm.: Stamicarbon B. V., Geleen (NL). A. 19. 4. 73, B. 31. 10. 73. Kl.: 29a, 6/06, 6/05, Int. Kl.: D 01d 5/00, 5/26. A.-Z.: P 2320188. Prior.: 22. 4. 72 (NL; A.-Z.: 7205482).

GBP 1333089. Verfahren und Vorrichtung zur Herstellung von Faserstoffen. Inh.: Ernest Scragg & Sons Ltd. A. 10. 4. 70, B. 10. 10. 73. Kl.: B5.B, Int. Kl.: B 29d 7/22, D 01d 5/00. A.-Z.: 17289/70. Entspr. DTO 2117632 u. FRP 2085085.

JAP 7333124. Hochorientierte Polyolefinfäden. Erf.: *Eisuke Oda* u. *Mitsuru Shii*. Inh.: Furukawa Electric Co. Ltd. A. 30. 8. 71, B. 8. 5. 73. Kl.: 42 GO. A.-Z.: 7166401.

JAP 7342127. Polyoxymethylenfäden mit nichtkreisförmigem Querschnitt. Erf.: *Yoshiaki Nakayama, Kisao Mariguchi, Hiroshi Ohwashi, Masaru Usami* u. *Katsuyoshi Nishimon*. Inh.: Asahi Chemical Industry Co. Ltd. A. 6. 10. 71, B. 19. 6. 73. Kl.: 42 D1, 42 GO. A.-Z.: 7177850.

D 01f. Chemische Gesichtspunkte bei der Herstellung von künstlichen Fäden, Gespinsten, Fasern, Borsten oder Bändern

JAP 7320833. Polypropylenfäden mit verbesserter Anfärbbarkeit. Erf.: *Masahiko Ohmori, Toshiharu Tomatsu* u. *Tadao Iwata*. Inh.: Mitsui Petrochemical Industries, Ltd. A. 21. 7. 71, B. 15. 3. 73. Kl.: 25(1) C 111,8, 25(1) A 24, 42 D 21. A.-Z.: 7153882.

JAP 7335116. Polyphenyläther als Lagerungsstabilisatoren für ungereckte Thermoplastfäden. Erf.: *Norio Mishima, Hiroyoshi Hasegawa* u. *Kanetsugu Tamagawa*. Inh.: Kanebo Co. Ltd. A. 8. 9. 71, B. 23. 5. 73. Kl.: 42 D O. A.-Z.: 7169591.

GBP 1333037. Verfahren zur Herstellung von Fäden. Inh.: Courtaulds Ltd. A. 27. 11. 69, B. 10. 10. 73. Kl.: B8.B, Int. Kl.: D 01f 3/24. A.-Z. 58002/69. Entspr. FRP 2072510.

JAP 7342125. Flammfeste Viskosefäden ohne flammfestmachendes Mittel auf der Fadenoberfläche. Erf.: *Teizo Tsuji*. Inh.: Daiwa Spinning Co. Ltd. A. 7. 10. 71, B. 19. 6. 73. Kl.: 42 B12. A.-Z.: 7179288.

SUP 396458 (Urheberschein). Verfahren zur Herstellung von Polynosic-Faserstoffen. Erf.: *N. S. Nikolaeva* u. 7 weitere. A. 6. 4. 71, B. 29. 8. 73. Int. Kl.: D 01f 3/28. A.-Z.: 1643398/23 - 5.

DTO 2217527. Verfahren zum Herstellen von Fäden oder Fasern aus Polyamiden. Erf.: *Gerhard Ramlow, Heinz Pohlemann, Joachim Kunde* u. *Rolf Steinberger*. Anm.: BASF AG, 6700 Ludwigshafen (DT). A. 12. 4. 72, B. 31. 10. 73. Kl.: 29b, 3/60, Int. Kl.: D 01f 7/04. A.-Z.: P 2217527.

DTO 2219779. Verfahren zur Herstellung von Bikomponentfäden. Erf.: *Hilmar Möller* u. *Werner Bruckner*. Anm.: Farbwerke Hoechst AG vorm. Meister Lucius & Brüning, 6000 Frankfurt (DT). A. 22. 4. 72, B. 31. 10. 73. Kl.: 29b, 3/60, Int. Kl.: D 01f 7/04. A.-Z.: P 2219779.

GBP 1331068. Gasdurchlässige Membranen und Verfahren zu ihrer Herstellung. Inh.: Dow Chemical Co. A. 4. 12. 70, B. 19. 9. 73. Kl.: B5.B, Int. Kl.: D 01f 7/00, D 01d 5/24. A.-Z.: 57732/70.

JAP 7318511. Verspinnen von Polyäthylen und Polypropylen. Erf.: *Hideo Nara, Akikazu Mori, Toru Watanabe, Toshihiko Suzuki* u. *Kenji Kurata*. Inh.: Mitsui Petrochemical Industries, Ltd. A. 10. 7. 71, B. 8. 3. 73. Kl.: 42 D O, 42 A 32. A.-Z.: 7150694.

JAP 7320931. Wasserlösliche Faserstoffe. Erf.: *Tadafume Tachibana* u. *Nobuo Yasuhira*. Inh.: Kuraray Co. Ltd. A. 28. 7. 71, B. 15. 3. 73. Kl.: 42 D2. A.-Z.: 7156666.

JAP 7320933. Acrylfaserstoffe mit guter Anfärbbarkeit durch saure Farbstoffe. Erf.: *Kazuhisa Saito* u. *Hiroyasu Ogawa*. Inh.: Toho Beslon Co. A. 23. 7. 71, B. 15. 3. 73. Kl.: 42 D24, 26(3) C 173, 26(3) C 16. A.-Z. 7155075.

JAP 7322780. Mit Triazinderivaten behandelte Polyesterfäden zur Verbesserung der Anfärbbarkeit. Erf.: *Akio Sasaki*. Inh.: Unitika Co. Ltd. A. 29. 7. 71, B. 23. 3. 73. Kl.: 48 B02. A.-Z.: 7157005.

JAP 7327010. Nicht kreisförmige Acrylfäden mit starkem Glanz. Erf.: *Keitaro Shimoda, Isamu Obama* u. *Takamaro Kusunose.* Inh.: Japan Exlan Co. Ltd. A. 12. 8. 71, B. 10. 4. 73. Kl.: 42 D 24. A.-Z.: 7161202. Entspr. DTO 2239683.

JAP 7328723. Modifizierte Acrylfaserstoffe. Erf.: *Hironori Matsui* u. *Hiroshi Kano.* Inh.: Kanegafuchi Co. Ltd. A. 23. 8. 71, B. 16. 4. 73. Kl.: 42 D 24, 25(1) C 178, 25(1) C 172.1. A.-Z.: 7164290.

JAP 7332937. Papier aus Polyolefinfasern. Erf.: *Shigeo Aono* u. *Hiroshige Nanbo.* Inh.: Tokuyama Soda Co. Ltd. A. 2. 9. 71, B. 4. 5. 73. Kl.: 25(1) C 111, 25(1) C 111.8. A.-Z.: 7166969.

JAP 7333120. Erspinnen von Polyvinylfluoridfäden. Erf.: *Yoshio Itakura, Kazuo Washida* u. *Yorikazu Tamura.* Inh.: Teijin Ltd. A. 26. 8. 71, B. 8. 5. 73. Kl.: 42 D 23. A.-Z.: 7165469.

JAP 7333170. Gebauschte Textilverbundstoffe aus porösen Acrylverbundfäden. Erf.: *Atsushi Kawai, Migaku Suzuki* u. *Koji Mimura.* Inh.: Mitsubishi Rayon Co. Ltd. A. 1. 9. 71, B. 8. 5. 73. Kl.: 47 E 2, 39 C 0, 48 D 0. A.-Z.: 7167124.

JAP 7334299. Transparente Copolyamide. Erf.: *Tetsuya Kato* u. *Yutaka Masuda.* Inh.: Toray Industries Inc. A. 4. 9. 71, B. 17. 5. 73. Kl.: 26(5) E 112. A.-Z.: 7168305.

JAP 7341077. Absorbierende Textilverbundstoffe. Erf.: *Toshiaki Noda, Yutaka Nagano* u. *Akinori Tanji.* Inh.: Toyobo Co. Ltd. A. 29. 9. 71, B. 16. 6. 73. Kl.: 47 E 22, 47 EO. A.-Z.: 7175981.

SUP 392180 (Urheberschein). Verfahren zur Herstellung modifizierter synthetischer Faserstoffe. Erf.: *I. Ju. Babkin, E. P. Danilov* u. *S. V. Svetozarskij.* A. 25. 1. 71, B. 27. 7. 73. Int. Kl.: D 01f 7/06. A.-Z.: 1613276/23–5.

CSP 151429. Textilfasern aus Polyvinylchlorid und Verfahren zu ihrer Herstellung. Erf.: *Corrado Mazzolini, Giancarlo Borsini, Francesco Denti* u. *Romano Curti.* A. 6. 4. 63, B. 29. 3. 73. Kl.: 29b, 3/60, Int. Kl.: D 01f 7/04. A.-Z.: 2019/63. Prior.: 6. 4. 62, 27. 9. 62, 14. 11. 62 (IT; A.-Z.: 22188, 27532, 27533, 28989, 28990). Entspr. DTO 1669370, DTA 1278066 u. SWP 304805.

USP 3721653. Polyamidfasern aus Mischungen von Bis-(p-Aminocyclohexyl)-methan und 4,4'-Methylendianilin. Erf.: *Robert W. Campbell.* Inh.: Phillips Petroleum Co., Bartlesville, Okla. A. 12. 4. 71, B. 20. 3. 73. Kl.: 260-78 R, Int. K.: C 08g 20/20. 10 Anspr. A.-Z.: 133416.

D 02g. Kräuseln oder Krimpfen (Texturieren) von Fasern, Fäden, Zwirnen oder Garnen; Garne oder Zwirne

DLP 100025. Falschdrallvorrichtung. Erf. u. Inh.: *Wilfried Gruner* u. *Wolfgang Hofmann.* A. 1. 11. 72, B. 5. 9. 73. Kl.: 76c, 31, Int. Kl.: D 02g 1/14. A.-Z.: WP D 02g/166614.

DTO 2213881. Friktions-Falschdrallvorrichtung. Erf.: *Hellmut Lorenz.* Anm.: Barmag Barmer Maschinenfabrik AG, 5600 Wuppertal (DT). A. 22. 3. 72, B. 25. 10. 73. Kl.: 29a, 6/20, Int. Kl.: D 02g 1/08. A.-Z.: P 2213881.

DTO 2217109. Verfahren und Vorrichtung zum Kräuseln von Fäden und Garnen. Erf.: *Hans-Jürgen Strutz, Ingolf Jacob* u. *Johann Seelig.* Anm.: Farbwerke Hoechst AG vorm. Meister Lucius & Brüning, 6000 Frankfurt (DT). A. 10. 4. 72, B. 18. 10. 73. Kl.: 29a, 6/20, Int. Kl.: D 02g 1/12. A.-Z.: P 2217109.

CHP 542941 (Zus. z. Pat. 531068). Friktions-Falschdrallvorrichtung. Erf.: *Josef Raschle.* Inh.: Heberlein & Co. AG, Wattwil (CH). A. 22. 2. 72. Int. Kl.: D 02g 1/08. A.-Z.: 2533/72. Entspr. DTO 2220375 u. FRP 2139255.

JAP 7341031. Gekräuselte Polyesterfäden mit gleichmäßiger Anfärbbarkeit. Erf.: *Kenzo Kosaka, Minoru Uchida, Shin Morioka, Takashi Goto, Tatsuya Tomikawa, Kazuya Chimura, Takashi Kaneko, Eiji Uemenura, Ryuichi Nakazono* u. *Hiroyuki Ohta.* Inh.: Mitsubishi Rayon Co. Ltd. A. 28. 9. 71, B. 16. 6. 73. Kl.: 42 D 12. A.-Z.: 7175667.

USP 3721082. Verfahren zur Herstellung texturierter Fäden ohne Zwirnaufgabe oder Aufdrehen. Erf.: *Gerald Johannes Munzner.* Inh.: VEB Vereinigte Baumwollspinnereien und Zwirnereien, Baumwollspinnerei Foha, Foha (DL). A. 6. 7. 71, B. 20. 3. 73. Kl.: 57-157 TS, Int. Kl.: D 01h 7/90, D 02g 1/16. 10 Anspr. A.-Z.: 159820.

USP 3724196. Hochgeschwindigkeitstexturierung von Synthesefäden. Erf.: *Charles E. Holland, Robert E. Hinson jr.* u. *Richard V. Putman.* Inh.: Celanese Corp., New York, N. Y. A. 28. 5. 70, B. 3. 4. 73. Kl.: 57-77,4, Int. Kl.: D 02g 1/04. 11 Anspr. A.-Z.: 41436. Entspr. DTO 2038067, FRP 2092213 u. GBP 1311430.

USP 3725985. Vorrichtung zum Kräuseln von Textilmaterialien aus thermoplastischen Fäden. Erf.: *Harold Dean Yarber.* Inh.: J. P. Stevens & Co. Inc., New York, N. Y. A. 27. 5. 71, B. 10. 4. 73. Kl.: 28-1,8, Int. Kl.: D 02g 1/14. 10 Anspr. A.-Z.: 147559. Entspr. GBP 1330803.

FRP 2159554 (B). Dichtes Garn und sein Herstellungsverfahren. Inh.: Imperial Chemical Industries Ltd. A. 2. 11. 71, B. 27. 7. 73. Int. Kl.: D 02g 3/00. A.-Z.: 7139278.

USP 3725192. Zusammengesetzte Fäden und Spinndüse und Verfahren zur Herstellung. Erf.: *Satoshi Ando, Masao Matsui* u. *Fumimaro Ogata.* Inh.: Kanegafuchi Boseki Kabushiki Kaisha, Tokio (JA); u. Snia Viscosa Societa Nazionale Industria Applicazioni Viscosa S.p.A., Mailand (IT). A. 31. 8. 70, B. 3. 4. 73. Kl.: 161-175, Int. Kl.: B 29f 3/10, D 02g 3/00. 5 Anspr. A.-Z.: 68506 (Zus. z. Pat. m. A.-Z.: 706023. A. 16. 2. 68). Prior.: 25. 2. 67 (JA; A.-Z.: 42/11961, 42/11962, 42/11963, A.-Z.: 11962, JAP 29771/68. Entspr. DTO 1710627, FRP 1566411, GBP 1215402 u. GBP 1215403.

D 02j. Veredeln oder Ausrüsten von Fäden, Garnen, Zwirnen, Schnüren, Seilen od. dgl.

USP 3725523. Verfahren zum Extrahieren und Recken eines Kabels. Erf.: *Braxton C. Bowen.* Inh.: E. I. du Pont de Nemours and Co., Wilmington, Del. A. 3. 8. 71, B. 3. 4. 73. Kl.: 264-210 F, Int. Kl.: D 02j 1/22, D 06c 1/00, D 01f 3/06. 3 Anspr. A.-Z.: 168616.

DTO 2219218. Verfahren zur Herstellung von Acrylfasern, die zu Garnen mit verbesserten textilen Eigenschaften und niedrigen Kochschrumpfwerten verarbeitet werden können. Erf.: *Ulrich Reinehr, Alfred Nogaj* u. *Wolfhard Schmidt.* Anm.: Bayer AG, 5090 Leverkusen (DT). A. 20. 4. 72, B. 25. 10. 73. Kl.: 29a, 6/31, Int. Kl.: D 02j 13/00. A.-Z.: P 2219218.

CHP 542944. Vorrichtung zur Erwärmung von kontinuierlich durchlaufenden Fadengebilden aus thermoplastischen Material. Erf.: *Ludwig Horvath.* Inh.: Heberlein & Co. AG, Wattwil (CH). A. 3. 3. 72. Int. Kl.: D 02j 13/00. A.-Z.: 3107/72. Entspr. DTO 2306089.

PAPIER

D 21. Papierherstellung; Gewinnung von Cellulose bzw. Zellstoff

D 21c. Gewinnung von Cellulose durch Abscheiden nichtcelluloseartiger Substanzen von cellulosehaltigen Stoffen; Wiedergewinnung der Zellstoffablaugen; Vorrichtungen dafür

DTO 2217910. Alkalisches Verfahren zur Zellstoffherstellung. Erf.: *Lasse Juhani Rantanen.* Anm.: Oy W Rosenlew AB, Pori (SF). A. 13. 4. 72, B. 25. 10. 73. Kl.: 55b, 1/10, Int. Kl.: D 21c 3/02. A.-Z.: P 2217910.

SUP 396461 (Urheberschein). Verfahren zur Gewinnung von Baumwollcellulose. Erf.: *G. L. Akim, T. M. Mirkamilov* u. *M. Egamberdyev.* Anm.: Vsesojuznyj naučno-issledovatel'skij Institut celljulozno-bumažnoj Promyšlennosti i Taškentskij politechničeskij Institut. A. 7. 5. 71, B. 29. 8. 73. Int. Kl.: D 21c 5/00. A.-Z.: 1655963/23–4.

USP 3725193. Verfahren und Vorrichtung für die chemische Reaktion zwischen einem Gas und einem Holzzellstoff. Erf.: *Raimbault M. A. T. de Montigny, Norman Liebergott* u. *Derrick P. W. Pounds.* Inh.: Pulp and Paper Research Institute of Canada, Pointe Claire, Quebec (CA). A. 27. 5. 70, B. 3. 4. 73. Kl.: 162-17, Int. Kl.: D 21c 9/00. 19 Anspr. A.-Z.: 40961. Prior.: 26. 11. 69 (CA; A.-Z.: 68411).

Sektion G. Physik

G 01. Messen; Prüfen

G 01l. Messen von Kraft, Drehmoment, Arbeit, mechanischer Leistung, mechanischem Wirkungsgrad oder des Drucks von strömenden Medien

USP 3726137. Prüfen von texturiertem Garn. Erf.: *Michael James Denton.* Inh.: Heberlein & Co. AG, Wattwil, St. Gall (CH). A. 4. 5. 71, B. 10. 4. 73. Kl.: 13-160, Int. Kl.: G 01l 5/06. A.-Z.: 140146.

G 01n. Untersuchen der chemischen oder physikalischen Eigenschaften von Stoffen

SUP 397808 (Urheberschein). Gerät zur Messung der Steifheit von Fäden und Fasern bei Längskontraktion mit Biegebeanspruchung. Erf.: *C. P. Livinskij* u. 4 weitere. Anm.: Naučno-issledovatel'skij Institut po pererabotke iskusstvennych i sintetičeskich volokon. A. 22. 2. 71, B. 17. 9. 73. Int. Kl.: G 01n 3/08. A.-Z.: 1623116/28–12.

SUP 397816 (Urheberschein). Rotationsviskosimeter. Erf.: *E. G. Osipov* u. 5 weitere. Anm.: Krasnodarskij filial Naučno-issledovatel'skogo i proektnokonstruktorskogo Instituta kompleksnoj avtomatizacii neftjanoj i gazovoj promyšlennosti. A. 9. 6. 70, B. 17. 9. 73. Int. Kl.: G 01n 11/14. A.-Z.: 1447817/26–25.

SUP 396592 (Urheberschein). Verfahren zur Bestimmung der Eindringtiefe einer Flüssigkeit in Polymermaterialien. Erf.: *S. A. Miščenko* u. *A. A. Ševčenko.* Anm.: Moskovskij Institut chimičeskogo mašinostroenija. A. 7. 7. 71, B. 29. 8. 73. Int. Kl.: G 01n 13/00. A.-Z.: 1688341/23–5.

DLP 100804. Verfahren zum Messen des Auflösungsgrades von Faserstoffen und die Vorrichtung zur Durchführung des Verfahrens. Erf. u. Inh.: *Boshra Dawoud. Fahra.* A. 1. 12. 72, B. 5. 10. 73. Kl.: 42k, 50, Int. Kl.: G 01n 15/08, 33/36. A.-Z.: WP G 01n/167232.

SUP 392389 (Urheberschein). Vorrichtung zum Messen der Feuchte von Fasermaterial. Erf.: *K. N. Cibizov* u. 5 weitere. A. 1. 3. 71, B. 27. 7. 73. Int. Kl.: G 01n 27/12. A.-Z.: 1622304/26–25.

Literaturschau

Auszug aus Lieferung 2 und 3/1974 der Literaturschau „Faserstoffe und Textiltechnik", zusammengestellt von der Abteilung Information und Dokumentation des Instituts für Polymerenchemie der AdW der DDR, 153 Teltow-Seehof, Kantstr. 55

I. Polymerwissenschaft

Philipp, B.: Linien der Forschung und Entwicklung auf dem Gebiet der Chemiefaserstoffe im Rahmen der Polymerforschung. Chem. Technik **25** (1973) 12, S. 709–713.

Analyse- und Untersuchungsmethoden

Jinescu, V. V., Aslan, V., Cotoranu, M.: Programmierung und Durchführung von Untersuchungen an Extrudern. II. Experimentelle Untersuchungen zur Extrusion von Polyäthylen. Materiale plast. Bucuresti **10** (1973) 9, S. 477–483.

Rotter, H.: Nomographie in Vorwerk und Weberei. Teil III. Melliand Textilber. internat. **54** (1973) 11, S. 1149–1156.

Vadas, E. B., Goldsmith, H. L., Mason, S. G.: Mikrorheologie von Kolloiddispersionen. I. Mikrorohr-Methode. J. Colloid Interface Sci. **43** (1973) 3, S. 630–648.

Mager, S.: Kernmagnetische Resonanz. Anwendungen in der organischen Chemie. V. Konformationsanalyse. Rev. Chimie, Bucureşti **24** (1973) 11, S. 861–867.

Byl'skij, B. Ja., Pozdnjakov, O. F., Regel', V. R., Redkov, B. P.: Anwendung eines Flugzeit-Massenspektrometers für die Untersuchung von beim mechanischen Abbau von Polymeren in einer Schwingmühle entstehenden flüchtigen Produkten. Mech. Polimerov, Riga (Mech. Polymere) (1973) 5, S. 835–839.

Belen'kij, B. G., Vilenčik, L. Z., Nesterov, V. V., Šašina, T. I.: Besonderheiten der Benoit'schen Eichbeziehung bei der Gelchromatographie von Polymeren an makroporösen quellenden Sorbentien. Vysokomol. Soed. (Hochmol. Verbind.) Serija A **15** (1973) 11, S. 2614–2615.

Rusaeva, É. S., Šakirova, A. M., Ibragimova, F. Š.: Gaschromatographische Hydroxylgruppenbestimmung in oligomeren Verbindungen. Zavodsk. Labor. (Betriebslabor) 39 (1973) 10, S. 1197–1198.

Kubo, S., Dole, M.: Methode zur Bestimmung der Wasserstofflöslichkeit in Polyäthylen. Macromolecules ,Washington 6 (1973) 5, S. 774–777.

Ausgangsstoffe, Monomere und Oligomere

Berlin, A. A., Kondrat'eva, A. G., Tvorogov, N. N., Pankova, E. S., Malkin, A. Ja.: Zur Beurteilung der intermolekularen Assoziation in Dimethacrylestern von Glykolen auf viskosimetrischem Wege. Vysokomol. Soed. (Hochmol. Verbind.) Serie B: Kratkie Soobšč. (Kurzmitt.) **15** (1973) 10, S. 740–744.

Boneckaja, A. K., Kravčenko, M. A., Frenkel', C. M., Pankratov, V. A., Vinogradova, S. V., Koršak, V. V.: Kinetik und Wärmeeffekt der Cyclotrimerisierung von Phenylcyanat. Dokl. Akad. Nauk SSSR (Ber. Akad. Wiss. UdSSR) **212** (1973) 6, S. 1353–1355.

Polymersynthesen

Heublein, G., Agatha, G., Dawczynski, H., Zaleska, B.: Zur Anwendung der Taft-Gleichung auf die kationische Polymerisation von Alkylvinyläthern. Z. Chemie 13 (1973) 11, S. 432–434.

Gor'kova, N. S., Grigorjan, É. A., D'jačkovskij, F. S.: Einfluß der Makrokette auf die Polymerisationskinetik von Äthylen in Gegenwart des katalytisch wirkenden Systems: $(C_5H_5)_2TiCl_2/(CH_3)_2AlCl$. Vysokomol. Soed. (Hochmol. Verbind.) Serija B: Kratkie Soobšč. (Kurzmitt.) **15** (1973) 11, S. 799–801.

Baker, A. R., East, G. C.: Kinetik der Reaktion von Polystyrol-Natrium mit Alkylchloriden in Dioxan. Polymer, London **14** (1973) 12, S. 649.

Gordon, D. A., Migunova, I. I., Michajlov, A. I.: Durch ionisierende Strahlung induzierte Addition von Monomeren an freie Radikale bei 77 °K in fester Phase. Dokl. Akad. Nauk SSSR (Ber. Akad. Wiss. UdSSR) **213** (1973) 2, S. 368–371.

Lineare Polymere mit Kohlenstoffkette

Hardy, G., Cser, F., Kovács, G., Fedorova, N., Samay, G.: Untersuchungen auf dem Gebiet der Festkörperpolymerisation. XXX. Phasenbeziehungen von binären Monomer/Polymer-Systemen. Acta chim. Acad. Sci. Hung. **79** (1973) 2, S. 143–153.

Wirpsza, Z.: Isocyanate und Polyurethane auf der Basis von chlorhaltigen organischen Verbindungen und Metallcyanaten. Polimery, Warszawa **18** (1973) 8, S. 393–396.

Mnacakanov, S. S., Rogova, S. G., Širinjan, V. T., Ivančev, S. S., Rozenberg, M. É.: Zur Emulsionspolymerisation von Vinylacetat in Gegenwart von Schutzkolloiden. Vysokomol. Soed. (Hochmol. Verbind.) Serie B: Kratkie Soobšč. (Kurzmitt.) **15** (1973) 10, S. 723–724.

Sakaguchi, Y., Mayama, H., Tamaki, K., Nishino, J.: Stereoregularität von Polyvinylformiat, Polyvinylbenzoat und Poly-N,N-dimethylacrylamid, die durch radikalische Polymerisation in Gegenwart von verschiedenen Polymeren erhalten wurden. Kobunshi Kagaku, Tokyo (Chem. High Polymers) **30** (1973) 341(9), S. 541–545. (jap.; engl. Zusammenfass.).

Koršak, V. V., Tepljakov, M. M., Čebotarev, V. P. (Schreibw. i. Orig.: *Korshak, V. V., Teplyakov, M. M., Chebotaryev, V. P.*): Neue Methode zur Synthese von Polyphenylentyp-Polymeren durch Polycyclokondensation von Ketalen. J. Polymer Sci.: Polymer Letters Ed. **11** (1973) 9, S. 589–593.

Matsumoto, A., Aso, T., Tanaka, S., Oiwa, M.: Untersuchung der Polymerisation von Diallylverbindungen. XIX. Weitere Diskussion der Cyclocopolymerisation von Diallylphthalat mit Monovinylmonomeren durch Anwendung von Modellverbindungen. J. Polymer Sci.: Polymer Chem. Ed. 11 (1973) 9, S. 2357–2363.

Mejzlik, J., Navrátil, M., Vilímová, L.: Copolymerisation von Propylen mit Vinylchlorid durch ein modifiziertes Ziegler/Natta-Katalysatorsystem. Coll. czechoslov. chem. Commun. **38** (1973) 11, S. 3457–3460. (engl.).

Markevič, M. A., Kočetov, E. V., Ranogaec, F., Enikolopjan, N. S.: Kinetisch nicht-stationär verlaufende zweiterionische Polymerisation von Methacrylnitril in Gegenwart von Triäthylphosphin. Vysokomol. Soed. (Hochmol. Verbind.) Serija A **15** (1973) 11, S. 2489–2495.

Lineare Polymere mit Heterokette

Smirnova, O. V., Lamm, V. N., Kolesnikov, G. S.: Struktur und Eigenschaften stickstoffhaltiger Polycarbonate. Vysokomol. Soed. (Hochmol. Verbind.) Serie B: Kratkie Soobšč. (Kurzmitt.) **15** (1973) 10, S. 755–757.

Ogata, N., Kozakai, T., Saito, R.: Synthese von Polyamidäthern und Polyesteräthern aus m-Hydroxybenzoesäure. Kobunshi Kagaku Tokyo, (Chem. High Polymers) **30** (1973) 341(9), S. 572–578. (jap.; engl. Zusammenfass.).

Feldmann, R., Muenstedt, F., Feinauer, R.: Molekulargewicht, Umsatz und relative Lösungsviskosität bei der hydrolytischen Polymerisation von Laurinlactam. Angew. makromol. Chemie **34** (1973) S. 135–152.

Vajner, A. Ja., Zueva, M. A.: Synthese und Eigenschaften von photoempfindlichen Polyacrylaten auf der Basis von 5-Azidoisophthalsäure. Vysokomol. Soed. (Hochmol. Verbind.) Serija A **15** (1973) 11, S. 2523 bis 2527.

Zapol'skij, D. G., Biličenko, V. N., Biličenko, T. N., Kul'ina, L. V., Uskov, I. A., Konkin, A. A.: Herstellung von Polycaproamid auf der Basis von Caprolactam und seinen Oligomerisierungsprodukten. Chim. Volokna Moskva (Chemiefaserstoffe), (1973) 6, S. 44–45.

Polymermischungen und -kompositionen

McMaster, Lee P.: Aspekte der Polymeres/Polymeres-Thermodynamik. Macromolecules, Washington 6 (1973) 5, S. 760–773.

Allen, G., Bowden, M. J., Blundell, D. J., Jeffs, G. M., Vyvoda, J., White, T.: Durch Polymerisation von Vinylmonomeren in Hohlräumen von Polyurethanelastomeren entstehende Verbunde. 2. Morphologie und Relaxationsprozesse in Verbunden auf Methylmethacrylatbasis. Polymer, London **14** (1973) 12, S. 604–616.

Chemische Umsetzungen an Polymeren

Perepečkina, E. P., Krjažev, V. N., Pogosov, Ju. L.: Synthese von Celluloseacetohalogenphthalaten. Vysokomol. Soed. (Hochmol. Verbind.) Serie B: Kratkie Soobšč. (Kurzmitt.) **15** (1973) 10, S. 773–775.

Back, E. L.: Cellulose bei hohen Temperaturen: Selbstvernetzung, Glasumwandlung und Schmelzen unter Einwirkung von Laserstrahlen. Papier **27** (1973) 10 A, S. 475–483.

Guseva, L. N., Micheev, Ju. A., Toptygin, D. Ja.: Untersuchung der photochemischen Umwandlung von Benzoylperoxid in festen Polymeren. Dokl. Akad. Nauk SSSR (Ber. Akad. Wiss. UdSSR) **213** (1973) 4, S. 871 bis 874.

Kviklis, A. V., Tornau, É. É., Mačjulis, A. N.: Einige Gesetzmäßigkeiten der Thermooxydation der Schmelzen von stabilisierten Polyamiden. Vysokomol. Soed. (Hochmol. Verbind.) Serie B: Kratkie Soobšč. (Kurzmitt.) **15** (1973) 10, S. 747–749.

Ivăşcanu, St., Georgescu, O., Mihăila, D.: Verhalten einiger Polyäthylentypen gegen überder Einwirkung von Schwefelsäure. Materiale plast., Bucureşti **10** (1973) 9, S. 491–495.

Orlov, I. G., Peredereeva, S. I., Čerkašin, M. I.: EDA-Komplexe von Polystyrol mit Tetracyanäthylen. Izv. Akad. Nauk SSSR, Serija chim. (Nachr. Akad. Wiss. UdSSR, Chemie) (1973) 11, S. 2523–2526.

Pfropfung

Fery, N., Laible, R., Hamann, K.: Polyreaktionen an Pigmentoberflächen. III. Mitteilung: Polyreaktionen an SiO_2-Oberflächen. Angew. makromol. Chemie **34** (1973) S. 81–109. (dt.).

Staszewska, D., Ulińska, A., Domagala, B.: Pfropfcopolymerisation von Polyvinylalkohol in Gegenwart von Ce(IV)-Salzen. I. Zusammenhang zwischen der Menge von bei der Oxydation reduzierten Ce(IV)-Ionen und dem Gehalt an 1,2-Glykolgruppen. Polimery, Warszawa **18** (1973) 9, S. 459–462.

Trivedi, I. M., Mehta, P. C.: Durch Cerionen initiierte Pfropfung von Acrylnitril auf Jutefasern. Cellulose Chem. Technology, Iasi **7** (1973) 4, S. 401–416. (engl.).

Vernetzung

Ochrimenko, I. S., Mašljakovskij, L. N., Smirnov, G. A.: Über die Umsetzung von Polyvinylalkohol mit Bernsteinsäure während des Erstarrens von Folien bei niedrigen Temperaturen. Ž. prikl. Chimii (Z. angew. Chemie) **46** (1973) 11, S. 2601–2602.

Abbaureaktionen

Papko, R. A., Pudov, V. S.: Untersuchung kritischer Erscheinungen beim thermischen Abbau von Polyvinylchlorid. Vysokomol. Soed. (Hochmol. Verbind.) Serie B: Kratkie Soobšč. (Kurzmitt.) **15** (1973) 10, S. 761–763.

Balykova, T. N., Gribkova, P. N., Glivka, L. A., Valeckij, P. M., Vinogradova, S. V., Koršak, V. V.: Thermischer Abbau von aromatischen carboranhaltigen Polyamiden. Vysokomol. Soed. (Hochmol. Verbind.) Serija A **15** (1973) 11, S. 2441–2445.

Erychov, B. P., Kričevskij, I. E., Krupin, V. A.: Untersuchung der Alterung von polymeren Folienmaterialien mit Hilfe der Torsionsschwingungen. Plast. Massy (Plast. Massen) (1973) 12, S. 46–48.

Micheev, Ju. A., Popravko, T. S., Jasina, L. L., Toptygin, D. Ja.: Über die in Polymethylmethacrylat unter Einwirkung von Licht und unter Beteiligung von atomarem Chlor stattfindenden Vorgänge. Vysokomol. Soed. (Hochmol. Verbind.) Serija A **15** (1973) 11, S. 2470–2476.

Physik und physikalische Chemie von Polymexen

Yamamoto, M.: Grundlegende Gleichungen für die nichtlineare Viskoelastizität. Appl. Polymer Symposia (1973) 20, S. 3–22.

Onogi, S., Masuda, T., Shiga, I., Costaschuk, F. M.: Rheologische Eigenschaften von anionischen Polystyrolen. IV. Nicht-Newton'sches Fließen von monodispersen Polystyrolen und ihren Mischungen. Appl. Polymer Symposia (1973) 20, S. 37–48.

Orlova, T. M., Dubrovina, L. V., Pavlova, S. A., Koršak, V. V.: Verteilung der relativen Molekülmassen in Polykondensaten. Dokl. Akad. Nauk SSSR (Ber. Akad. Wiss. UdSSR) **213** (1973) 5, S. 1128–1131.

Stankevič, I. V., Tomilin, O. B.: Untersuchung der Elektronenstruktur von Makromolekülen in Abhängigkeit von der Anzahl elementarer Fragmente. Mitt. 1. Energetische Grundkriterien einiger Makromoleküle mit Kohlenstoff- bzw. Heterokette. Izv. Akad. Nauk SSSR, Serija chim. (Nachr. Akad. Wiss. UdSSR, Chemie) (1973) 11, S. 2515–2522.

Ivanov, P. I., Matočkin, V. S., Kalačev, A. I., Zelenev, Ju. V., Valeckij, P. M., Vinogradova, S. V., Koršak, V. V.: Relaxationsvorgänge in Polyarylaten mit Diphenylcarboran-Fragmenten in der Hauptkette. Dokl. Akad. Nauk SSSR (Ber. Akad. Wiss. UdSSR) **213** (1973) 2, S. 338 bis 341.

Géczy, I.: Synthetische lineare Polymere. XXXI. Die Änderung der spezifischen Eigenschaften von p-Alkylphenylpolyglykoläthern mit der Molekülgröße. Acta chim. Acad. Sci. Hung. **79** (1973) 2, S. 133–141. (engl.).

Polymere Festkörper

Knjazev, V. K.: Methodologische Fragen zur Beurteilung des Bestrahlungswiderstandes von polymeren Materialien. Plast. Massy (Plast. Massen) (1973) 12, S. 16–18.

Kubín, M., Špaček, P.: Stationäre Diffusion und Verzögerung in Membranen mit Modellheterogenitäten. Coll. czechoslov. chem. Commun. **38** (1973) 11, S. 3258–3272. (engl.).

Pokrovskij, V. N.: Theorie der optischen Anisotropie linearer Polymerer im hochelastischen Zustand. Vysokomol. Soed. (Hochmol. Verbind.) Serija B: Kratkie Soobšč. (Kurzmitt.) **15** (1973) 11, S. 803–804.

Sinevič, E. A., Ogorodov, R. P., Bakeev, N. F.: Einfluß der Adsorption flüssiger Medien auf die mechanischen Eigenschaften von Polymeren. Dokl. Akad. Nauk SSSR (Ber. Akad. Wiss. UdSSR) **212** (1973) 6, S. 1383 bis 1385.

Baldrian, J.: Walzen von Polycaprolactam. Coll. czechoslov. chem. Commun. **38** (1973) 11, S. 3440–3448. (engl.).

Bartenev, G. M., Remizova, A. A., Kulešov, I. V., Martynov, M. A.: Räumliche Ausdehnung von Polyäthylen mit verschiedenem Kristallisationsgrad in einem weiten Temperaturbereich. Vysokomol. Soed. (Hochmol. Verbind.) Serija A **15** (1973) 11, S. 2480–2484.

Fedotov, B. G., Éjdel'nant, M. P., Sirota, A. G., Lobanov, A. M., Il'cenko, P. A., Charitonova, O. K.: Einfluß der Arbeitsbedingungen bei der strahlungsinduzierten Vernetzung auf die elektrischen Eigenschaften von Polyäthylen. Plast. Massy (Plast. Massen) (1973) 12, S. 18–21.

Galperin, E. L., Kosmynin, B. P.: Einfluß der γ-Strahlung auf die Phasenübergänge und die Schmelztemperatur von Kristalliten des Polyvinylidenfluorids. Vysokomol. Soed. (Hochmol. Verbind.) Serija A **15** (1973) 11, S. 2556–2560.

Cornibert, J., Marchessault, R. H., Allegrezza, A. E., jr., Lenz, R. W.: Kristallinität, thermische und mechanische Eigenschaften von Polyester aus α-Methyl-α-n-propyl-β-propiolacton. Macromolecules, Washington **6** (1973) 5, S. 676–681.

Masetti, G., Cabassi, F., Morelli, G., Zerbi, G.: Konformationsordnung und -unordnung von Polytetrafluoräthylen anhand von IR-Spektren. Macromolecules Washington **6** (1973) 5, S. 700–707.

Ikejiri, F.: Dual-planare Orientierung von Polyäthylen durch Druckdeformation. Kobunshi Kagaku Tokyo (Chem. High Polymers) **30** (1973) 341(9), S. 528–531. (jap.; engl. Zusammenfass.).

Southern, J. H., Wilkes, G. L.: Durchsichtige ND-Polyäthylenfolien, die unter gleichzeitiger Orientierung und Druck kristallisiert wurden. J. Polymer Sci.: Polymer Letters Ed. **11** (1973) 9, S. 555–562.

Skraga, J.: Untersuchungen über die Struktur und Eigenschaften von Polyformaldehyd. VII. Verformung dünner Folien und Blöcke aus kristallisiertem Polyformaldehyd. Polimery, Warszawa **18** (1973) 9, S. 463 bis 466.

Bartenev, G. M., Selenev, Ju. V. (Schreibw. i. Orig.: *Bartenew, G. M., Selenew, Ju. W.*): Einfluß des molekularen Aufbaus und der übermolekularen Struktur auf die physikalischen Eigenschaften fester Polymerer. Plaste u. Kautschuk **20** (1973) 12, S. 896–903.

Kirste, R. G., Kruse, W. A., Schelten, J.: Die Bestimmung der Konformation von Polymeren im Glaszustand durch Neutronenbeugung. Ber. Bunsenges. physik. Chemie **77** (1973) 10/11, S. 1027.

Manin, V. N., Bykov, V. A., Džaborov, T.: Methode zur Bestimmung des E-Moduls und Tangens der mechanischen Verluste bei zweiachsiger Dehnung. Zavodsk. Labor. (Betriebslabor) **39** (1973) 11, S. 1390–1391.

Zelišenko, S. S., Golik, A. Z., Zabašta, Ju. F., Fridman, A. Ja.: Über die Anzahl von Relaxationsbereichen im Polyformaldehyd. Mech. Polimerov, Riga (Mech. Polymere) (1973) 6, S. 925–927.

Vanderhoff, J. W., Bradford, E. B., Carrington W. K.: Transport von Wasser durch Latexfilme. J. Polymer Sci.: Polymer Symposia (1973) 41, S. 155–174.

Tomita, Y., Hasegawa, T.: Über die Messung von Normalspannungen durch ein mit Flüssigkeit gefülltes Loch. Appl. Polymer Symposia (1973) 20, S. 83–97.

Mrówczyński, Z., Bedzinski, R.: Gießlinge aus elastomeren Polyurethanen für Modelluntersuchungen der Photoelastizität. Polimery, Warszawa **18** (1973) 8, S. 403–404.

Polymerschmelzen

Oyanagi, Y.: Untersuchung des unregelmäßigen Fließverhaltens von Polyäthylen hoher Dichte. Appl. Polymer Symposia (1973) 20, S. 123–136.

Ito, K., Tsutsui, M., Kasajima, M., Ojima, T.: Kapillarströmung von Polymerschmelzen unter hydrostatischem Druck. Appl. Polymer Symposia (1973) 20, S. 109–121.

Romankevič, O. V., Judin, A. V., Zabello, S. E., Gopkalo, A. N.: Einfluß von Polyäthylen auf die rheologischen Eigenschaften von geschmolzenem Formaldehyd-Dioxolan-Copolymerem. Kolloid. Ž., Moskva **35** (1973) 6, S. 1083–1089.

Neumann, A. W., Szekely, J., Rabenda, E. J., jr.: Thermodynamik von Teilchenverschlingung durch erstarrende Schmelzen. J. Colloid Interface Sci. **43** (1973) 3, S. 728–732.

Polymerlösungen und -dispersionen

Altenberger, A. R., Deutch, J. M.: Lichtstreuung von verdünnten Polymerlösungen. J. chem. Physics **59** (1973) 2 (Teil 2), S. 894–898.

Skazka, V. S., Fomin, G. A., Tarasova, G. V., Kirillova, I. G., Jamščikov, V. M., Griščenko, A. E., Šefer, I. A., Alekseeva, I. S.: Hydrodynamische und optische Eigenschaften von Polyvinylstearat-Molekülen in Lösung. Vysokomol. Soed. (Hochmol. Verbind.) Serija A 15 (1973) 11, S. 2561 bis 2569.

Kose, A., Ozaki, M., Takano, K., Kobayashi, Y., Hachisu, S.: Direkte Beobachtung von geordneten Latexsuspensionen mit einem metallurgischen Mikroskop. J. Colloid Interface Sci. **44** (1973) 2, S. 330–338.

Kraševinnikov, A. I., Stal'nov, A. K., Demišev, V. N.: Zur Dilatanz von Polymersuspensionen (Plastisolen). Kolloid. Ž., Moskva **35** (1973) 6, S. 1165–1168.

Wolf, B. A.: Sedimentation von gelösten Makromolekülen im Schwerefeld der Erde unter annähernd kritischen Bedingungen. Ber. Bunsenges. physik. Chemie **77** (1973) 10/11, S. 1027.

Fuhrmann, J., Lamour, R., Rehage, G.: Ladungstransport in Hochpolymeren. Ber. Bunsenges. physik. Chemie **77** (1973) 10/11, S. 1026.

Tomita, Y., Shimbo, T.: Instabile Strömung von viskoelastischen Flüssigkeiten. Appl. Polymer Symposia (1973) 20, S. 137–153.

Kajmin', I. V., Litvinov, I. A., Choruna, V. Ja., Veveris, G. P.: Untersuchung der Strukturierungsprozesse von Cellulose in wäßrig/alkoholischen Lösungen. Vysokomol. Soed. (Hochmol. Verbind.) Serija B: Kratkie Soobšč. (Kurzmitt.) **15** (1973) 10, S. 779–782.

Orwoll, R. A., Small, J. A.: Volumenänderungen bei der Mischung und Überschußkoeffizienten der thermischen Dehnung für Polymethylenlösungen in n-Decan. Macromolecules, Washington **6** (1973) 5, S. 755 bis 757.

Applikation von Polymeren

Krajewski, B.: Polycarbonat „Bistan A". Polimery, Warszawa **18** (1973) 9, S. 481–485.

Diehl, H.: Ein neuer Plastwerkstoff stellt sich vor: SYSpur-Polyurethane. Neuerer (1973) 12, S. 414–415.

Müller, E., Thomas, H.: Katalysatoren mit verkappten Methylolgruppen für die Herstellung von Polyurethan-Schaumstoffen. Angew. makromol. Chemie **34** (1973) S. 111–133.

Dănilă, E., Dima, A.: Cord als Verstärkungsmaterial für die Reifenindustrie und einige Aspekte der Polyamidcordverarbeitung. Materiale plast., București **10** (1973) 9, S. 496–499.

Heimlich, S.: Thermisch stabile Kunststoffe. VDI Nachr. **27** (1973) 50, S. 6

Sonderfragen

Fengel, D., Stoll, M.: Forschung und Forschungsplanung in der Abteilung für Holzchemie und Ultrastrukturforschung des Instituts für Holzforschung und Holztechnik der Universität München. Papier **27** (1973) 10 A. S, 502–509.

Frisch, H. L.: Diffusion einer Gleichgewichtsmischung eines dissoziierenden Gases. Macromolecules Washington **6** (1973) 5, S. 758–760.

Joselevič, V. A., Pilipenko, V. N.: Über die turbulente Strömung von mit polymeren Zusätzen versetzten Flüssigkeiten in der Grenzschicht und bei longitudinalem Druckgefälle. Dokl. Akad. Nauk SSSR (Ber. Akad. Wiss. UdSSR) **213** (1973) 4, S. 808–811.

II. Faserstoffe.

Naturfaserstoffe

Pflanzliche Faserstoffe

Cioscan, I.: Neue Trends in der Technologie der Erzeugung von Garnen aus Bastfasern. Ind. textilă, București **24** (1973) 11, S. 662–666.

Kulshreshtha, A. K., Patel, K. F., Patel, A. R., Patel, M. M., Baddi, N. T.: Untersuchung der äquatorialen Röntgenbeugung an frischen, ungetrockneten Baumwollfasern während unterschiedlicher Wachstumsstadien. Cellulose Chem. Technology, Iași **7** (1973) 4, S. 343–349. (engl.).

Tierische Faserstoffe

Volvenok, V. I., Doktorov, E. G.: Untersuchung des Verdichtungsprozesses der Wolle bei langer Einwirkung einer konstanten Belastung. Izv. vysšich uč. Zav. Technol. tekstil. Prom. (Hochschulnachr. Technol. Textil-Ind.) (1973) 4, S. 33–35.

Genkin, P. G.: Entwicklungsperspektiven der Wollrohstoffbasis. Tekstil. Prom., Moskva (Textil-Ind.) **33** (1973) 10, S. 29–32.

Vasil'ev, M. P., Stalevič, A. M., Vol'f, L. A., Koteckij, V. V., Bablojan, O. O.: Untersuchung der Struktur und Eigenschaften von modifizierten Kollagenfaserstoffen. Chim. Volokna, Moskva (Chemiefaserstoffe), (1973) 6, S. 68–70.

Chemiefaserstoffe

Perepelkin, K. E.: Struktur und physikalische Eigenschaften von hochorientierten Polymeren. Chem. Vlákna, Svit (Chemiefaserstoffe) **23** (1973) 4/5, S. 71–92.

Stratmann, M.: Unechte Bikomponentenfasern – Pfropfpolymere: Cordela, Chinon, Graflon. Chemiefasern/Textil-Ind. **23/75** (1973) 11, S. 1117 bis 1121.

Šubina, Ė. N., Gavrilec, V. N.: Statistische Steuerung der Faserstoffqualität während seiner Herstellung. Chim. Volokna, Moskva (Chemiefaserstoffe), (1973) 6, S. 18–22.

Chemiezellstoff

Szalai, P., Brabec, J.: Anwendung des Vorhydrolysesulfataufschlusses auf verschiedene Laubholzarten. Papír a Celulóza **28** (1973) 11, S. 237–241.

Gajdoš, J.: Delignifizierung mit Sauerstoff während des Bleichprozesses. Anwendung bei Fichtensulfatzellstoff. Papír a Celulóza **28** (1973) 11, S. 229–232, 241.

Ioffe, L. O., Kopanceva, I. M.: Veränderungen in der Faserzellwand während der Herstellung von Acetatzellstoff. Bumaž. Prom. (Papier-Ind.) (1973) 12, S. 7–9.

Regeneratfaserstoffe

Serkov, A. T., Glicev, G. T.: Theoretische Prinzipien der Herstellung von hochfesten und Hochmodulviskosefasern. Chem. Vlákna, Svit (Chemiefaserstoffe) **23** (1973) 4/5, S. 93–107.

Philipp, B., Dautzenberg, H., Schumann, J., (Schreibw. i. Orig.: *Filipp, B., Dautcenberg, Ch., Sumann. Ju.*): Oxydationsreaktionen der Sulfidverbindungen während der Viskoseherstellung. Chim. Volokna, Moskva (Chemiefaserstoffe), (1973) 6, S. 63–68.

Rogovin, Z. A.: Gegenwärtiger Stand und Aussichten der Methode der chemischen Modifizierung von Viskosefaserstoffen durch Pfropfcopolymerisation. Chim. Volokna, Moskva (Chemiefaserstoffe), (1973) 6, S. 38 bis 43.

Ljaljuškin, A. Ja., Rogovina, A. A., Panfilova, M. M., Fedorova, E. F.: Vergleich der Qualität der in den (Cellulose-)Chemiefaserbetrieben hergestellten Fasern und Seiden. Chim. Volokna, Moskva (Chemiefaserstoffe), (1973) 6, S. 7–9.

Finger, G. G., Bakšeev, I. P., Mogilevskij, E. M.: Wege zur Verbesserung der Qualität von Viskoseseiden. Chim. Volokna, Moskva (Chemiefaserstoffe), (1973) 6, S. 14–17.

Synthetische Faserstoffe

Polyamidfaserstoffe

Kaufmann, S.: Weitere Untersuchungen zur Fadenbildung von Polyamidseide. Chem. Vlâkna, Svit (Chemiefaserstoffe) **23** (1973) 4/5, S. 108–112.

Hilger, F., Künschner, A., Peceny, R.: Die Anwendung von Additiven bei der Herstellung von Polyamidfaserstoffen. Chem. Vlâkna, Svit (Chemiefaserstoffe) **23** (1973) 4/5, S. 113–118.

Bulik, St.: Hygroskopizität von Polyamidfaserstoffen. Teil I. Charakterisierung des Faserstoffs auf Grund seines Wasserdampf-Sorptionsvermögens. Polimery, Warszawa **18** (1973) 9, S. 469–473.

Wiśniewska, W.: Vorschlag eines Mechanismus zum Einfluß von Ultraschalleinwirkung auf die physikalische Mikrostruktur von Polyamid-6-Faserstoff. Zesz. nauk Politechn. Łódźkiej (Wiss. H. Techn. Hochsch. Łódź) (1973) 171, Włókiennictwo (Textilind.) 26, S. 5–22.

Ermolina, A. V., Jarceva, N. S., Perlin, S. M., Petrovskij, B. S., Polovichina, L. A. ,Zverev, M. P.: Untersuchung von KAPRON-Monofil auf das Verhalten gegenüber Reibelementen. Mech. Polimerov, Riga (Mech. Polymere) (1973) 5, S. 861–864.

Archipova, L. M., Fil'bert, D. V., Pakšver, A. B.: Über den Feuchteaustausch zwischen ungereckten Kapronfäden und ihrer Umgebung. Chim. Volokna, Moskva (Chemiefaserstoffe), (1973) 6, S. 46–48.

Polyesterfaserstoffe

Kubíček, A.: Modifizierte Polyesterfasern in Hemdenstoffen aus Offen-End-Garnen und aus klassischen Garnen. Textil, Praha **28** (1973) 10, S. 368–372.

Dopierała, H., Krysiak, M.: Texturierte, bistabilisierte Garne aus Polyester-Profilfasern. Technik włókienn. (Textiltechn.) **22** (1973) 8, S. 230–233.

Polyacrylnitrilfaserstoffe

Mrozowski, M., Lewaszkiewicz, W.: Röntgenographische Untersuchung der Strukturveränderungen in Polyacrylnitrilfaserstoff während des Reckens und der thermischen Nachbehandlung. Polimery, Warszawa **18** (1973) 8, S. 411–414.

Oestmann, Kl.: Neue Sortimente und Einsatzgebiete von Wolpryla 65 — Stand Mai 1973. Formeln, Faserstoffe, Fertigware (1973) 4, S. 5—13.
Zgibneva, Ž. A., Geller, A. A., Geller, B. E., Achunova, B. A., Junusov, B. Ch.: Modifizierung von Polyacrylnitrilfaserstoff mit phosphororganischen Verbindungen. Chim. Volokna, Moskva (Chemiefaserstoffe) (1973) 6, S. 51—52.

Sonstige synthetische Faserstoffe

Abbott, L. E., White, J. L.: Schmelzspinnen von Polyäthylenfaserstoffen hoher und niederer Dichte: Entwicklung von Orientierung und Kristallinität sowie mechanische Eigenschaften der ersponnenen Faserstoffe. Appl. Polymer Symposia (1973) 20, S. 247—268.
Smirnova, T. S., Mazin, L. S., Rumjanceva, E. A., Koteckij, V. V., Vol'f, L. A.: Modellierung der Acetalisierung von Polyvinylalkoholfaserstoff mit 5-Nitrofurylacrolein. Chim. Volokna, Moskva (Chemiefaserstoffe), (1973) 6, S. 55—56.

Künstliche mineralische Faserstoffe

Bobeth, W., Mally, A.: Glasseide als Konkurrent organischer Chemiefaserstoffe. Textiltechnik 23 (1973) 11, S. 675—681.

Kohlenstoffaserstoffe

Šaškova, T. N., Martynov, V. M., Tjan, L. S., Pšeničkin, P. A.: Untersuchung des Einflusses von Bor auf die Elektroneneigenschaften von Kohlenstoffäden auf Viskosebasis. Ž. fizič. Chimii (Z. physik. Chemie) 47 (1973) 10, S. 2495—2498.
Fitzer, E., Kehr, D., Sahebkar, M.: Beschichtung von Kohlenstoff-Fäden. Chemie-Ing.-Technik 45 (1973) 21, S. 1244—1250.
Aigner, R., Haasemann, P.: Herstellung und Anwendung von Flächenheizleitern aus nichtmetallischen Werkstoffen. Kunststoffe 63 (1973) 11, S. 769—771.
Utevskij, L. E., Savickij, A. V., Stepanova, A. P., Levit, R. M., Rajkin, V. G., Frumkina, L. A.: *Quantitative Beurteilung der Sprödigkeit von Kohlenstoff-Fäden*. Mech. Polimerov, Moskva (Mech. Polymere) (1973) 5, S. 950—952.
Epitropic-Fasern der ICI: Antistatik durch eingelagerten Kohlenstoff. Chemiefasern/Textil-Ind. 23/75 (1973) 11, S. 1052.
Elektrisch leitende Fasern auch in Anzügen? VDI-Nachr. 27 (1973) 51, S. 10.

III. Fäden-Herstellungstechnologien

Morgner, F. W.: Mischereiprobleme unter besonderer Berücksichtigung der Halbkammgarn- und Vliesstoffherstellung. Melliand Textilber. internat. 54 (1973) 11, S. 1143—1144.

Spinnerei. Zwirnerei

Belin, R. E.: Hakenförmige Fasern beim Kardieren und Strecken. J. Textile Inst. 64 (1973) 11, S. 659—664.
Chisholm, A. A.: Technologische Aspekte der Vorbereitung für das OE-Spinnen. Textil-Praxis internat. 28 (1973) 11, S. 605—608.
Kalontarov, I. Ja., Mordasova, N. A.: Herstellung von Garn und Gewebe aus einer Mischung von Naturseide und Polyesterfaser. Textil. Prom., Moskva (Textil-Ind.) 33 (1973) 10, S. 35—36.

Spinnereivorbereitung

Barker, G. V., Murrow, J., Stewart, R. G.: Der Temperatureinfluß auf die Wirksamkeit des Wasserabquetschens aus vorgewaschener Wolle. Textile Inst. Ind. 11 (1973) 11, S. 305—306.
Sevost'janov, A. G., Chavkin, V. P., Kudinov, A. E.: Über die Veränderung der Ungleichmäßigkeit der Zusammensetzung beim Strecken eines Produktes aus einer Zweikomponenten-Mischung. Izv. vysšich uč. Zav. Technol. tekstil. Prom. (Hochschulnachr. Technol. Textil-Ind.) (1973) 4, S. 40—44.
Lynch, W. K., Parr, J. S., Townend, P. P.: Einfluß des Drahtprofils auf die Qualität des Wolltyps-Kardenvlieses. Teil III. Die Bewertung der Schärfe des Kardendrahtes. J. Textile Inst. 64 (1973) 12, S. 695—701.

Spinnerei

Merkin, V. Ja.: Einfluß der Schwingungen der Druckschiene des Streckwerks auf die Bandungleichmäßigkeit. Izv. vysšich uč. Zav. Technol. tekstil. Prom. (Hochschulnachr. Technol. Textil-Ind.) (1973) 4, S. 56—58.
Morikawa, T., Konishi, T.: Der gegenwärtige Stand und die künftigen Aussichten des Offen-End-Spinnens. Textile Inst. Ind. 11 (1973) 11, S. 296—298; 12, S. 338—341.
Fulek, A.: Französische Erfahrungen auf dem Gebiet des Verspinnens von Flachsfasern mit Polyesterfasern und Möglichkeiten ihrer Verwendung in der polnischen Leinenindustrie. Technik włókienn. (Textiltechn.) 22 (1973) 8, S. 234—236.

Zwirnerei

Warlick, S. J.: Das schöpferische Gebiet des Doppeldrahtzwirnens. Textile Ind. 137 (1973) 7, S. 49, 51—58, 61—62, 120—121.
Agbers, G.: Aspekte zur Wirtschaftlichkeit des Doppeldrahtzwirnens. Textil-Praxis internat. 28 (1973) 11, S. 612—616.

Erzeugnisse der Spinnerei und Zwirnerei

Pavlov, Ju. V.: Bestimmung der Größe des Drehmoments im Spinnprodukt auf der Oberfläche. Izv. vysšich uč. Zav. Technol. tekstil. Prom. (Hochschulnachr. Technol. Textil-Ind.) (1973) 4, S. 52—55.
Albrecht, W.: Mit Diolen gesponnenes Garn für die Strickerei/Wirkerei. Textile Manuf. 100 (1973) 1182, S. 39—41.

Texturfäden

Lünenschloß, J.: Die Strecktexturierung, Stand und Entwicklung. Chemiefasern/Textil-Ind. 23/75 (1973) 11, S. 1067—1068, 1070—1073, 1076 bis 1080.
Odor, G.: Die Lage und Vorteile der Recktexturierung. Magyar Textiltechnika 26 (1973) 9, S. 499—503.
Stegerer, K.: Stauchtexturierung von Teppichfäden. Textiltechnik 23 (1973) 12, S. 744—749.
Wray, G. R.: Eine Beurteilung der Recktexturiermaschine Kosmotex von Platt. Textile Inst. Ind. 11 (1973) 12, S. 342—344.

IV. Flächengebilde-Herstellungstechnologien

Kratzsch, E., Ninow, H.: Textile Fußbodenbeläge-Teppichfasern. Melliand Textilber. internat. 54 (1973) 11, S. 1135—1141.
Steuer, W.: Hygienische Fragen bei Textilböden. Melliand Textilber. internat. 54 (1973) 11, S. 1227—1232.

Materialvorbereitung

Zajcev, V. P., Machover, V. L.: Einfluß von Fäden unterschiedlicher Länge beim Bewickeln der Schärwalze auf den Fadenverzug im Abwindungsprozeß. Izv. vysšich uč. Zav. Technol. tekstil. Prom. (Hochschulnachr. Technol. Textil-Ind.) (1963) 4, S. 71—76.
Pavlov, V. M., Parfenov, B. L.: Einfluß der Kettdichte auf die Kett-Teilungsbeanspruchung im Kreuzfeld. Tekstil. Prom., (Textil-Ind.) 33 (1973) 10, S. 44—45.
Glubiš, P. A., Vodjanjuk, O. O., Fedotova, E. N.: Schlichten von Viskoseseide mit Acrylamidpolymeren. Tekstil. Prom. (Textil-Ind.), Moskva 33 (1973) 10, S. 46—47.

Weberei

Vasil'čenko, V. N.: Gemeinsamer Einfluß des Fachumtritts und der Ungleichmäßigkeit der Fachspannung auf den Bildungsprozeß von Viskosefasergewebe. Izv. vysšich uč. Zav. Technol. tekstil. Prom. (Hochschulnachr. Technol. Textil-Ind.) (1973) 4, S. 67—71.

Weberei-Technologie

Purcchvanidze, O. G.: Experimentelle Untersuchung der Schußfadenzugkraft auf der Webmaschine ATPR-120 bei Fäden von Maschinen BD-200. Izv. vysšich uč. Zav. Technol. tekstil. Prom. (Hochschulnachr. Technol. Textil-Ind.) (1973) 4, S. 78—82.

Erzeugnisse der Weberei

Angelescu, N., Demetrescu, I.: Neue Perspektiven der Erweiterung des Sortiments von Wollgeweben. Ind. textilă, Bucureşti 24 (1973) 11, S. 659—661.
Davis, C. V.: Statische Elektrizität in Krankenhaustextilien. Textile Manuf. 100 (1973) 1181, S. 33—34.

Wirkerei und Strickerei. Konfektionstechnik. Sonstige Technologien

Wirkerei- und Strickerei-Technologie

Wignall, H.: Kinetik und Wirtschaftlichkeit der Kulierstrickerei/Wirkerei. Teil 6, 7 u. 8. Knitting Times 42 1973) 24, S. 78—84; 26, S. 45—50; 31, S. 40—46.
Petzold, Ch.: Herstellung von Teppichbodenware auf Rundwirkmaschinen Melliand Textilber. internat. 54 (1973) 11, S. 1189—1192.

Erzeugnisse der Wirkerei und Strickerei

Habik-Chudzik, M., Żurek, W.: Deformationsanalyse von in mehreren Richtungen gedehnten Baumwoll-Interlockgewirken. Zesz. nauk. Politechn. Łódzkiej (Wiss. H. Techn. Hochsch. Łódź) 1973) 171, Włókiennictwo (Textilind.) 26, S. 103—130.
Yanagawa, Y., Kawabata, S., Kawai, H.: Experimentelle Untersuchung der biaxialen Zugeigenschaften von zweibarigen Kettengewirken. J. Textile Mach. Soc. Japan 19 (1973) 1, S. 7—14.
Dostal, St.: Strumpfwarenindustrie in den hochentwickelten kapitalistischen Staaten im Vergleich mit den Staaten des RGW. Teil I bis IV. Textil, Praha 28 (1973) 8, S. 293—299; 9, S. 336—342; 10, S. 373—376; 11, S. 408—415.
Popescu, I.: Verbesserung der Qualität und Erweiterung des Warensortiments — eine grundlegende Tätigkeit im Trikotagensektor. Ind. textilă, Bucureşti 24 (1973) 11, S. 649—651.
Prokorenko, E. G.: Über die technisch-wissenschaftliche Forschungsarbeit in bezug auf die Fertigungstechnologie von formbeständigen Maschenwaren. Magyar Textiltechnika 25 (1973) 11, S. 601—602.
Rationelle Produktion in der Strickerei durch Einsatz der Elektronik. Wirk.- u. Strick.-Technik 23 (1973) 11, S. 757—759; 12, S. 807—809.
Havas, I.: Der Zusammenhang zwischen Fadenlegen und Gewirkeigenschaften bei Kettengewirken. Magyar Textiltechnika 25 (1973) 11, S. 587—592.

Konfektion

Kamat, D. V.: Die Rolle der thermoplastischen Harze in schmelzbaren Einlagestoffen. Textile Chemist Colorist 5 (1973) 7, S. 25—27.

Sonstige Technologien

Jurisch, F.: Betrachtungen über die Auswahl von Trägermaterial für Tufted-Teppiche. Textilia, Milano 49 (1973) 11, S. 29—33.

Textilverbundstoffe

Vliesstoffe zur Verwendung als Füllmaterial. Allg. Vliesstoff-Rep. (1973) 11, S. 270—271.
Mauersberger, H.: Welche Zukunft hat die Malimo-Technologie? Mod. Textiles 54 (1973) 8, S. 12—13.
Bei Fa. Patchogue Plymouth: Expansion über Innovation. Mod. Textiles 54 (1973) 8, S. 19—20.
Radulescu, S.: Erweiterung des Warensortiments und Verbesserung der Qualität der ungewebten Textilien. Ind. textilă, Bucureşti 24 (1973) 11, S. 652—658.

Faserverbundstoffe. Vliesstoffe

Wood, D. B.: Maschinen und Methoden bei der Herstellung von Vliesstoffen. Melliand Textilber. internat. 54 (1973) 11, S. 1175—1181.
Hearle, J. W. S., Purdy, A. T., Jones, J. T.: Untersuchung über die Arbeitsweise der Nadeln während der Nadelverdichtung. J. Textile Inst. 64 (1973) 11, S. 617—623.
Wegwerfprodukte im Kampf gegen den Hospitalismus. Allg. Vliesstoff-Rep. (1973) 12, S. 286—288.
Beševli, S. V., Michajlov, N. V.: Untersuchung der physikalischen und mechanischen Eigenschaften von unter Anwendung wäßriger Polyätherurethan-Dispersionen hergestellten Faserverbundstoffe. Mech. Polimerov (Mech. Polymere) (1973) 5, S. 957.

Fadenverbundstoffe

van Gorp, P. J. M.: Nähwirktechnik Malimo. Technische und ökonomische Möglichkeiten. IV. Tex/Textilis, Gent (1973) 11, S. 28, 31—36.
Sobotka, L.: Die Technologie des Arachne-Nähwirkens. Chemiefasern/Textil-Ind. 23/75 (1973) 10, S. 983—985; 11, S. 1121—1123.

Schichtstoffe

Faerman, V. T.: Mathematisches Modell des Verbindungsprozesses von Kaprongewebe mit Porolon. Zavodsk. Labor. (Betriebslabor) **39** (1973) 10, S. 1240–1241.
Pabis, L., Swirkot, H., Pawlowski, L.: Über die Festigkeit der Verbunde vom Typ Gummi/Gewebe bei hohen Temperaturen. Polimery, Warszawa **18** (1973) 8, S. 420–422.

V. Textilveredlung

Keller, R.: Anwendung der Erzeugnisveredlung bei Flachstrickerzeugnissen aus texturierter Polyesterseide. Tekstil. Prom., Moskva (Textil-Ind.) **33** (1973) 8, S. 63–66.
Kričevskij, G. E., Gombkete, Ja., Krasnikova, L. Ja.: Lichtechtheit von Reaktivfarbstoffen. Izv. vysšich uč. Zav. Technol. tekstil. Prom. (Hochschulnachr. Technol. Textil-Ind.) (1973) 4, S. 87–90.
Adamowski, A., Nowakowski, B., Nowakowski, W., Papiński, J.: Polysiloxan-Tenside für Polyurethanplaste. Polimery, Warszawa **18** (1973) 9, S. 456–458.

Bleicherei. Sonstige Vorbehandlungsverfahren der Textilveredlung

Rösch, G.: Kompendium über das optische Aufhellen – Teil VII. Zur Anwendung optischer Aufheller in der Textilindustrie. Das optische Aufhellen sonstiger Faserstoffe. Textilbetrieb **91** (1973) 11, S. 56–59.
Keszthely, A.: Prüfung der Chlorierung von Keratinfasern. Magyar Textiltechnika **25** (1973) 11, S. 593–595.

Färberei

Anomale Diffusionserscheinungen bei Reaktivfarbstoffen in Poly-γ-methyl-d-glutamat. Kobunshi Kagato Tokyo (Chem. High Polymers) **30** (1973) 341(9), S. 578–580. (jap.; engl. Zusammenfass.).
von der Eltz, H.-U.: Neue Erkenntnisse und Methoden für das kontinuierliche Färben von Polyester-Stückwaren. Melliand Textilber. internat. **54** (1973) 11, S. 1206–1212.
Konovalova, L. I., Artym, M. I., Androsov, V. F.: Spektrofotometrische Untersuchung der Eigenschaften der Leukolösungen von Küpenfarbstoffen und ihrer Sorption durch Polyestersubstrat. Izv. vysšich uč. Zav. Technol. tekstil. Prom. (Hochschulnachr. Technol. Textil-Ind.) (1973) 4, S. 90–94.
Neupert, G.: Das Färben von Polyester- und Polyestermischgeweben. Formeln, Faserstoffe, Fertigware (1973) 1, S. 40–44.
Labib, Ch., Alekseev, Ju. A., Charcharov, A. A.: Färben von Polyamidfasern im Medium von chlorierten Kohlenwasserstoffen. Tekstil. Prom., Moskva (Textil-Ind.) **33** (1973) 9, S. 66–67.
Paulig, J.: Färben von voll- und teilkonfektionierten Strickstücken aus Polyacrylnitrilfasern in der Trommelfärbemaschine. Textil-Praxis internat. **28** (1973) 11, S. 640–642.
Dawson, T. L.: Farbstoffschnellfixierverfahren beim Färben von Teppichen. Textile Month (1973) 4, S. 47, 52, 54.

Druckerei

Zimmer, J.: Der Rundschablonendruck auf Transferpapier. Melliand Textilber. internat. **54** (1973) 11, S. 1213–1215.
McCartney, J.: Dämpfen im Hängedämpfer – Dampfzirkulation und Luftbeseitigung. Internat. Dyer **150** (1973) 8, S. 414, 416–419, 421.

Ausrüstung.

Brockmann, W.: Steuerprogramm für Sattdampf-Autoklaven zur Herstellung von Nylon-6.6-Set-Garnen. Chemiefasern/Textil-Ind. **23/75** (1973) 11, S. 1096–1098.
Ramaszéder, K.: Untersuchung der Auswirkung thermischer Behandlung an Triacetatgarnen und -geweben. Magyar Textiltechnika **26** (1973) 10, S. 550–554.
Guise, G. B., Jackson, M. B.: Das Schrumpfechtmachen der Wolle mit Bisulfitaddukten der Polyisocyanate. J. Textile Inst. **64** (1973) 11, S. 665–667.
Foltýn, J., Zapletal, J.: Gegenwärtige Probleme der Verminderung der Brennbarkeit von Textilien in der ČSSR. Textil, Praha **23** (1973) 10, S. 387–389.
Fischer, K.: Hygiene und Schmutz aus der Sicht der Textilveredlung. Melliand Textilber. internat. **54** (1973) 11, S. 1239–1242.
Kato, M.: Die relative Geschwindigkeit zwischen den anhebenden Walzen und dem Gewebe auf einer doppelt wirkenden Rauhmaschine. J. Textile Inst. **64** (1973) 12, S. 725–727.
Lewis, J.: Permanentes Prägen von reinwollenen und Wolle/Synthesefaser-Mischgeweben. Textile Manuf. **100** (1973) 1182, S. 26–28, 32.
Faerman, V. T., Morkorin, V. A., Supov, L. S., Gorfinkel', M. Ja., Pochilenko, Z. I.: Ultraschallanlage zur Beschichtung von Geweben mit Porolon. Tekstil. Prom., Moskva (Textil-Ind.) **33** (1973) 9, S. 67.

Wäscherei. Chemische Reinigung

Smith, S., Johannessen, B., Sherman, P. O.: Wechselwirkung zwischen Ölfleck, Waschmittel und Substratoberfläche bei der schmutzlösenden Wäsche. Textile Chemist Colorist **5** (1973) 7, S. 39–44.
Liebmann, L.: Korrosion und Korrosionsschutz bei häufigen und längeren Kesselstillständen. Textilreinigung **20** (1973) 11, S. 344–345.
Bockelmann, E., Koch, D., Kurz, J., Mari, R., Tagge, J.: Arbeitsanleitungen als Beispiele für praktische Bezogenheit betriebswirtschaftlicher Forschung in der Chemischreinigung. Chemischreiniger, Wäscher, Färber-Ztg. **72** (1973) 11, S. 492–496.
Kaesler, K. P.: Chemischreinigungs-Maschinen und SD-Reinigungsautomaten auf dem deutschen Markt 1973. Chemischreiniger, Wäscher, Färber-Ztg. **72** (1973) 12, S. 521–527.

VI. Werkstoffprüfung. Meß- und Prüftechnik. Standardisierung

Lukošajtis, A. A., Mackevičene, Ja. K., Matukonis, A. V.: Struktur und mechanische Eigenschaften von Acetat-Komplexfäden aus Elementarfasern, die mit Preßluft gebunden wurden. Izv. vysšich uč. Zav. Technol. tekstil. Prom. (Hochschulnachr. Technol. Textil-Ind.) (1973) 4, S. 25–29.
Bieten Textilien Schutz vor Feuer? Bekleid. u. Wäsche **25** (1973) 23, S. 1783–1786.

Materialeigenschaften und Materialfehler

Rebenfeld, L.: Wissenschaft und Technologie in der Textilindustrie. Textile Inst. Ind. **11** (1973) 11, S. 299–302.
Mann, R. K., Heffer, D. J.: Das Strömungspotential als ein analytisches Instrument in der Textilwissenschaft. J. Textile Inst. **64** (1973) 11, S. 672–675.
Nute, M. E., Slater, K.: Untersuchung einiger Faktoren, die die Schallreduzierung durch Teppiche beeinflussen. J. Textile Inst. **64** (1973) 11, S. 645–651.
Seshan, K. N.: Eine Untersuchung der Verjüngung der Baumwollfasern. Teil I. Experimentelle Bestimmung der Verjüngung. J. Textile Inst. **64** (1973) 11, S. 631–637.
Sauer, H.: Physiologische Eigenschaften von Textilien. Bekleid. u. Wäsche **25** (1973) 22, S. 1718–1719.

Meß- und Prüftechnik

Bobrov, P. N., Gorelik, E. G., Volosnikov, F. K.: Messung der Fasermasse mittels Ultraschall. Izv. vysšich uč. Zav. Technol. tekstil. Prom. (Hochschulnachr. Technol. Textil-Ind.) (1973) 4, S. 115–117.
Miles, M. J., Mills, N. J.: Fließpunkt von Polycarbonat. J. Polymer Sci.: Polymer Letters Ed. **11** (1973) 9, S. 563–568.
Hendrix, J. F., Drake, G. L., Reeves, W. A.: Einige Faktoren, die die nach dem Sauerstoffindex (OI) gemessene Entflammbarkeit von Geweben beeinflussen. Textile Chemist Colorist **5** (1973) 8, S. 13–17.
Laamanen, J., Ilvessalo-Pfäffli, M.-S.: Bestimmung der Faserstoffzusammensetzung und der erforderlichen Masse-Umrechnungskoeffizienten in Textilverbundstoffen. Paperi ja Puu, Helsinki (Papier u. Holz) **55** (1973) 11, S. 829–832, 835–836, 839–840, 843–844. (engl.).
Mebes, B.: Die Beurteilung antimikrobieller Ausrüstungen von Gebrauchsgegenständen im praktischen Einsatz. Melliand Textilber. internat. **54** (1973) 11, S. 1232–1236.
Jörder, H.: Die Migration von Bindemitteln bei der Trocknung von Vliesstoffen. Melliand Textilber. internat. **54** (1973) 11, S. 1217–1225.
Krymskaja, G. I., Ermilova, I. A., Androsov, V. F.: Zum Problem des Behandelns technischer Tuche mit Harzen. Techn. Textilien **16** (1973) 5, S. 132–133.
Ul'janov, L. P., Nejmark, V. M., Janovskij, Ju. G., Sergeenkov, S. I.: Gerät zur Untersuchung dynamischer Kennwerte von Polymeren bei Nieder- und Ultraniederfrequenzen. Zavodsk. Labor. (Betriebslabor) **39** (1973) 11, S. 1402–1404.

Standardisierung. Terminologie

Ferguson, A. D.: Britische und festländische Standards über Färben und Ausrüsten. Textile Inst. Ind. **11** (1973) 11, S. 307–308.
Lewandowski, St.: Buchstabensymbole für Chemiefasern nach verschiedenen Standards. Technik włókienn. (Textiltechn.) **22** (1973) 7, S. 197–198.
Hadwich, F.: Internationale Test-Arbitrage. Magyar Textiltechnika **25** (1973) 11, S. 616–621.

VII. Betriebstechnik. Ökonomie. Tagungsberichte und dgl.. Sonderfragen

Betriebstechnik

Zakrzewski, J.: Einsatz der Computertechnik in den Webereien. Technik włókienn. (Textiltechn.) **22** (1973) 7, S. 206–208.
Beyreuther, R.: Prozeßanalyse technologischer Prozesse. Textiltechnik **23** (1973) 11, S. 694–697.
Chejfec, M. B.: Profilierung von Extruderköpfen mit Flachschlitzdüse. Plast. Massy (Plast. Massen) (1973) 12, S. 31–33.
Kovaříková, H.: Schwankungen von Menge und Qualität im Abwasserabfluß aus den Baumwollkombinaten. Textil, Praha **28** (1973) 11, S. 417–418.

Ökonomie

Simon, L., Farah, B. D.: Die lineare Optimierung in der Textiltechnik. Textiltechnik **23** (1973) 11, S. 685–690.
Brutar, M., Kopping, A., Ehrentraut, R.-P.: Erfahrungen und Ergebnisse bei der Einführung der Nina/Belowa-Initiative in Verbindung mit der Smirnow-Methode. Textiltechnik **23** (1973) 11, S. 673–675.
Kaltenecker, M.: Eine Prognose für Faserpreisgestaltung. Magyar Textiltechnika **26** (1973) 10, S. 555–560.
Fülöp, P.: Prognistikprobleme in der Entwicklungsplanung der ungarischen Textilindustrie. Magyar Textiltechnika **26** (1973) 9, S. 481–485.
Müller, J.: Umweltschutztag der Textilveredlung in Wiesbaden. Chemiefasern/Textil-Ind. **23/75** (1973) 11, S. 1125–1126.
Weis, W. E.: Praktische Erfahrungen in der Anwendung der MTM-Methode. Magyar Textiltechnika **25** (1973) 12, S. 657–659.
Liberman, A. M., Christov, E. N.: Vervollkommnung der Methoden zur Messung der Arbeitsproduktivität in der Veredlung. Tekstil. Prom., Moskva (Textil-Ind.) **33** (1973) 9, S. 21–23.
Wittek, G., Scholz, E.: Zu einigen Fragen der Bedarfsforschung in der Industrie. Formeln, Faserstoffe, Fertigware (1973) 2, S. 3–6.
Barthel, P.: Tendenzen des Einsatzes von Synthesefaserstoffen im internationalen Rahmen und im Industriezweig Wolle und Seide. Formeln, Faserstoffe, Fertigware (1973) 1, S. 17–26.
Welt-Textilproduktion auf deutschen Maschinen. VDI-Nachr. **28** (1974) 1, S. 20.

Sonderfragen

Arndt, K.: Wissenschaft, Informationskrise und Zeitschrift. Chem. Technik **25** (1973) 12, S. 745–748.
Relligmann, H.: Problemidentifizierung schafft Klarheit. Teil I u. II. Textilbetrieb **91** (1973) 10, S. 39–41, 43; 11, S. 35–37.
Fugmann, R., Ploß, G.: Möglichkeiten und Grenzen der delegierten maschinellen Literaturrecherche. Angew. Chemie **85** (1973) 22, S. 978–981.
Garz, H.: Die Anwendung textiler Stoffe im Wasserbau. Techn. Textilien **16** (1973) 5, S. 121–128.
Beh, F.: Leitfaden der textilen Fertigung. Die Garnherstellung. Textil-Praxis internat. **28** (1973) 11, S. 621–622.

Automatisierung von Prozessen der chemischen Technologie

(Übersetzung aus dem Russischen)

In deutscher Sprache herausgegeben von Peter Plaul

1973. X, 263 Seiten — 101 Abbildungen — 21 Tabellen — 8° — Leinen 62,— M

Bestell-Nr. 761 633 3 (5954)

Das Buch stellt eine gelungene Zusammenstellung von Lösungen vieler wichtiger Probleme bei der Automatisierung von chemisch-technologischen Prozessen dar. Es zeichnet sich vor allem dadurch aus, daß neben rein theoretischen Beratungen auch umfangreiches Material über praktische Erfahrungen der von den Autoren erarbeiteten Methoden und Mittel zur Automatisierung chemisch-technologischer Prozesse vorgelegt wird.

Das bezieht sich sowohl auf die im ersten Teil des Buches dargestellten vereinfachten Optimalkriterien für die Prozeßführung und die Methodik der Untersuchung und Modellierung der Prozesse (vor allem seitens der Dynamik) als auch auf die Fragen der Berechnung, Projektierung und Einstellung automatischer Regelsysteme im zweiten Teil, wobei hier vor allem auf die Anwendung praktischer Methoden zur Untersuchung der Stabilität der Systeme und der dynamischen Entkopplung von Mehrfachsystemen eingegangen wird.

Der dritte Teil des Buches beinhaltet umfangreiches Material über die Mittel zur automatischen Kontrolle der Prozesse: automatische Flüssigkeitsdosierungen, dynamische Kennlinien der Dichtemesser, Impuls-Frequenz-Systeme, Dosiergeräte für aggressive Flüssigkeiten u. a.

Bestellungen durch eine Buchhandlung erbeten

THEORIA CUM PRAXI

A K A D E M I E - V E R L A G

DDR - 108 Berlin, Leipziger Str. 3—4

81 712

Kolibri 360 GmbH
Ferdinand-Jühlke-Straße 7
99095 Erfurt, Deutschland
produktsicherheit@kolibri360.de

VORDERASIATISCHE SCHRIFTDENKMÄLER DER STAATLICHEN MUSEEN ZU BERLIN

HERAUSGEGEBEN VOM
VORDERASIATISCHEN MUSEUM

NEUE FOLGE, HEFT IV
(HEFT XX)

LIANE JAKOB-ROST – HELMUT FREYDANK

SPÄTBABYLONISCHE RECHTSURKUNDEN UND WIRTSCHAFTSTEXTE AUS URUK

AKADEMIE-VERLAG · BERLIN
1978

Erschienen im Akademie-Verlag, 108 Berlin, Leipziger Str. 3–4

Lizenznummer: 202 · 100/126/78
Herstellung: IV/2/14 VEB Druckerei »Gottfried Wilhelm Leibniz«, 445 Gräfenhainichen/ · 5173
Bestellnummer: 753 497 4 (2142/IV) · LSV 8108
Printed in GDR
DDR 48,– M

Mit der vorliegenden Publikation „Vorderasiatische Schriftdenkmäler" NF, Heft IV (Heft XX) wird die Veröffentlichung aus den reichen Beständen der im Vorderasiatischen Museum verwahrten Sammlung von Keilschrifturkunden fortgesetzt. Die hier vorgelegten insgesamt 146 Texte bzw. Fragmente von solchen wurden von Frau Dr. L. Jakob-Rost und Herrn Dr. H. Freydank in mustergültiger Weise nach den Originalen kopiert. Die Urkunden stammen aus Uruk (Warka) und gehören vornehmlich in die spätbabylonische Ära (625 bis 500 v. u. Z.). Sie stellen Wirtschafts- und Verwaltungsurkunden dar.

Auf den Inhalt der einzelnen Texte wird in einer vorangestellten Übersicht kurz verwiesen. Beigegeben sind schließlich zwei Listen, die VAT- und Fund-Nummern betreffend.

Berlin, im Juni 1977

Gerhard Rudolf Meyer †

EINLEITUNG

Das vorliegende Heft umfaßt mit 146 Tafeln und Bruchstücken zwei Gruppen von Texten aus Uruk, die vorwiegend im Verlauf der ersten Grabungskampagnen gefunden worden sind.[1] Die Nummern 1–89 sind hauptsächlich die in spätbabylonischer Zeit üblichen Wirtschafts- und Verwaltungsurkunden wie Empfangsbestätigungen, Verpflichtungsscheine, Lieferungslisten usw.

Auch die Tafelfragmente 90–146 gehören in erster Linie zum Komplex der spätbabylonischen Wirtschafts- und Verwaltungstexte aus Eanna, die mit dem Kult der Gottheiten Bēlet-ša-Uruk, Nanâ, Bēlet-ša-rēš und Uṣur-amātsu in Verbindung stehen. Jedoch fanden sie sich ursprünglich zusammen mit den „Opferlisten", den Verzeichnissen über die Einkommensrechte der Bäcker und Brauer, denen sie sich aber nicht unmittelbar anfügten.[2] Aus diesem Grunde unterblieb ihre Veröffentlichung an jener Stelle. Auf die Fragmente Nr. 90–95 wurden die Verf. allerdings erst bei der Vorbereitung des vorliegenden Bandes aufmerksam. Wenn auch alle diese teils recht kleinen Bruchstücke hier aufgenommen worden sind, so vor allem deshalb, weil die Publikation der Tafeln aus Uruk in der Sammlung des Vorderasiatischen Museums zu Berlin damit bald abgeschlossen werden kann und vielleicht auch Joins mit Stücken aus anderen Sammlungen möglich werden. Vorerst bleibt die sachliche und die sprachliche Ausbeute wegen des fragmentarischen Charakters der Tafeln leider gering.

Soweit die hier vorgelegten Urkunden datiert bzw. die Daten erhalten sind, stammen sie aus dem Zeitraum zwischen 625 und 500 v. u. Z. Im einzelnen verteilen sich die Texte auf folgende Jahre:

	Jahr	Heft-Nr.
Nabopolassar	1+x	20
	7	29
	8	(24)
	10+x	21
	15	22, (23)
	16	70
	19	25, 26, 27
Nebukadnezar	4	67
	11+x	6, 84
	12	16
	13	86
	15	(108)
	20	112
	22	18, 133
	24	15
	25	34
	27	9, 117, 134
	31	42
	32	14, 30
	34	90
	35	10, 71
	36	43, 44
	37	40, 45, 46
	39	37, 47
	42	3, 11, 38, 48
	43	1
Amēl-Marduk	1	2, 54
Nabonid	5	69
	7	7
	9	12, 39
Kyros	6	83
	2	96, 115, 126
	8	120
Kambyses	3	76
	5	(138)
	x+1	77
	x+4	65

Die Auswertung der Fundnummern[3], soweit diese auf den Tafeln noch mit Sicherheit lesbar sind, konzentriert die Mehrheit der Texte auf drei Fundstellen im Bereich der nördlichen Umfassungsmauern von Eanna. Abgesehen von vereinzelt aufgefundenen Texten gehört der größte Teil der Urkunden zu Fundkomplexen, wobei allerdings die hier aufgenommenen Tafeln nicht mit der tatsächlichen Anzahl der jeweils ausgegrabenen übereinstimmen. Zu den Fundorten vgl. die Tabelle der Fundnummern. Die Urkunden sind wohl in den Archiven des Tempels aufbewahrt worden. Einige stehen in offensichtlichem Zusammenhang mit Eanna, bei den meisten fehlt ein eindeutiger Vermerk. Trotzdem sind vielleicht auch diese Urkunden der Tempelwirtschaft oder -verwaltung zuzuordnen.

[1] Die Verfasser möchten an dieser Stelle dem Direktor des Vorderasiatischen Museum, Herrn Prof. Dr. G. R. Meyer, ihren Dank für die Genehmigung zur Publikation dieser Urkunden aussprechen. Sie danken ferner Frau B. Gaspar für die Unterstützung bei der Herstellung des Manuskripts.

[2] H. Freydank, Spätbabylonische Wirtschaftstexte aus Uruk, Berlin 1971 (Veröffentlichung des Instituts für Orientforschung 71).

[3] Zu den Fundorten vgl. das Kartenmaterial in den Vorläufigen Berichten über die von der Notgemeinschaft der Deutschen Wissenschaft in Uruk-Warka unternommenen Ausgrabungen I (Berlin 1930), II (Berlin 1931) und IX (Berlin 1940).

INHALTSÜBERSICHT

59 VAT 18785 Verpflichtung über die Lieferung von Kleinvieh und Wolle. Nebukadnezar.

60 VAT 18626 Verpflichtung über die Abgabe von Silber für Rationen. Nabonid.

61 VAT 18628 Verpflichtung (?) über die Abgabe von Datteln. Datum nicht erhalten.

62 VAT 18652 Verpflichtung über die Abgabe von Datteln, Besitz der „Herrin von Uruk". Datum nicht erhalten.

63 VAT 18465 Abgabe von Datteln, Besitz der „Herrin von Uruk". Kambyses.

64 VAT 18665 Verpflichtung über die Abgabe von Datteln, Besitz der „Herrin von Uruk". Kambyses.

65 VAT 18720 Transaktion mit Naturalien in Zusammenhang mit der „Herrin von Uruk". Kambyses, [x+] 4. Jahr.

66 VAT 18668 Verpflichtung über die Abgabe von Datteln, Besitz der „Herrin von Uruk". Kambyses.

67 VAT 18466 Verpflichtung über monatliche Anteilzahlungen einer Mietsumme in Datteln. Nebukadnezar, 4. Jahr.

68 VAT 18669 Bruchstück eines Verpflichtungsscheines. Nebukadnezar.

69 VAT 18660 Verpflichtung über die Abgabe von Gerste, Besitz der „Herrin von Uruk". Nabonid, 5. Jahr.

70 VAT 18633 Tafel über eine Anfechtungsklage. Nabopolassar, 16. Jahr.

71 VAT 18521 Vertrag, u. a. mit Erwähnung eines Kaufpreises für ein Schiff.

72 VAT 18656 Brief, Verpflegung betreffend. Undatiert.

73 VAT 18773 Brief, Datteln betreffend. Datum nicht erhalten.

74 VAT 18847 Brief, Datteln betreffend. Undatiert.

75 VAT 18649 Brief, Buhlknaben betreffend. Undatiert.

76 VAT 18655 Bürgschaft für eine Sklavin. Kambyses, 3. Jahr.

77 VAT 18721 Bürgschaft. Kambyses, [x+] 1. Jahr

78 VAT 18672 dto.

79 VAT 18658 Bruchstück einer Urkunde mit Bürgschaftsklausel. Kambyses.

80 VAT 18661 Bruchstück einer Rechtsurkunde. 4. Jahr.

81 VAT 18666 Kauf oder Verkauf eines Hauses. Datum nicht erhalten.

82 VAT 18725 Rechnung über den Kauf eines Hauses. Datum nicht erhalten.

83 VAT 18657 Bruchstück einer Urkunde. Kyros, 6. Jahr.

84 VAT 18696 Kauf einer Pfründe. Nebukadnezar, 11 [+x]. Jahr.

85 VAT 18719 Zeugen einer Urkunde. MU.SAG.LUGAL.LA, Name nicht erhalten.

86 VAT 18654 Urkunde über eine Teilung. Nebukadnezar, 13. Jahr.

87 VAT 18679 Diensteinteilung für Fischer von Eanna. Undatiert. Bearbeitung demnächst von H. Freydank.

88 VAT 18678 Personenmiete.

89 VAT 18759 Verzeichnis von Arbeitskräften und Vieh in Beziehung zur „Herrin von Uruk".

90 VAT 19158 Lieferung von Gerste des *ginû*- und *guqqû*-Opfers an Brauer und Bäcker (?) im 34. Jahr des Nebukadnezar.

91 VAT 19156 Bruchstück einer „Opferliste". Die Abschnitte verzeichnen Gerstelieferungen für die Gottheiten Nanâ und Bēlet-ša-rēš (Vs.) und die Summen der Lieferungen an einzelne Personen (Rs.). Die Tagesquoten betragen $5^{2}/_{3}$ bzw. $3^{1}/_{2}$ *mašīḫu*. Vgl. H. Freydank, Spätbabylonische Wirtschaftstexte aus Uruk, Berlin 1971, 15f.

92 VAT 19157 Verzeichnis von Personennamen.

93 VAT 19159 Bruchstück einer „Opferliste". Die erhaltenen Abschnitte zeigen die Tagesquote 1. Vgl. H. Freydank, ebd. 16.

94 VAT 19155 Verzeichnis von Lieferungen in Verbindung mit bestimmten Personen.

95 VAT 19154 Fragmente einer Liste über die Haftung (?) von Personen für Leistungen an bestimmten Tagen.

96 VAT 16714 Fragment einer Urkunde über eine vor dem *šatammu* von Eanna verhandelte Angelegenheit betreffend Inventar der Gottheiten Uṣur-amātsu und Aškajītu; 2. Jahr des Kyros.

97 VAT 16664 Gerstelieferungen für bestimmte Tage.

98 VAT 16665 Lieferungen von Naturalien (Gerste?) in der Verfügung bestimmter Personen anläßlich von ITU.KIN Á.KI.IT.

99 VAT 16666 betrifft u. a. Einkommensrechte der Brauerschaft; Zeit Nabû-na'ids.

100 VAT 16667 Opferlieferungen vor der Göttin Nanâ.

101 VAT 16670 vermutlich Zeit Nebukadnezars.

102 VAT 16669

103 VAT 16668 erwähnt den ^{LÚ}*qīpu* und die Bäckerschaft.

104 VAT 16672 größere Mengen Naturalien (Gerste?) in Verbindung mit einzelnen Personen.

105 VAT 16685

106 VAT 16676

107 VAT 16680 nennt Gerste und Datteln.

108 VAT 16683 datiert wahrscheinlich aus dem 15. Regierungsjahr Nebukadnezars (Z. 6′).

109 VAT 16711 nennt MU.2.KÁM; vielleicht zu VAT 16710.

110 VAT 16663 verzeichnet *sattukku*/*ginû*-Opfer und ein Schlachtopfer (*ḫitpu*); nennt Vögel, Ziegen und Schafe.

111 VAT 16679

112 VAT 16671 nach ^{GIŠ}*mašīḫu* (Z. 7′) und MU.20.KÁM (Z. 8′) Zeit Nebukadnezars.

113 VAT 16682

114 VAT 16698 nennt die Ištar von Uruk

115 VAT 16707 datiert nach MU.17.KÁM (Vs. 12′, Rs. 2″ u. ö.), MU.1.KÁM (Vs. 15′ u. ö.) und MU.2.KÁM (Vs. 20′) aus dem Beginn der Regierungszeit des Kyros.

116 VAT 16710 nennt MU.3.KÁM.

117 VAT 16709 nach MU.26.KÁM und MU.27.KÁM Zeit Nebukadnezars.

118 VAT 16712

119 VAT 16708 nennt MU.7.KÁM *adi* MU.9.KÁM.

120 VAT 16713 betrifft Geflügel; vermerkt *ginû-* und *guqqû-* Opfer vom 2. bis zum 8. Regierungsjahr des Kyros (Rs. III).

121 VAT 16673 mehrkolumniges Personenverzeichnis; nennt Töpfer, Lederarbeiter und Zimmerleute von Eanna.

122 VAT 16674

123 VAT 16686

124 VAT 16701

125 VAT 16696

126 VAT 16675 Verhör (*ma-áš-a-a-al-tu*$_4$) über die Lieferung von Schmuckgegenständen in Verbindung mit der Göttin Uṣur-amātsu. Da die Jahreszahl im Datum nicht erhalten ist, kommt für die Datierung nur das 2. Regierungsjahr [vgl. Vs. 9: MU.2. KÁM) des Kyros (vgl. Rs. 11': LUGAL KUR.[KUR]), das einen Schalt-Ululu aufweist, in Betracht (s. R. A. Parker, W. H. Dubberstein, Babylonian Chronology 626 B. C. – A. D. 75, Providence 1956, 6 und 29). Zudem fällt der Text in die Amtszeit der Tempelbeamten von Eanna Nidinti-Bēl, des *šatammu* (Rs. 1'), und des Nabû-aḫa-iddina, des *rēš šarri* und *bēl piqitti* (Rs. 2') (vgl. M. San Nicolò, Beiträge zu einer Prosopographie neubabylonischer Beamter der Zivil- und Tempelverwaltung, München 1941 [SBBAW, Phil.-hist. Abt., Jahrgang 1941, Bd. 2, H. 2], 17 und 19f.).

127 VAT 16687 betrifft Gegenstände aus Edelmetall und Edelsteine in Verbindung mit den Gottheiten Bēlet-ša-Uruk, Nanâ und Bēlet-ša-rēš.

128 VAT 16688 betrifft überwiegend Gegenstände aus Edelmetall und Edelsteine der Göttin Bēlet-ša-Uruk.

129 VAT 16684

130 VAT 16677 betrifft Silberschrott und Gold in Verbindung mit der Cella der Göttin Nanâ.

131 VAT 16678 mehrkolumnige Tafel über den täglichen Verbrauch von Emmer und Gerste für Schafe.

132 VAT 16706 betrifft ein Grundstück; nennt die Göttin Uṣur-amātsu.

133 VAT 16681 betrifft den Eingang und Ausgang von Naturalien in Eanna.

134 VAT 16690 Liste über Lieferungen der Bäcker für sechs Monate (ITU.ŠU bis ITU.GAN); 26./27. Regierungsjahr des Nebukadnezar.

135 VAT 16689 datiert aus der Achämenidenzeit, nennt anscheinend einen Flurnamen.

136 VAT 16692 betrifft Textilien und Möbel der Gottheiten Nanâ, Bēlet-ša-rēš und Uṣur-amātsu; u. a. Textilien auf den Betten der Nanâ (Vs. 1'') und der Bēlet-ša-rēš (Vs. 4) sowie auf den Thronen (vgl. Rs. 6').

137 VAT 16694

138 VAT 16691 nennt u. a. einige Ländernamen und Esangila, ferner die *kasû*-Pflanze als Futtermittel; könnte nach dem Schalt-Addaru (Vs. 5') in das 5. Regierungsjahr des Kambyses datieren (Parker, Dubberstein 7 und 30).

139 VAT 16695 betrifft u. a. Futtergetreide für Rinder.

140 VAT 16697 erwähnt u. a. den Austausch von Schafen gegen Datteln.

141 VAT 16702

142 VAT 16699

143 VAT 16700

144 VAT 16704

145 VAT 16703 erwähnt das Eigentum der Gottheiten Bēlet-ša-Uruk und Nanâ; aus der Regierungszeit des Nergal-šar-uṣur.

146 VAT 16705

KONKORDANZ DER MUSEUMSNUMMERN (VAT)

VAT-Nr.	Heft-Nr.	VAT-Nr.	Heft-Nr.	VAT-Nr.	Heft-Nr.	VAT-Nr.	Heft-Nr.	VAT-Nr.	Heft-Nr.
16663	110	16697	140	18520	48	18643	46	18773	73
16664	97	16698	114	18521	71	18644	6	18783	14
16665	98	16699	142	18522	7	18645	43	18785	59
16666	99	16700	143	18523	45	18647	22	18847	74
16667	100	16701	124	18524	44	18648	31	18950	49
16668	103	16702	141	18525	1	18649	75	18956	54
16669	102	16703	145	18526	10	18650	58	18964	23
16670	101	16704	144	18527	9	18651	13	18967	24
16671	112	16705	146	18528	53	18652	62	19154	95
16672	104	16706	132	18529	2	18653	41	19155	94
16673	121	16707	115	18530	51	18654	86	19156	91
16674	122	16708	119	18531	21	18655	76	19157	92
16675	126	16709	117	18532	29	18656	72	19158	90
16676	106	16710	116	18533	56	18657	83	19159	93
16677	130	16711	109	18622	50	18658	79		
16678	131	16712	118	18623	16	18660	69		
16679	111	16713	120	18625	30	18661	80		
16680	107	16714	96	18626	60	18664	52		
16681	133	18465	63	18627	32	18665	64		
16682	113	18466	67	18628	61	18666	80		
16683	108	18467	19	18630	40	18668	66		
16684	129	18468	55	18631	38	18669	68		
16685	105	18469	5	18632	25	18672	78		
16686	123	18470	11	18633	70	18678	88		
16687	127	18471	47	18634	4	18679	87		
16688	128	18511	15	18635	8	18696	84		
16689	135	18512	20	18636	57	18719	85		
16690	134	18513	33	18637	36	18720	65		
16691	138	18515	12	18638	17	18721	77		
16692	136	18516	39	18639	18	18725	82		
16694	137	18517	35	18640	42	18758	28		
16695	139	18518	37	18641	26	18759	89		
16696	125	18519	34	18642	27	18760	3		

Fund-Nr.	VAT-Nr.	Heft-Nr.	Fundort
2932	16674	122	Qc/XV2 1 m tief
3367	18759	89	dto.
3371	18785	59	dto.
	18847	74	dto.
3372	18654	86	dto.
	18655	76	dto.
3381	18626	60	Qc/XIV5–Qd/XV1
3385	18652	62	Qc/XV2
3391	18522	7	dto.
3394	16669	102	dto.
3396	18516	39	dto.
3400	16700	143	dto.
3915	16703	145	dto.
3919	18515	12	dto.
3923	18628	61	dto.
3930	18637	36	dto.
3931	16699	142	dto.
	16677	130	
	16701	124	
3932	18656	72	dto.
3946	18783	14	dto.
4602	18657	83	Qc/XIV5 NO–Qd/XV 1 NO
4604	16686	123	dto.
4605	16696	125	dto.
4606	18623	16	dto.
	18950	49	
4607	18622	50	dto.
5071	18651	13	Oc/XVI5 1,50 m tief
7315	18627	32	Pc/XV1 an neubaby-
	18649	75	lon. Hofmauer
7316	18649	31	dto.
	18471	47	
	18517	35	
	18630	40	
	18632	25	
	18634	4	
	18636	57	
	18640	42	
	18641	26	
	18642	27	
	18645	43	
	18648	31	
	18653	41	
7340	18967	24	Pc/XV1 an neubaby-
			lon. Hofmauer
7351	18467	19	dto.
	18964	23	

Fund-Nr.	VAT-Nr.	Heft-Nr.	Fundort
7395	18512	20	dto.
	18523	45	
	18524	44	
	18633	70	
	18635	8	
	18639	18	
	18644	6	
	18760	3	
7461	18469	5	dto.
	18513	33	
	18518	37	
	18519	34	
	18520	48	
	18525	1	
	18527	9	
	18526	10	
	18529	2	
	18531	21	
	18532	29	
	18643	46	
	18650	58	
	18758	28	
7486	18466	67	dto.
	18468	55	
	18511	15	
	18521	71	
	18528	53	
	18530	51	
	18625	30	
	18631	38	
	18638	17	
	18956	54	
17718	18465	63	Qc/XVI Raublöcher
	18533	56	
	18656	72	
	18661	80	
	18664	52	
	18665	64	
	18666	80	
	18668	66	
	18669	68	
	18672	78	
	18678	88	
	18679	87	
	18696	84	
	18719	85	
	18720	65	
	18725	82	
	18773	73	

TAFELN

1

VAT 18525 3×4,4

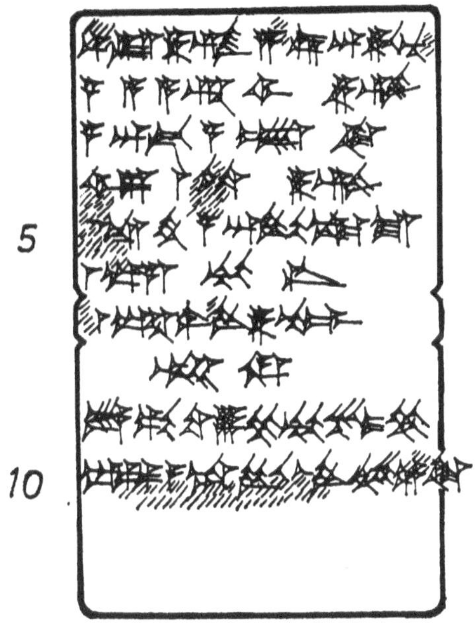

2

VAT 18529 2,5×3,4

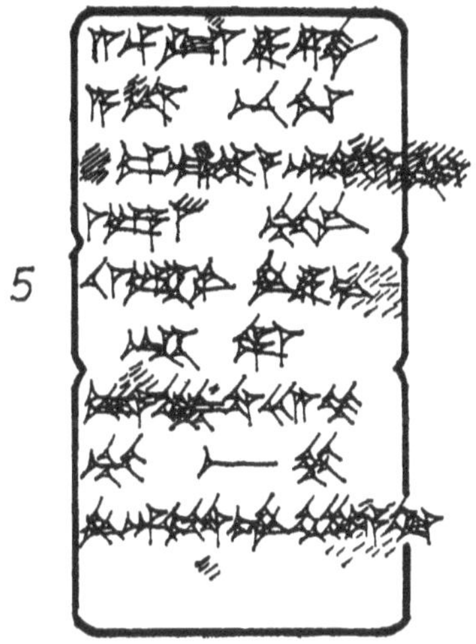

3

VAT 18634 2,2×3

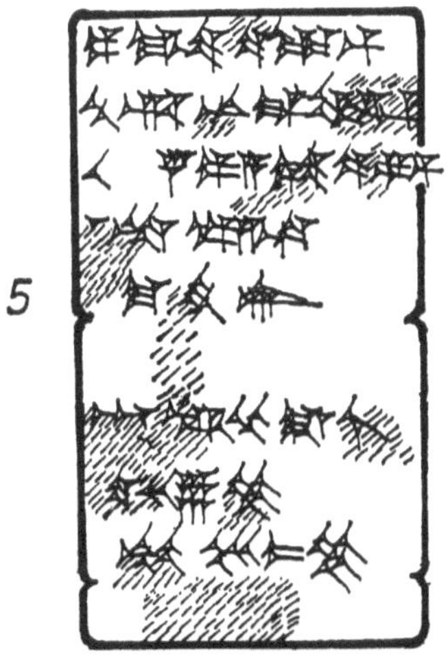

4

VAT 18760 2,8×3,8

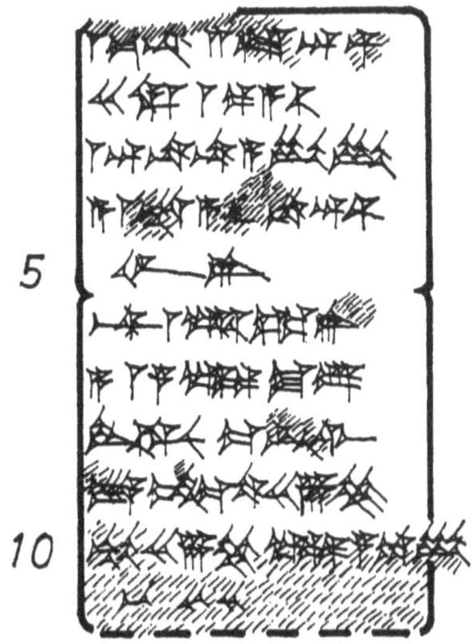

5

VAT 18469 2,8×4,1

6

VAT 18644 3×4,2

7

VAT 18522 2,5×3,2

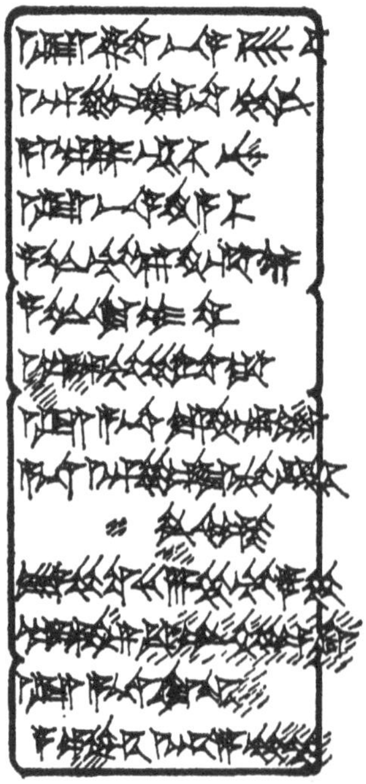

8

VAT 18635 2,2×3

9

VAT 18527 2,7×4

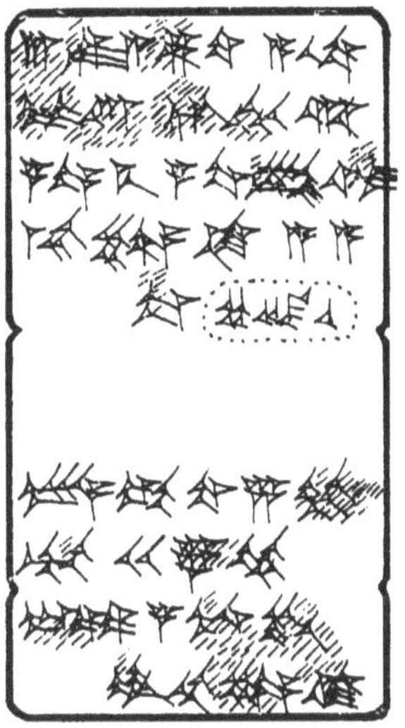

10

VAT 18526 2,7×4,5

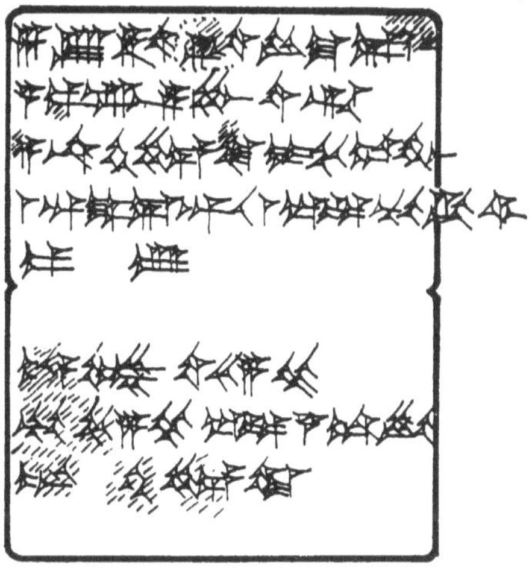

11

VAT 18470 2,6×3,7

12

VAT 18515 3,6×5

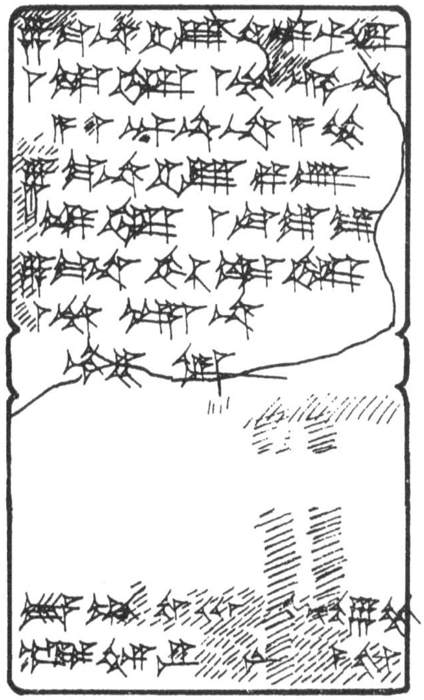

13

VAT 18651 2×3,1

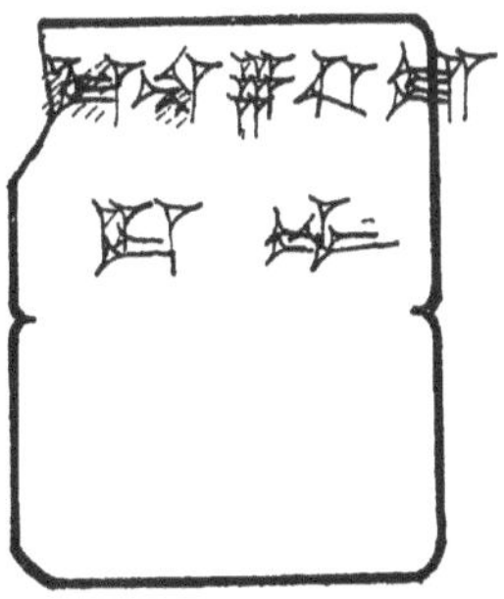

14

VAT 18783 2,9×4,2

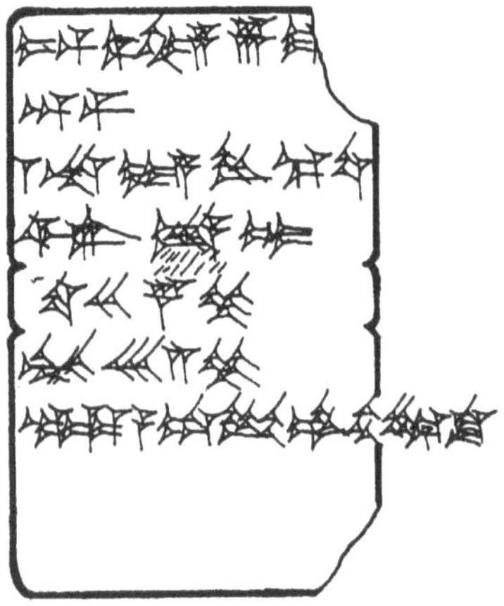

15

VAT 18511 3,1×4,5

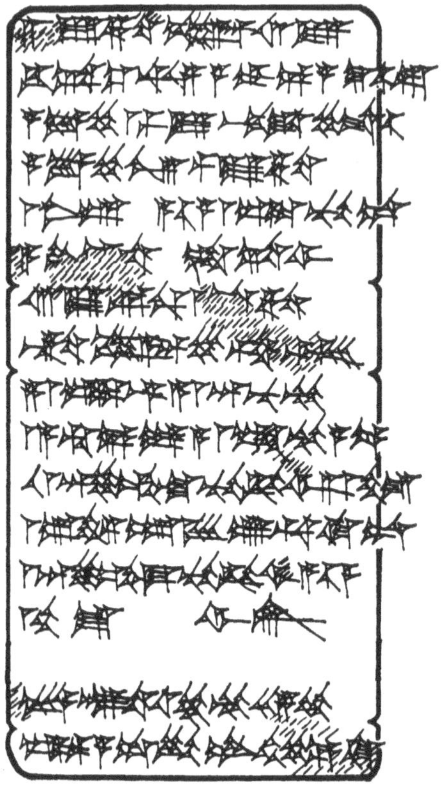

17

VAT 18638 5,8×4,7

16

VAT 18623 3×4

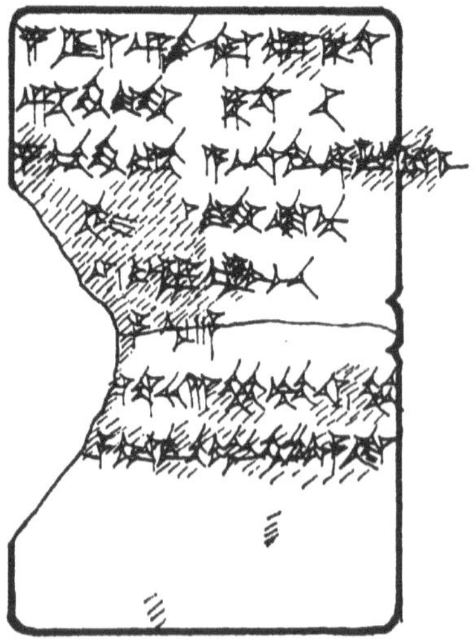

18

VAT 18639 2,8×4

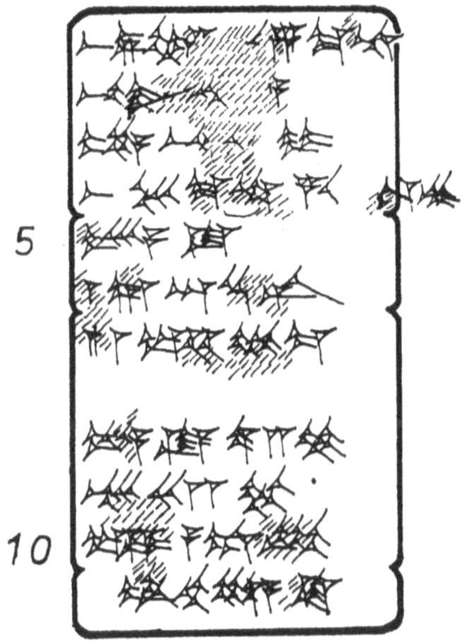

19

VAT 18467 2,6×4,4

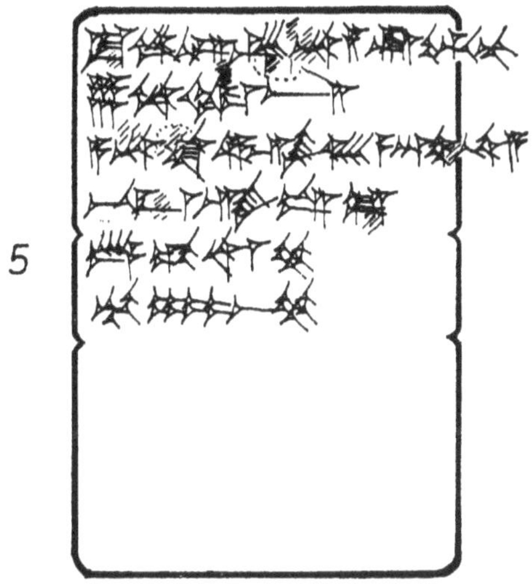

20

VAT 18512 2,8×3,5

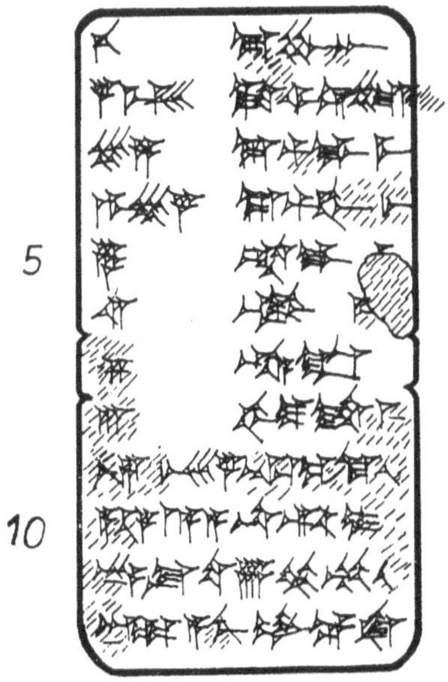

21

VAT 18531 2×2,9

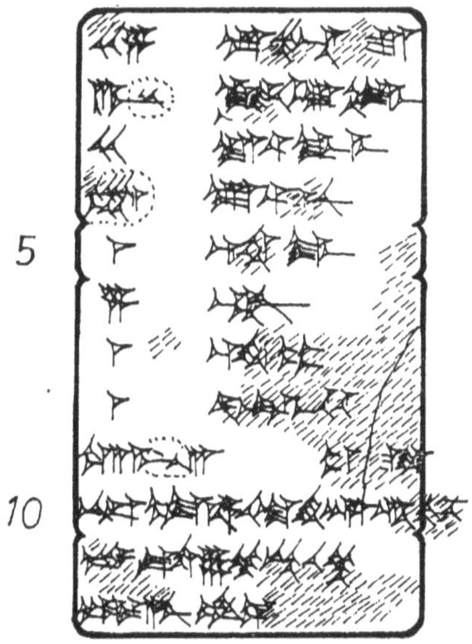

22

VAT 18964 6,1 × 5,6

Vs.

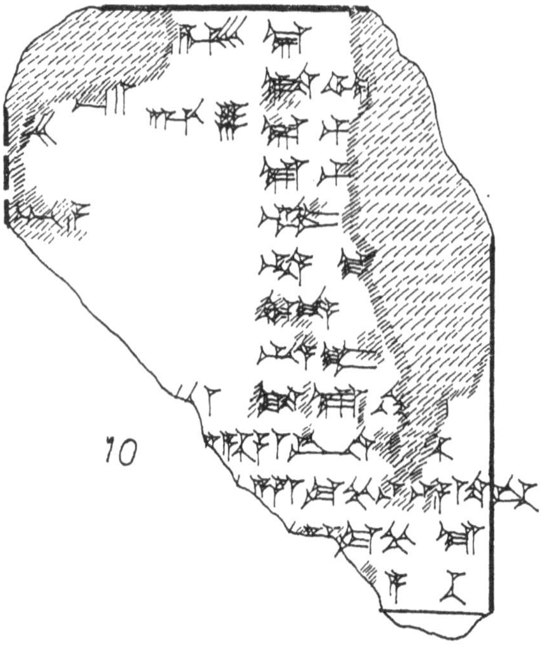

Rs.

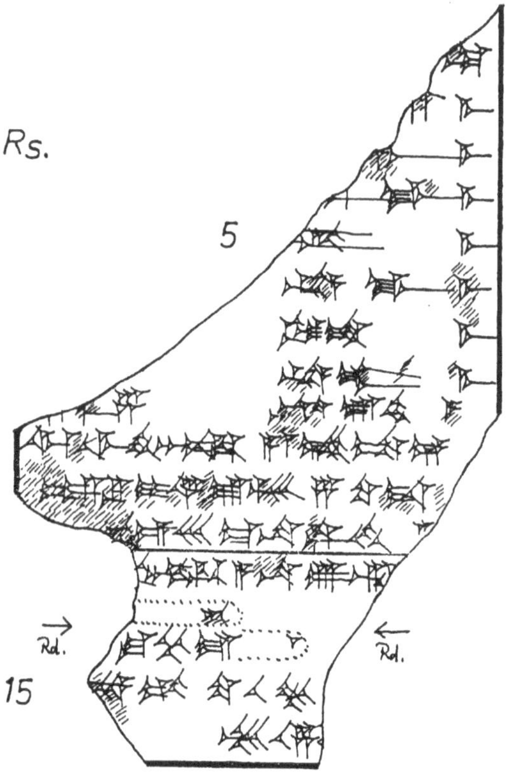

23

VAT 18967 5×4,7

Vs.

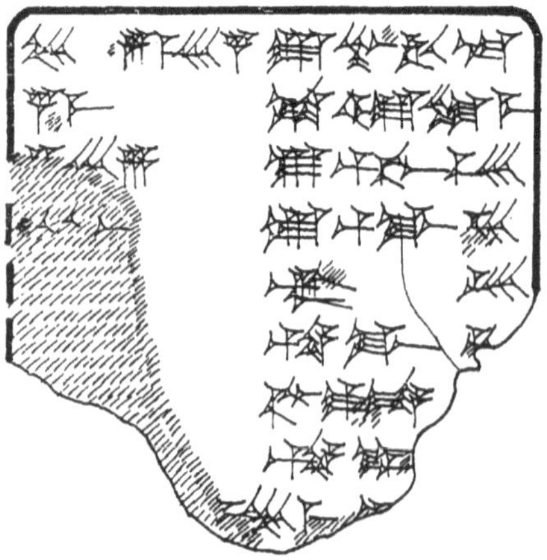

Rs.

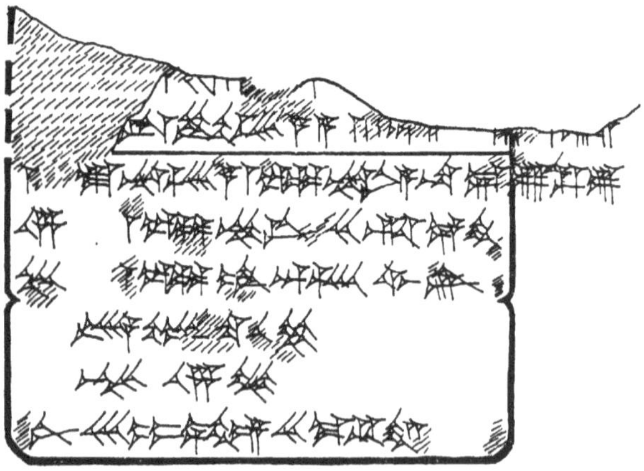

Seitenrd.

24

VAT 18647 1,9×2,6

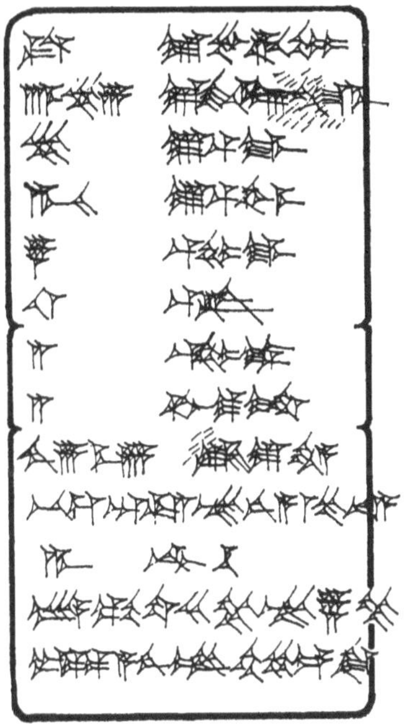

25

VAT 18632 2×2,7

26

VAT 18641 1,8×2,4

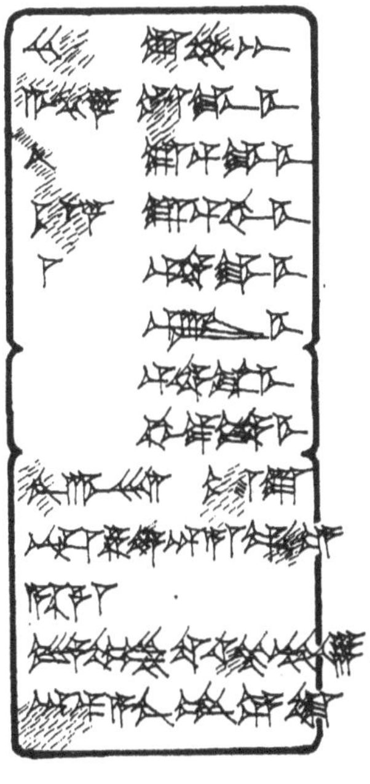

27

VAT 18642 1,5×2

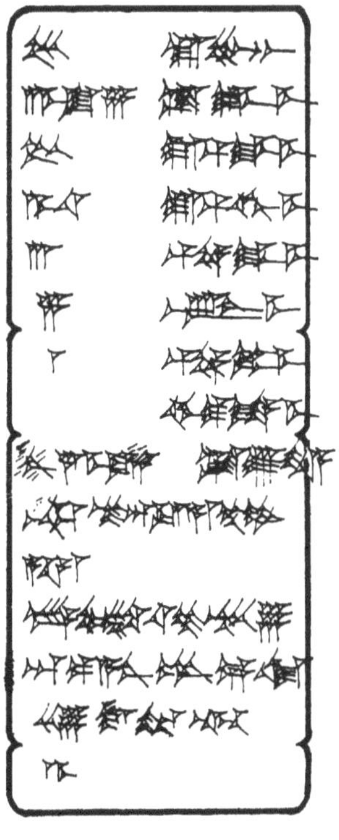

28

VAT 18758 2,6×3,5

29

VAT 18532 3×4

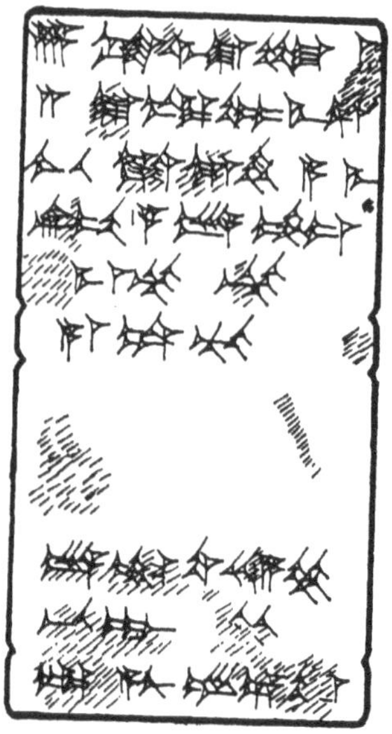

30

VAT 18625 5,7×3

31

VAT 18648 2×2,7

32

VAT 18627 2×4

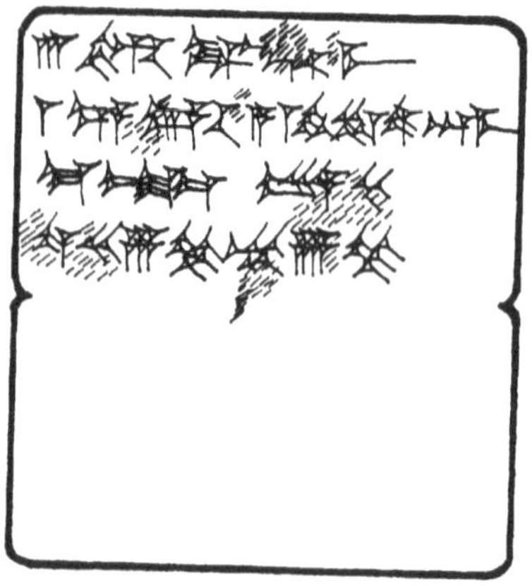

33

VAT 18513 2,9×3,8

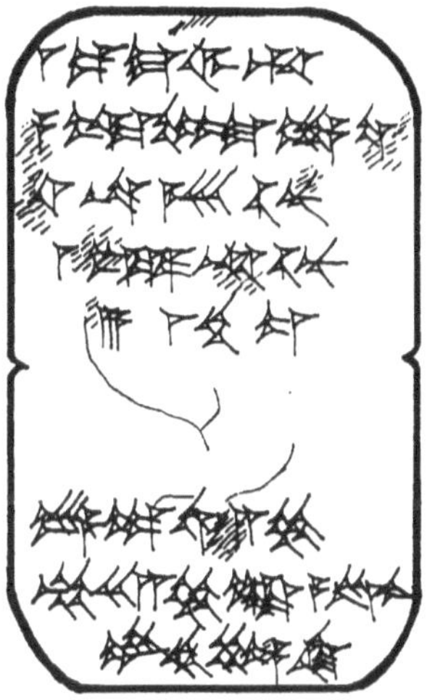

34

VAT 18519 2,9×3,9

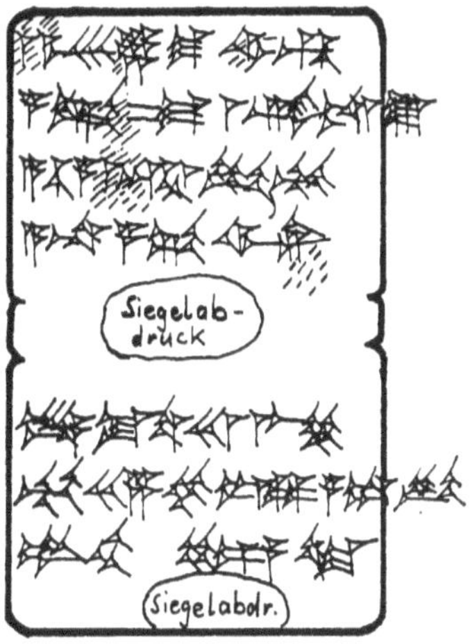

35

VAT 18517 2,4×3,3

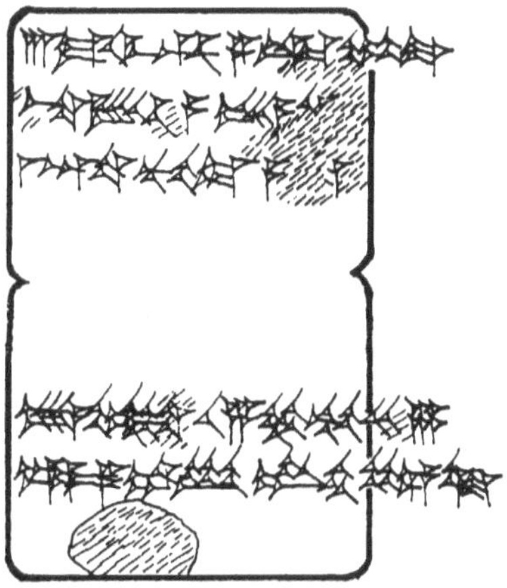

36

VAT 18637 4,2×2,8

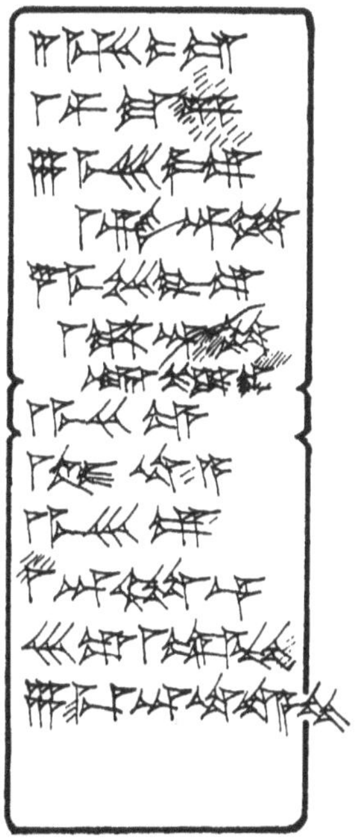

37

VAT 18518 2,7×3,9

38

VAT 18631 5×3,2

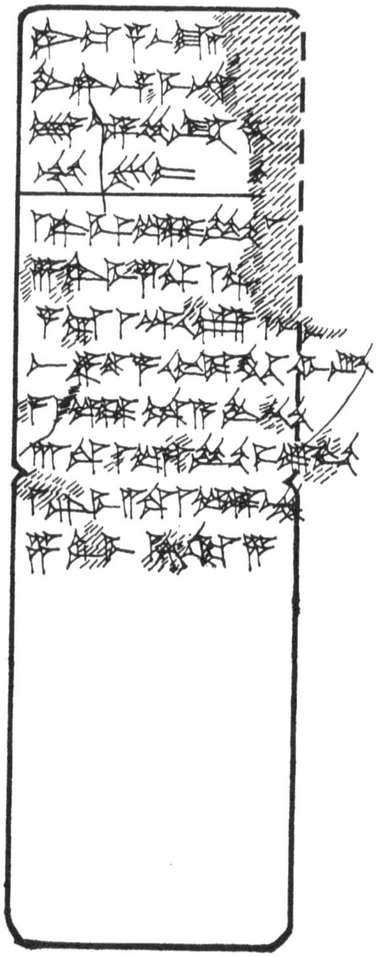

39

VAT 18516 2,4×3,3

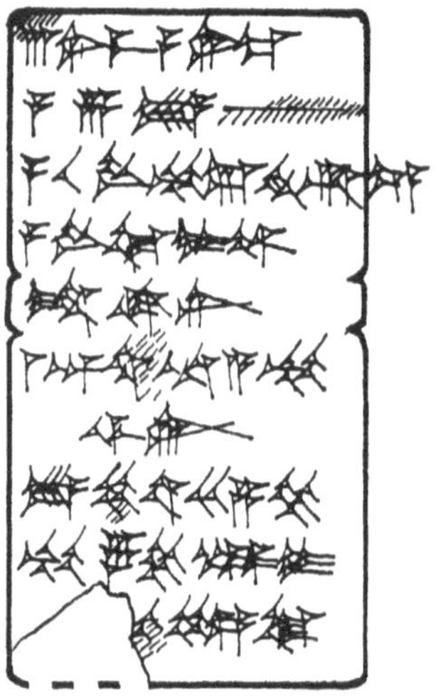

40 VAT 18630 2×2,5

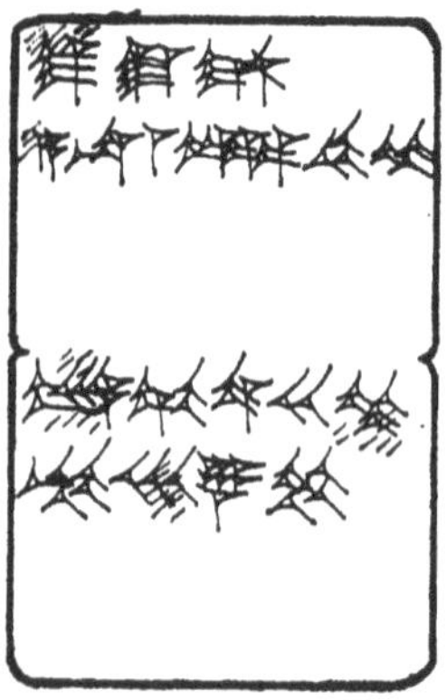

41

VAT 18653 2,2×3,5

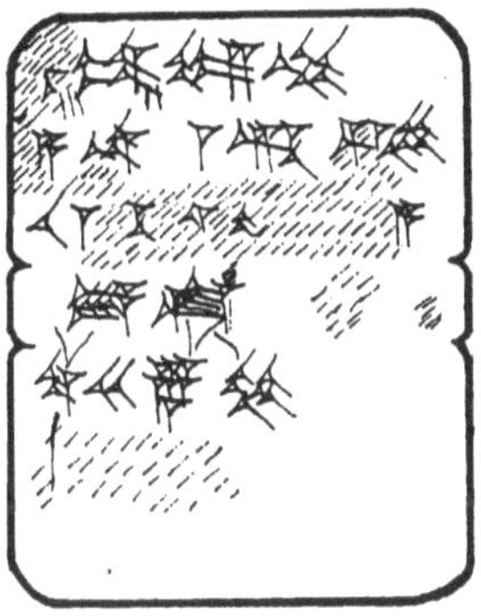

42

VAT 18640 2,5×3,2

43

VAT 18524 2,8×3,8

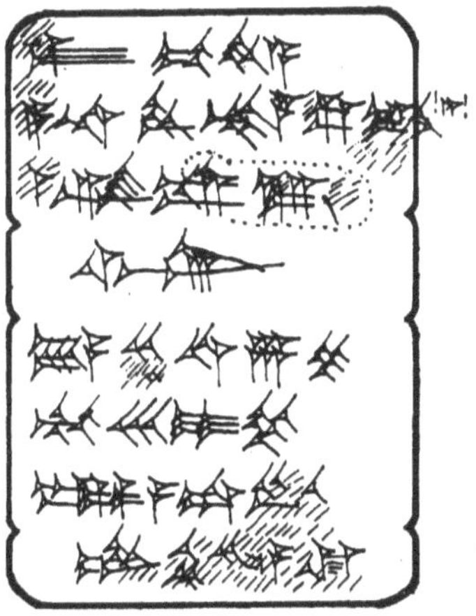

44

VAT 18645 2,2×2,8

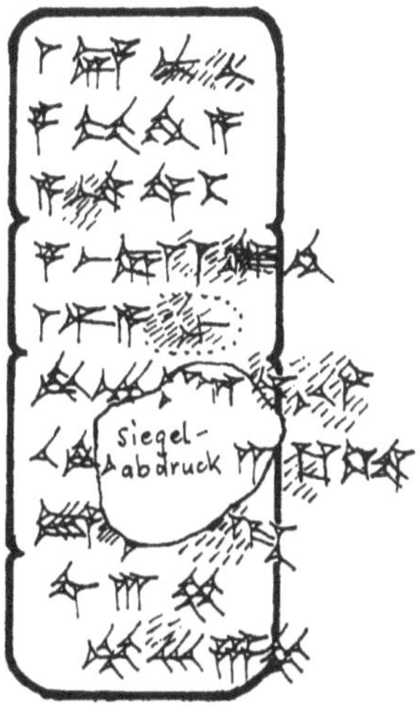

45

VAT 18523 2,6x3,5

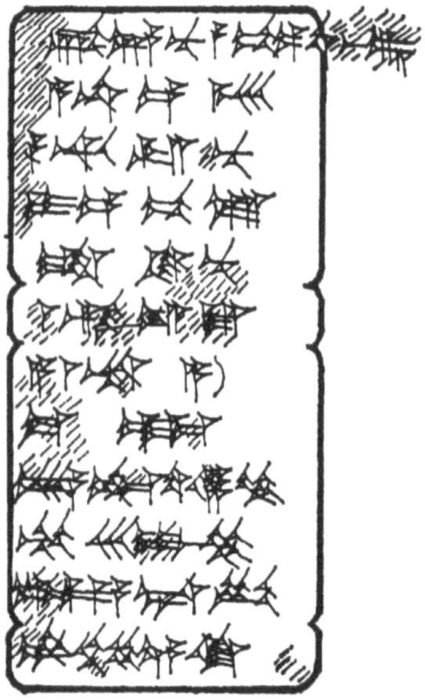

46

VAT 18643 2,8x3,5

47

VAT 18471 2,5x3,5

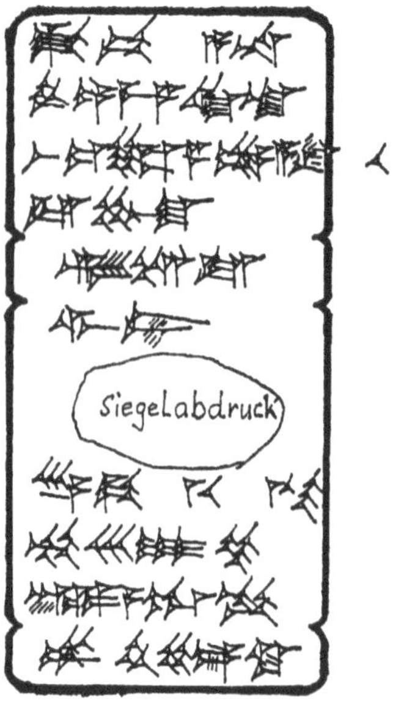

48

VAT 18520 2,6x3,5

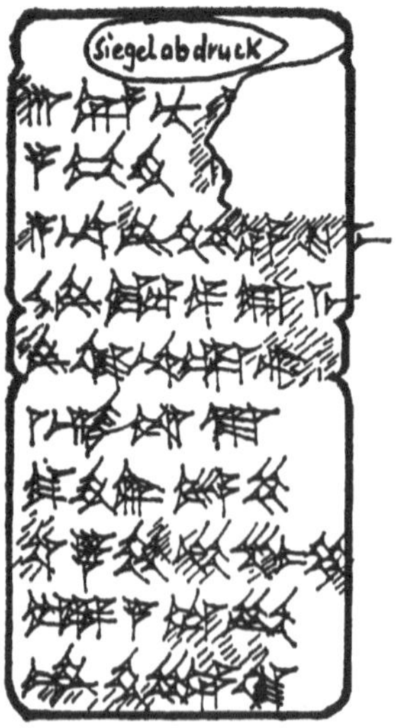

49

VAT 18950 12 × 6,8

Vs. Rs.

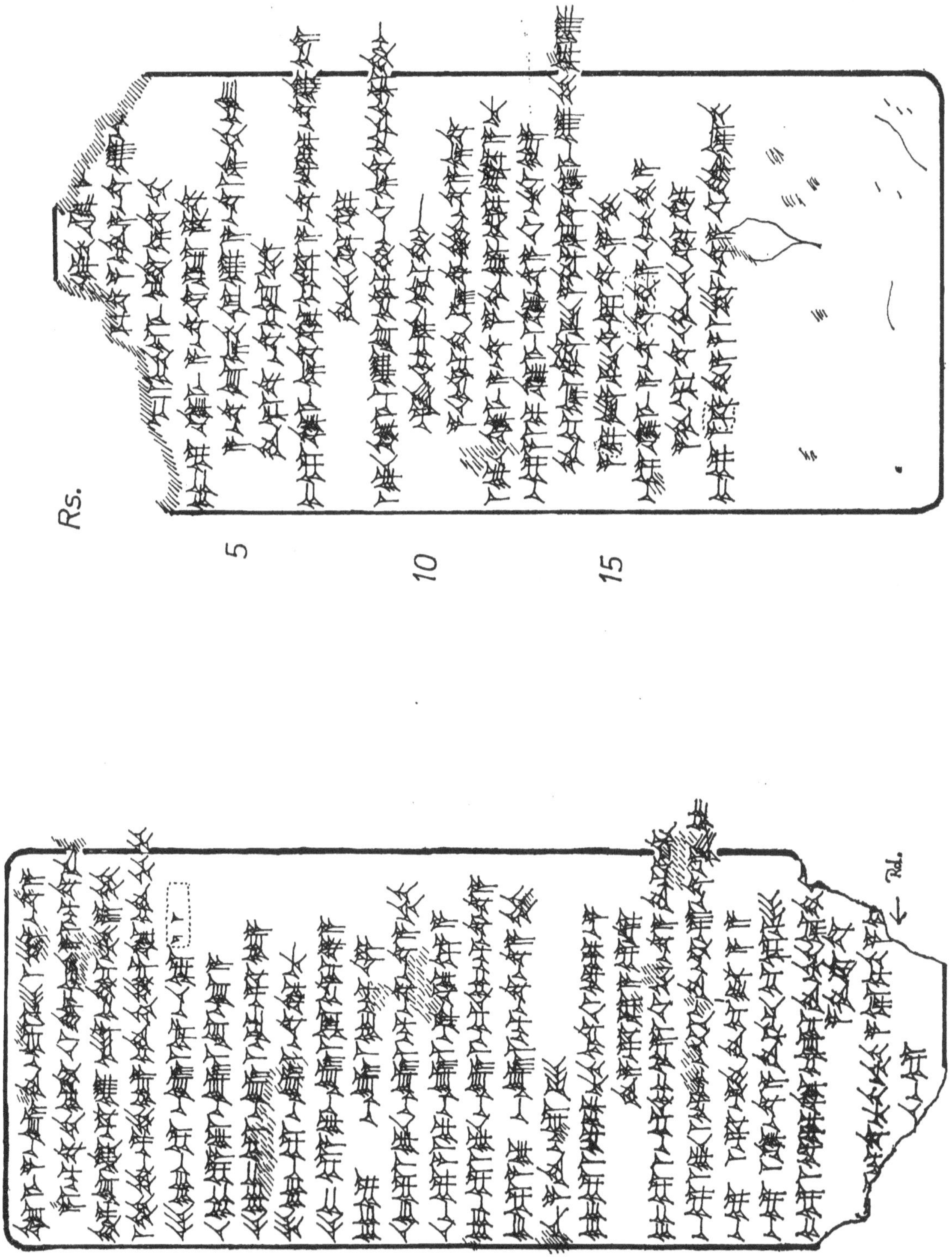

50

VAT 18622 3,7 x 5

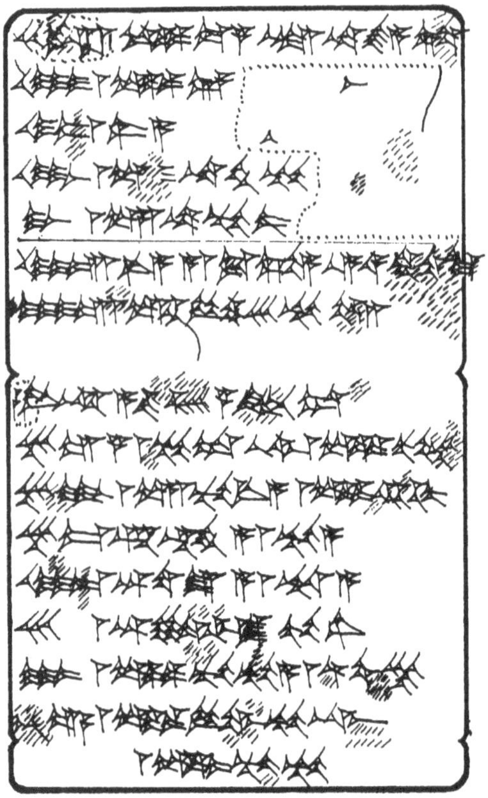

51

VAT 18530 3,8 x 5,3

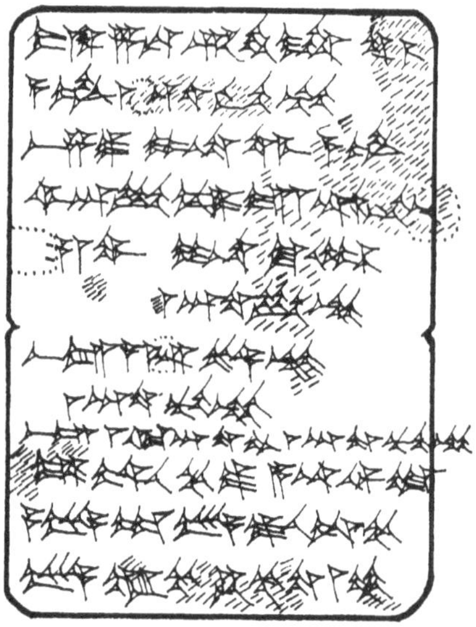

52

VAT 18664 3 x 4,2

Vs.

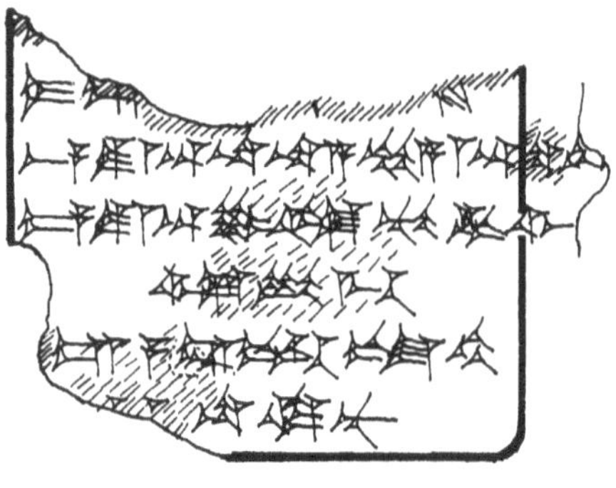

Rs., soweit erhalten, unbeschrieben

53

VAT 18528 4,3 x 5,6

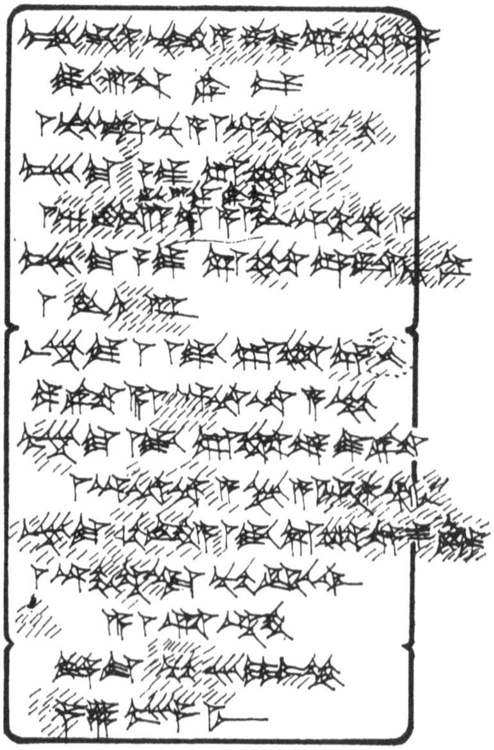

54

VAT 18956 13×6,8

Vs.

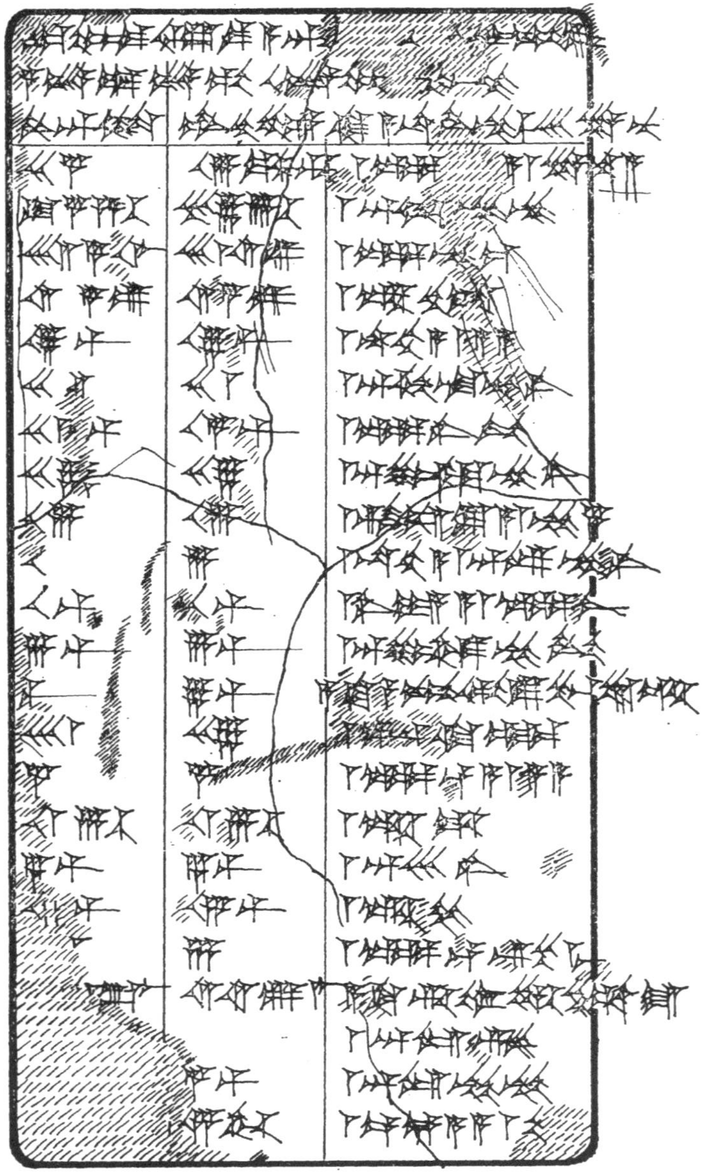

Rs.

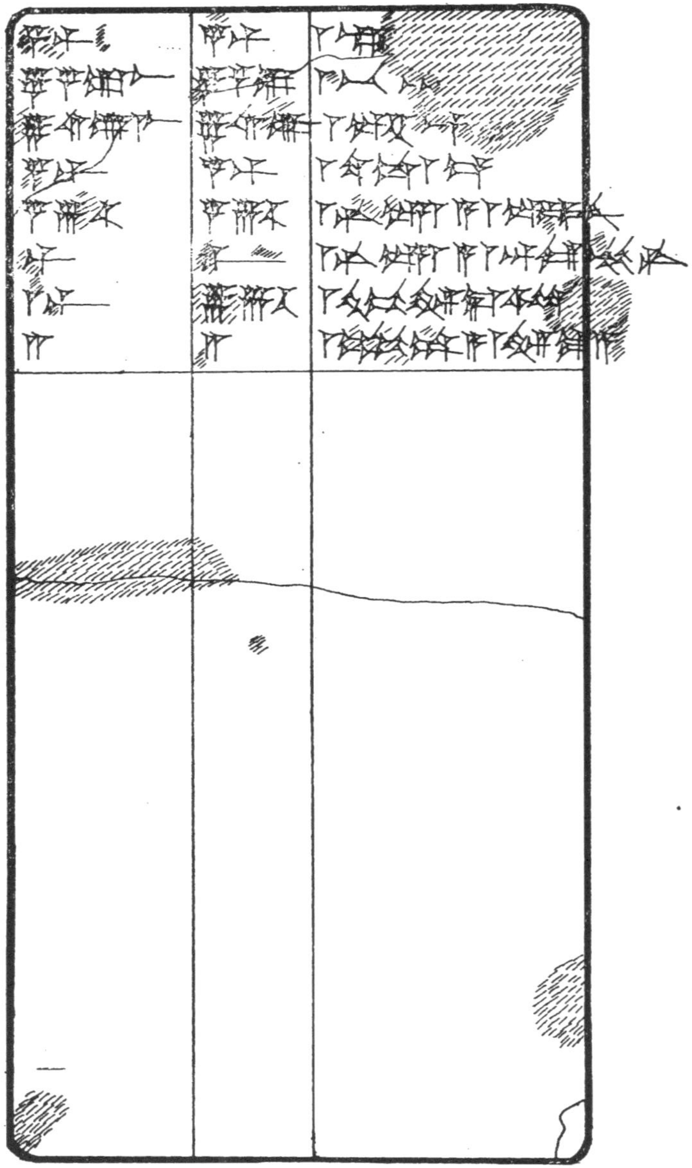

55

VAT 18468 4×5,7

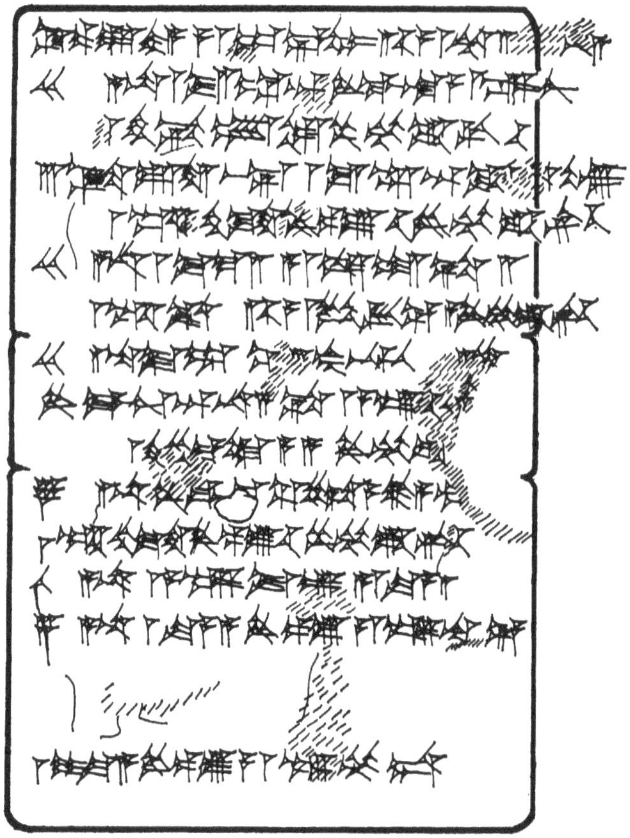

56

VAT 18533 2,8×5,2

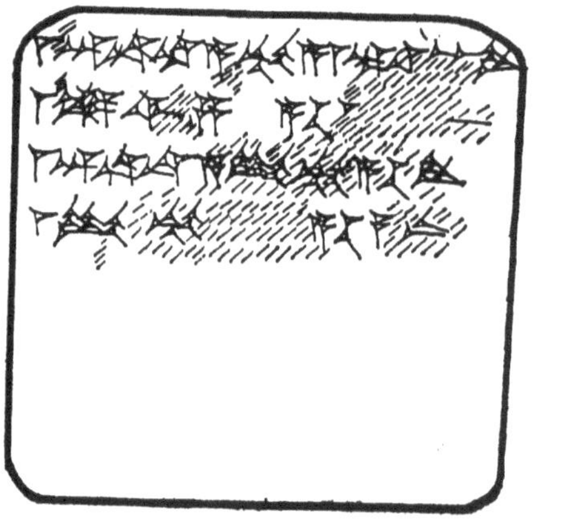

57

VAT 18636 2,2×3,2

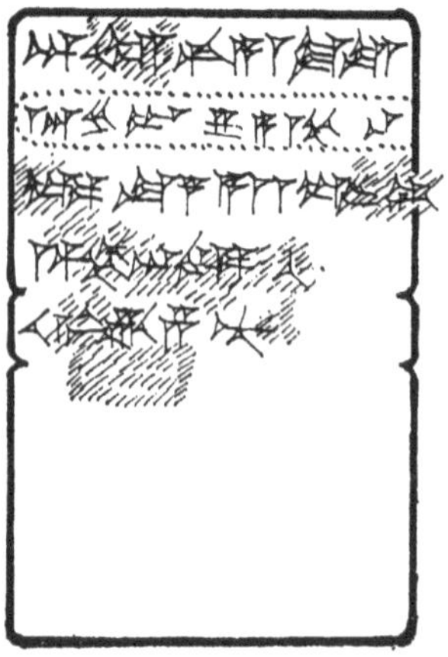

58

VAT 18650 2,1×4

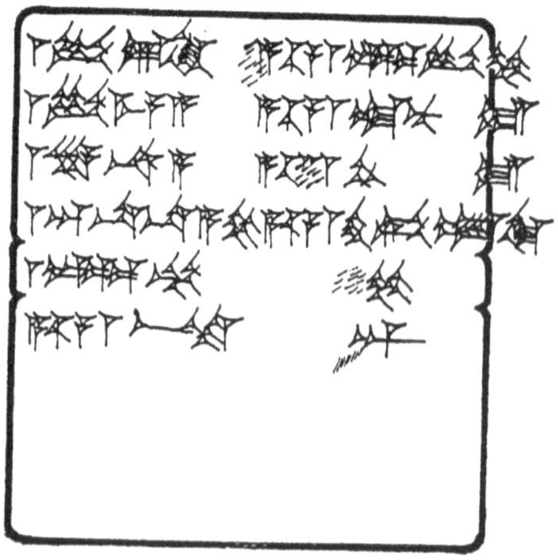

59

VAT 18785 4,8 x 6,5

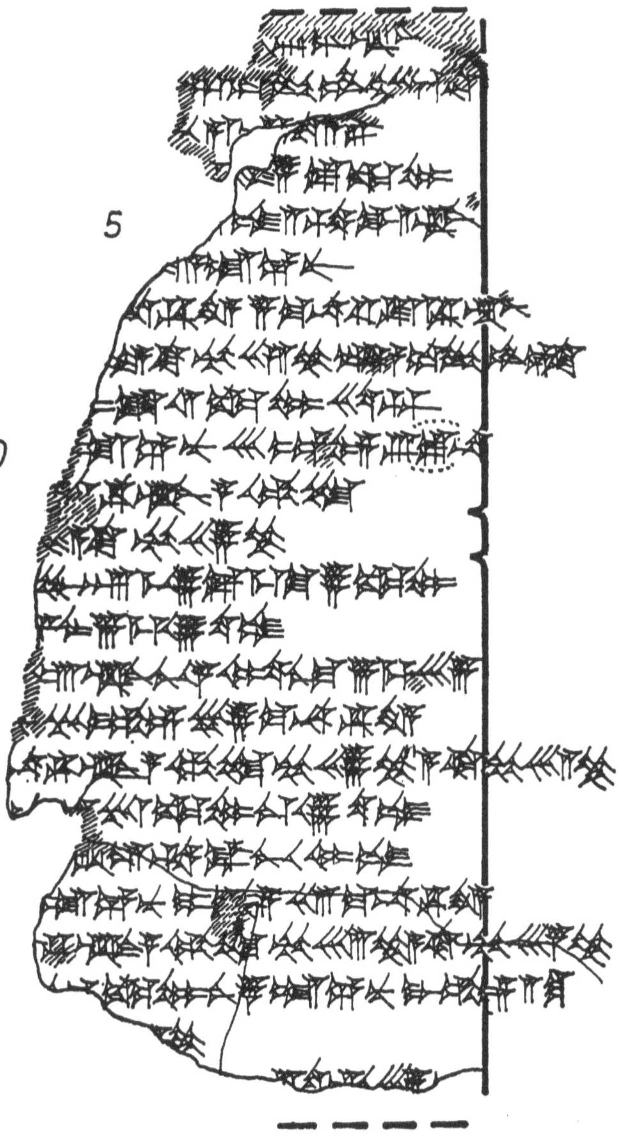

60

VAT 18626 2,7 x 3,5

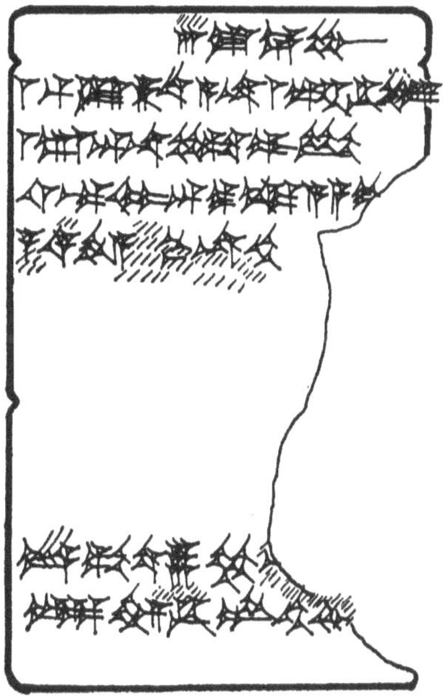

61

VAT 18628 3 x 3,4

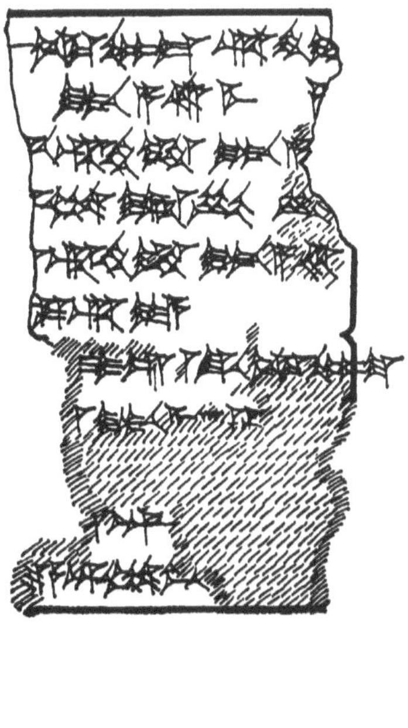

62

VAT 18652 4,4×5,1

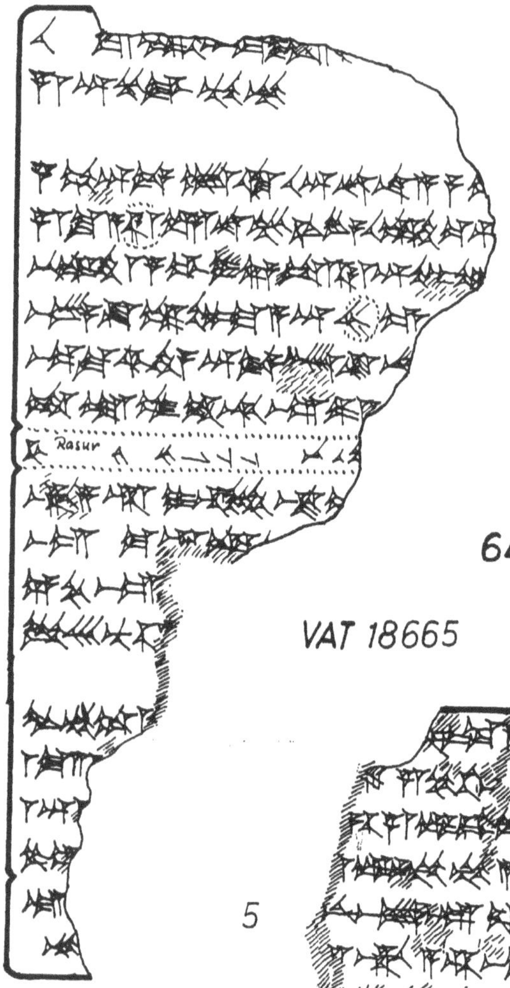

63

VAT 18465 3,9×4,1

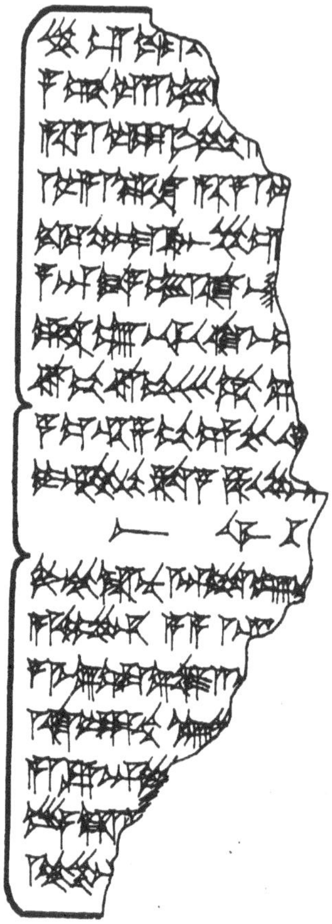

64

VAT 18665 4,2×5,3

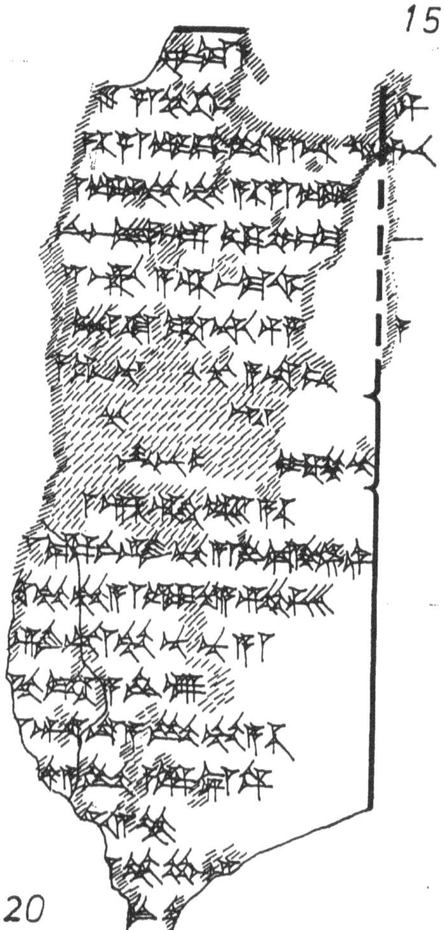

65

VAT 18720 3,8×3,4

Vs.

Rs.

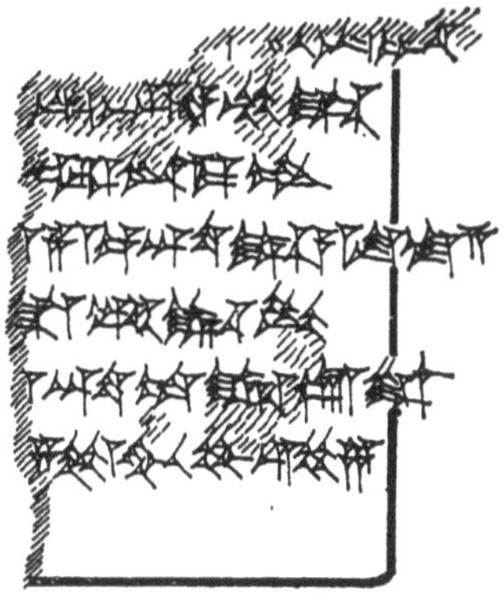

66

VAT 18668 3,6×3,2

Vs.

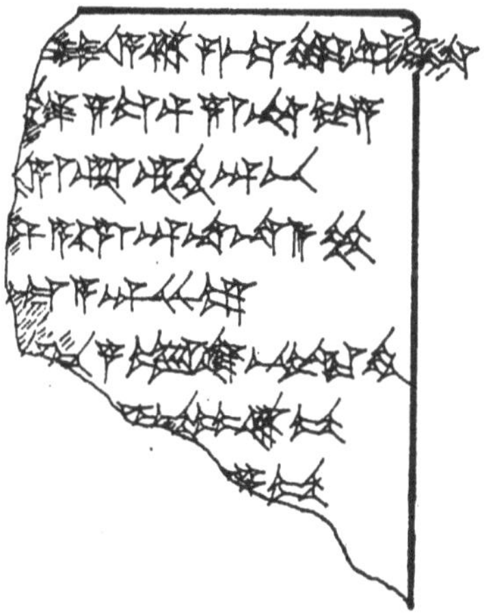

Rs.

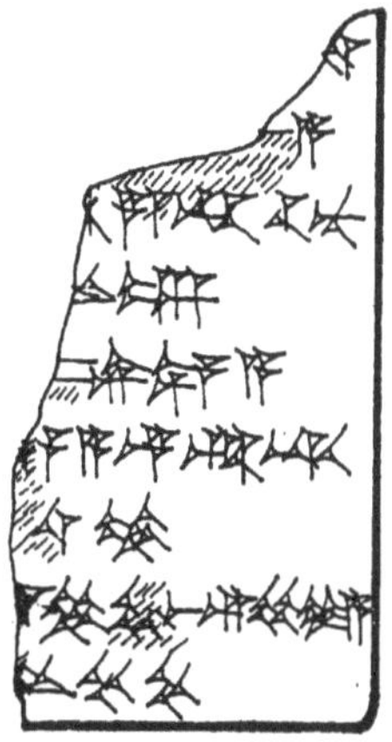

67

VAT 18466 4,2×6

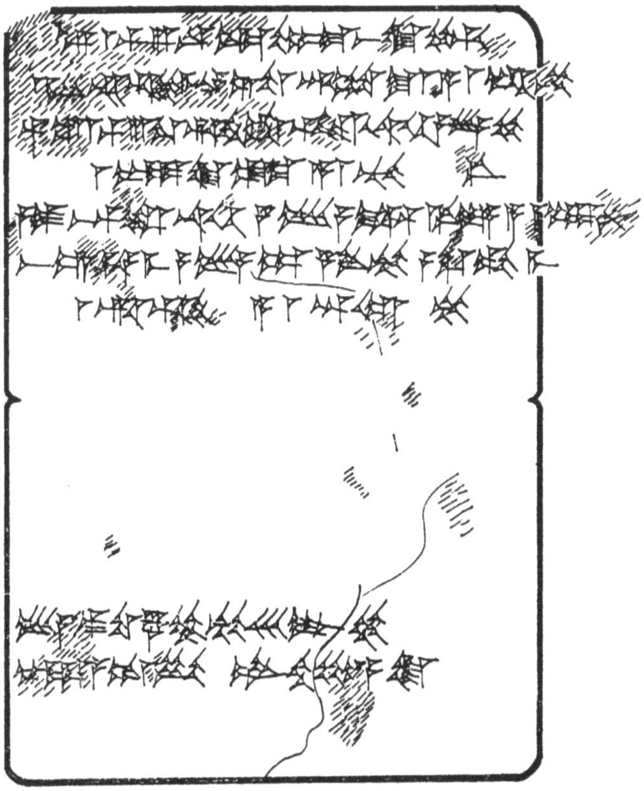

Tafel XX

68

VAT 18669 2,7×4,5

Vs.

Rs.

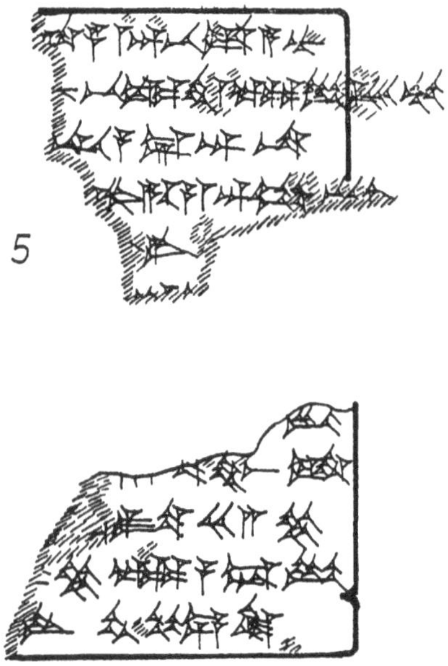

69

VAT 18660 3,5×5,5

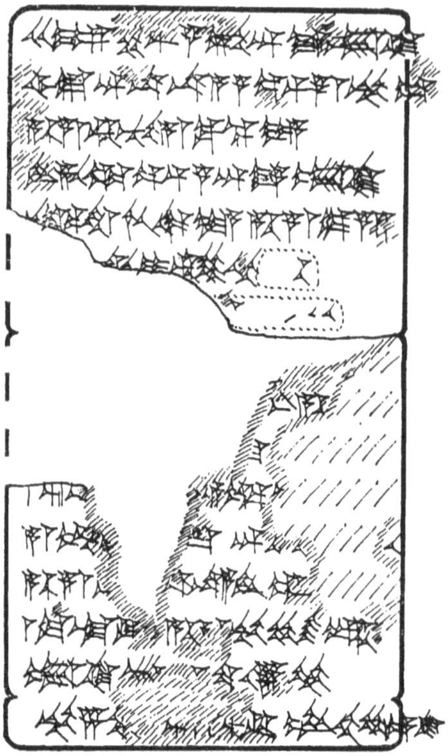

70

VAT 18633 2,3×3,2

71

VAT 18521 3,8×5,9

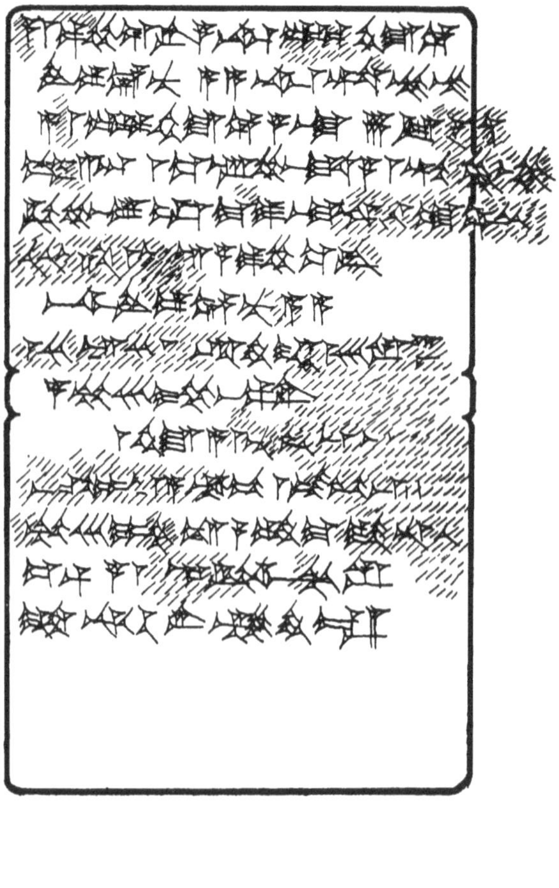

72

VAT 18656 5×3,4

Vs.

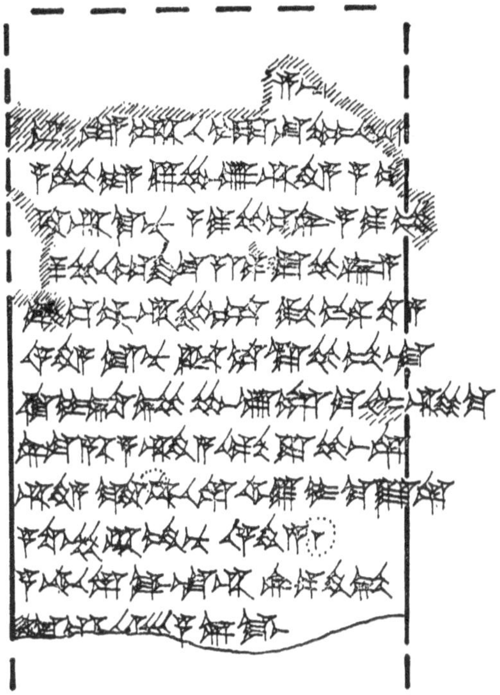

Rs.

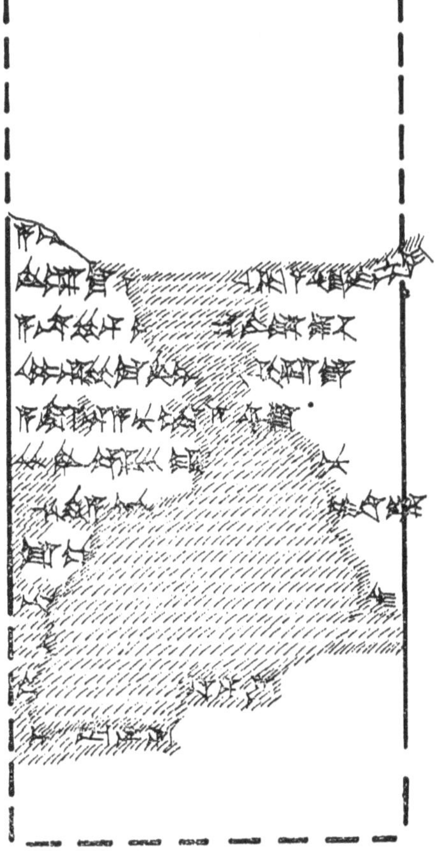

Rd.

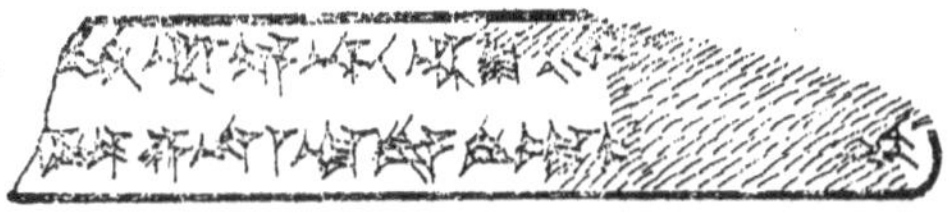

73

VAT 18773 2×5

Vs.

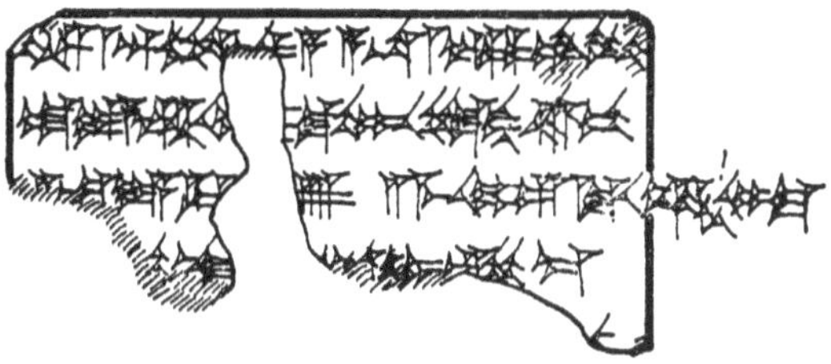

Rs., soweit erhalten, unbeschrieben

74

VAT 18847 3,3×3,2

Vs.

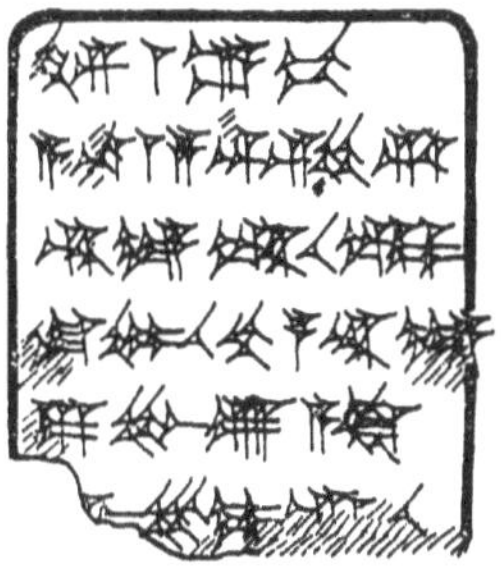

Rs.

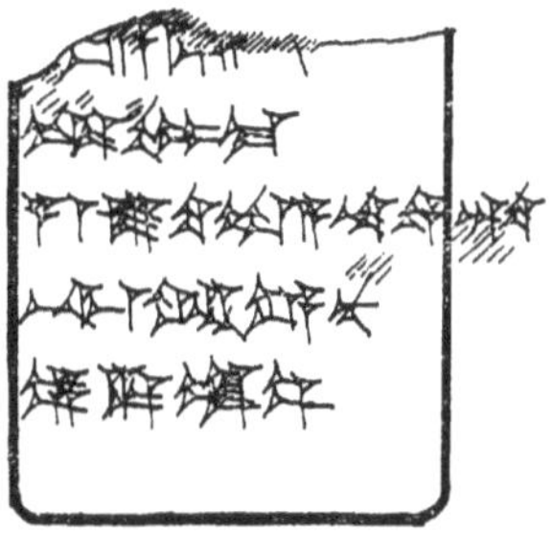

75

VAT 18649 3,2×7,8

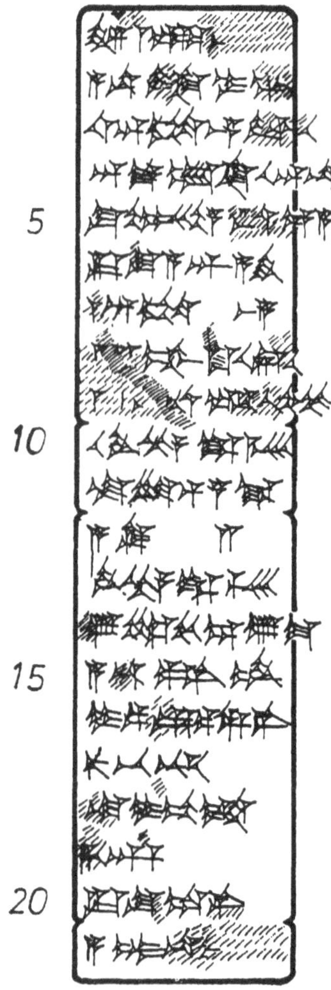

lk. Seitenrd.

76

VAT 18655 3,9×5,4

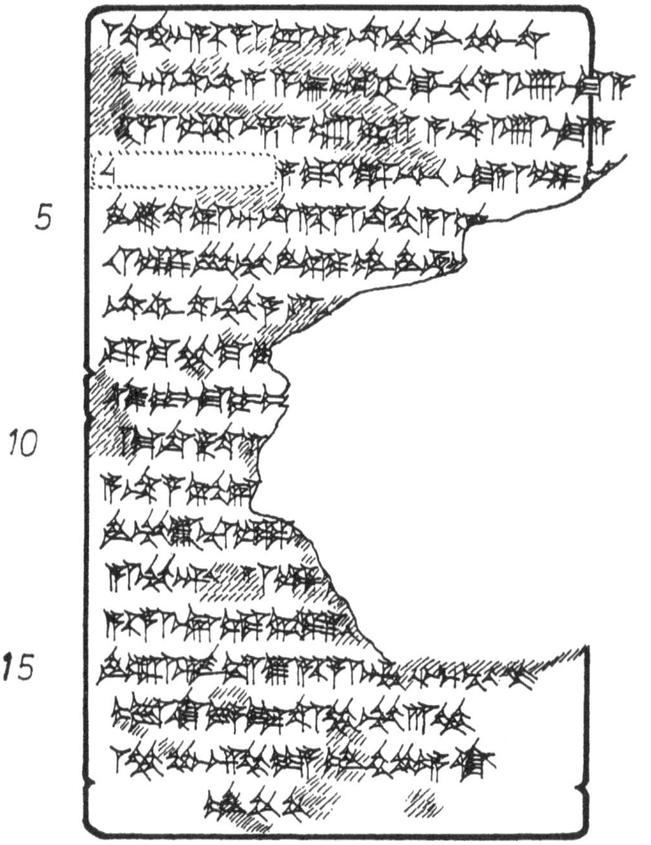

77

VAT 18721 3,4×4,8

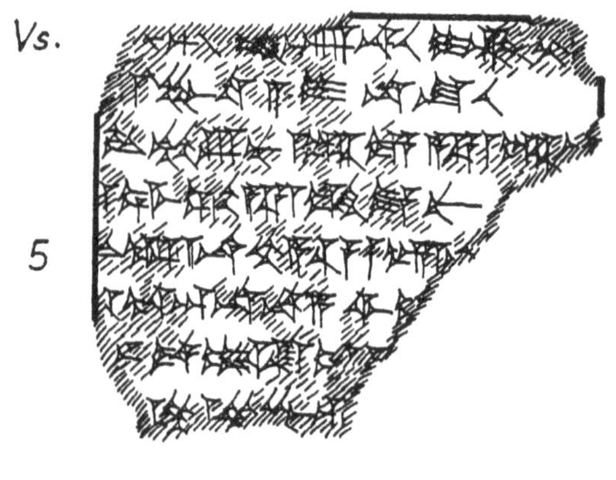

Rs. zerstört

78

VAT 18672 3,5×8

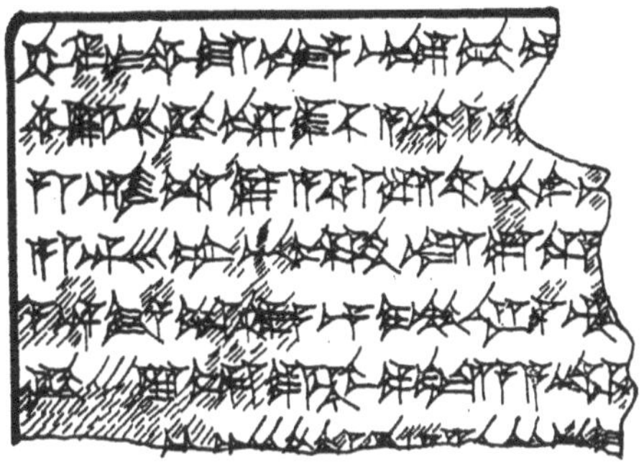

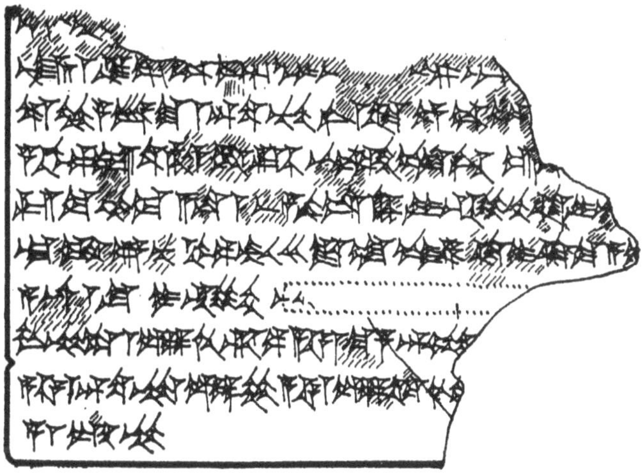

Seitenrd.

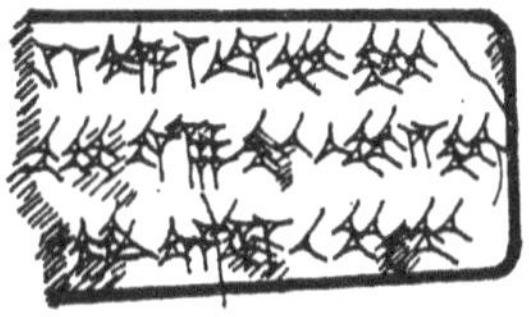

79

VAT 18658 3,7×4

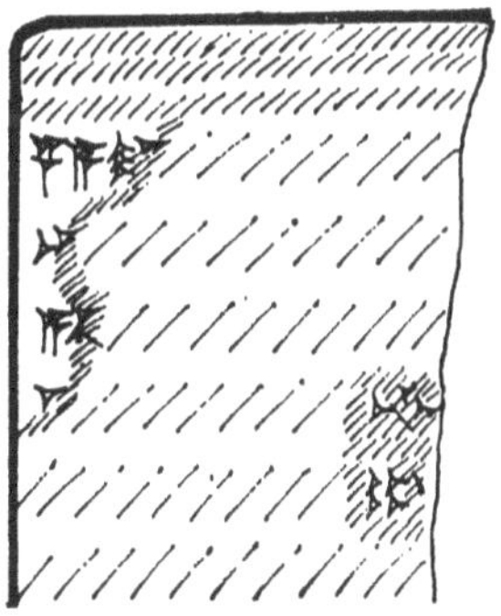

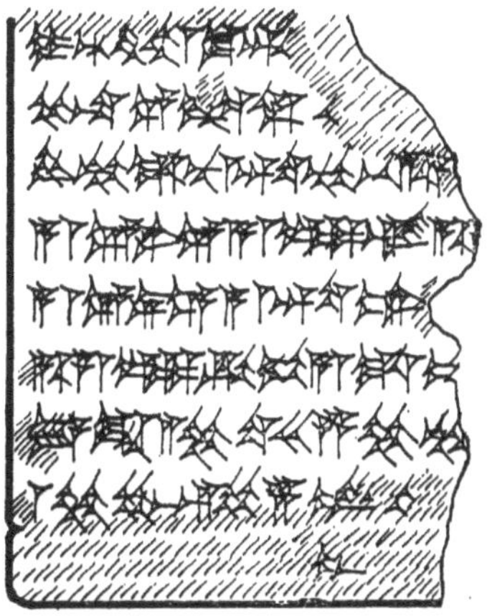

80

VAT 18661 4,1×4,2

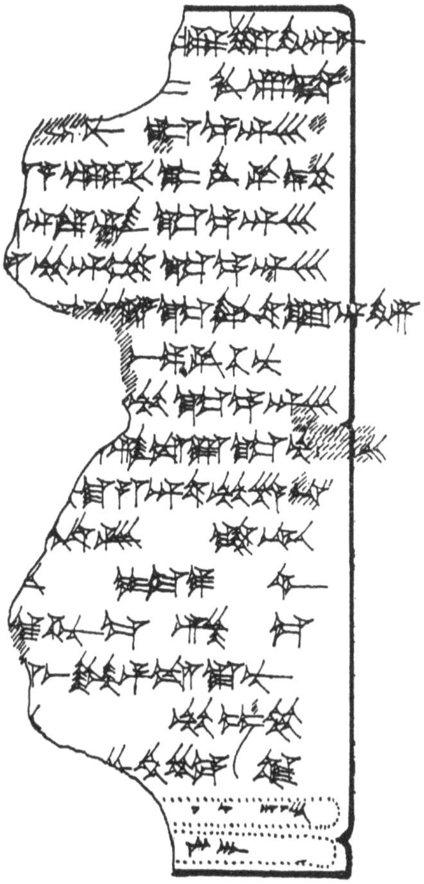

81

VAT 18666 3,8×3,8

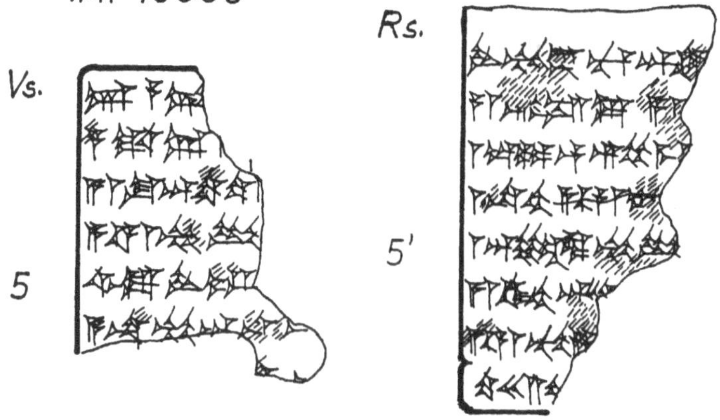

82

VAT 18725

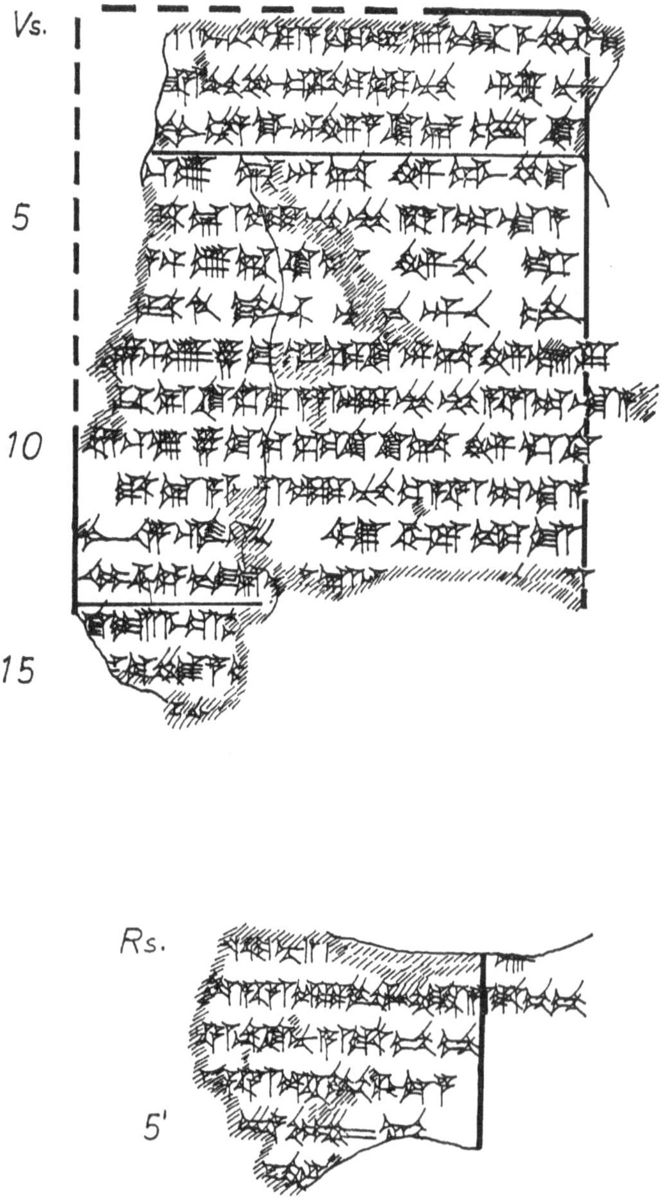

83

VAT 18657 4,6×6,2

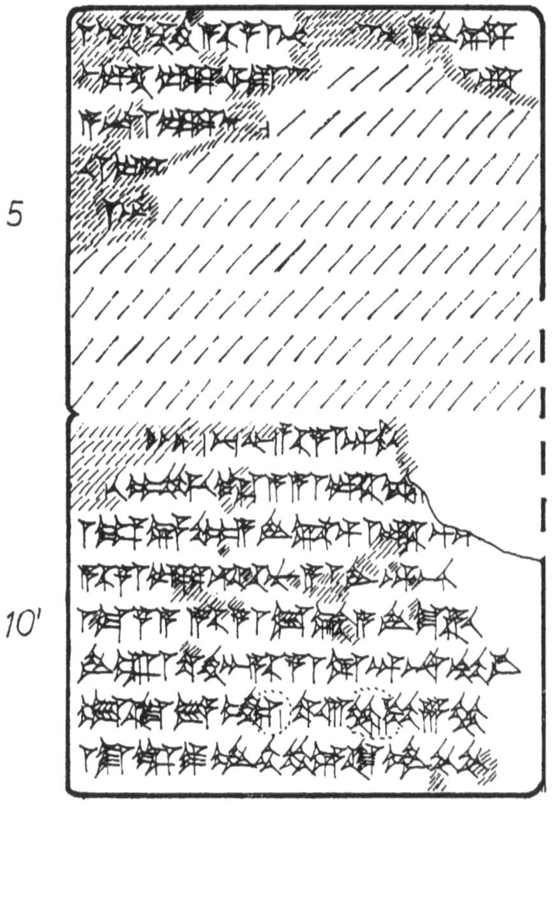

84

VAT 18696 7,6×5,2

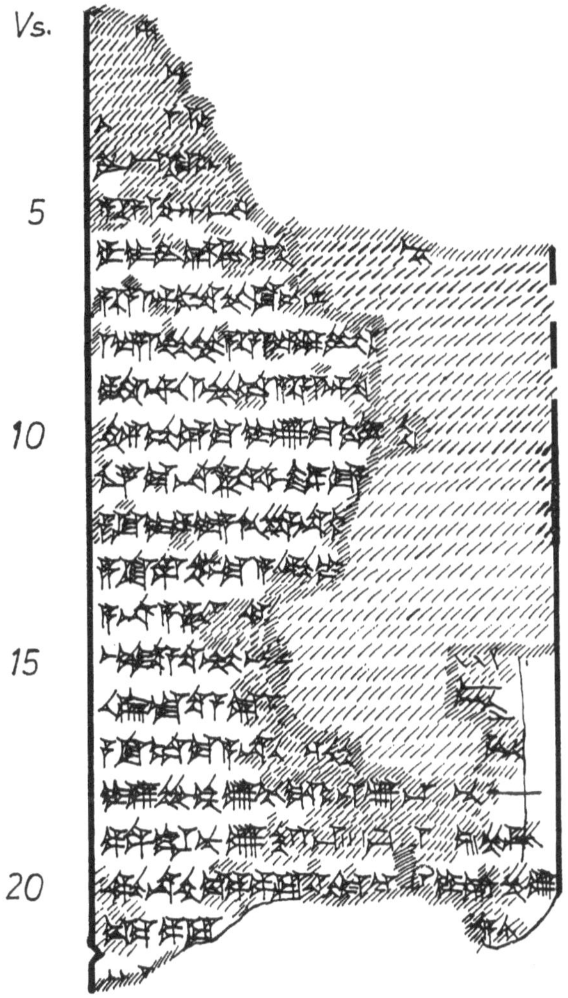

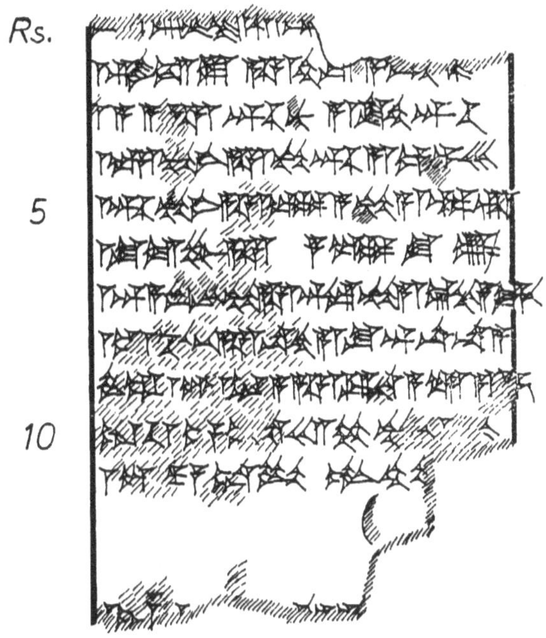

Fingernagelmarken

85

VAT 18719 3,3×5

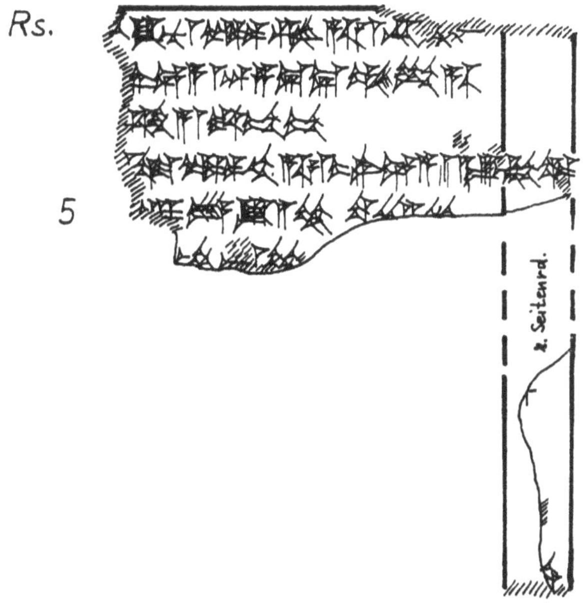

86

VAT 18654 5,6×3,9

Vs.

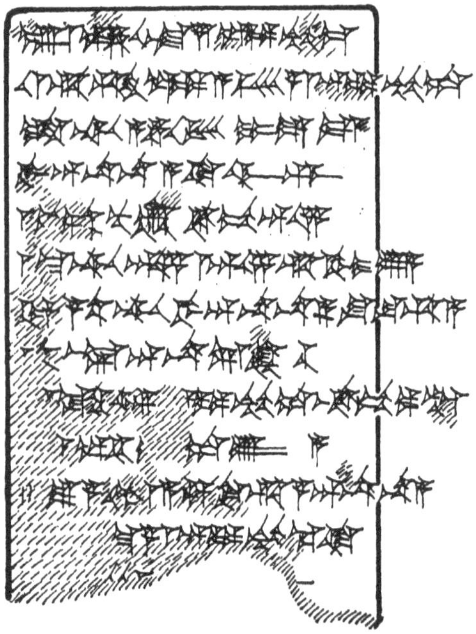

Rs.

87

VAT 18679 8×5,6

Vs.

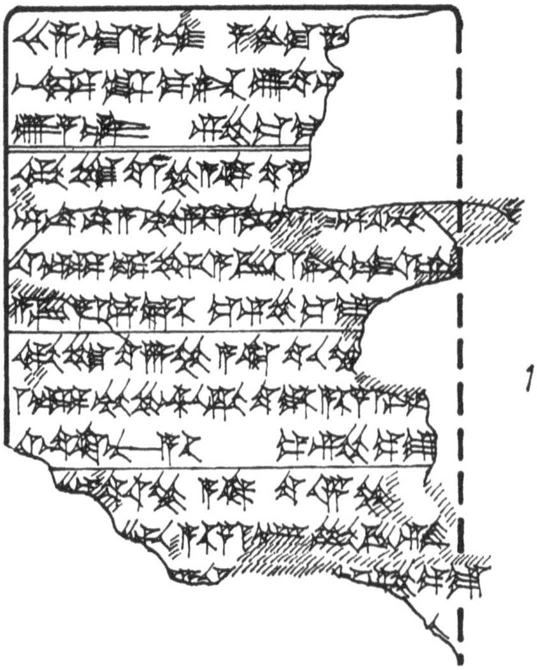

Rs.

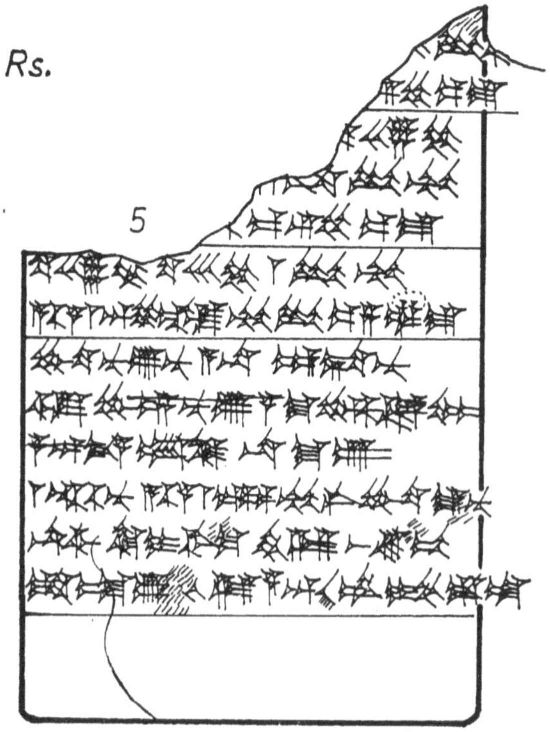

88

VAT 18678 5,9 × 7,1

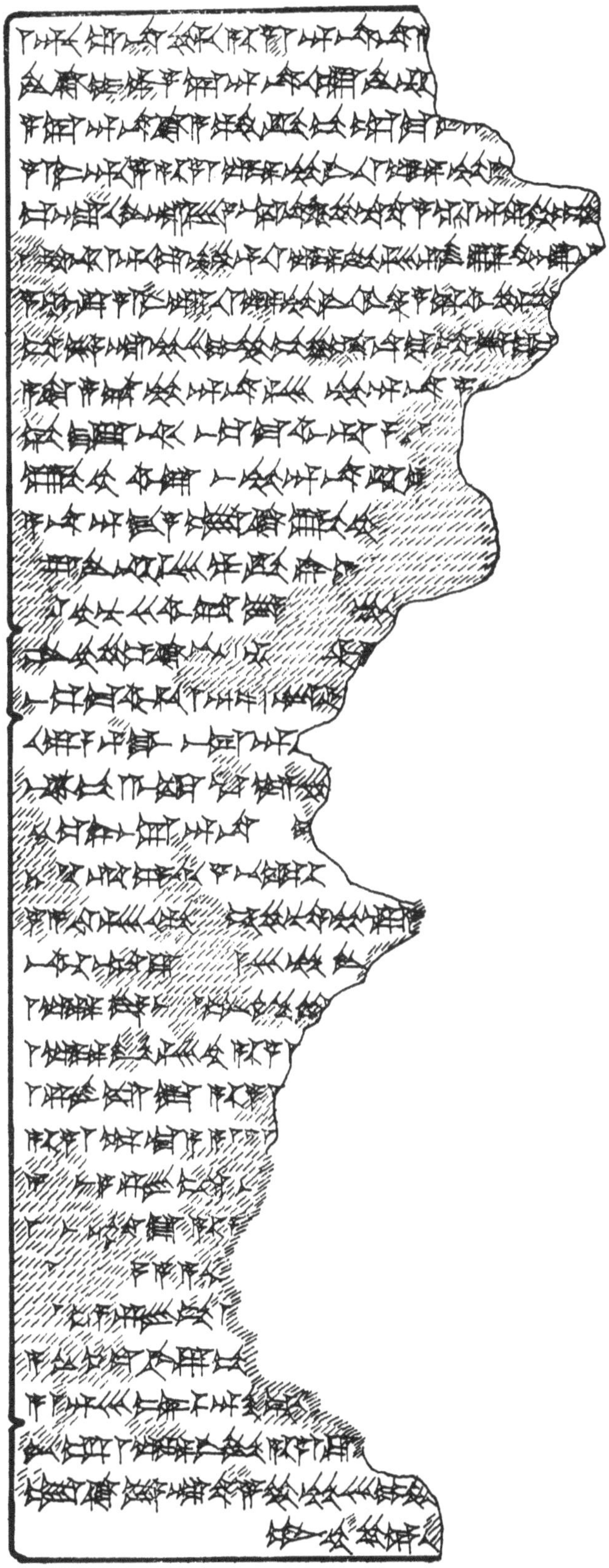

89

VAT 18759 4,8 × 6,2

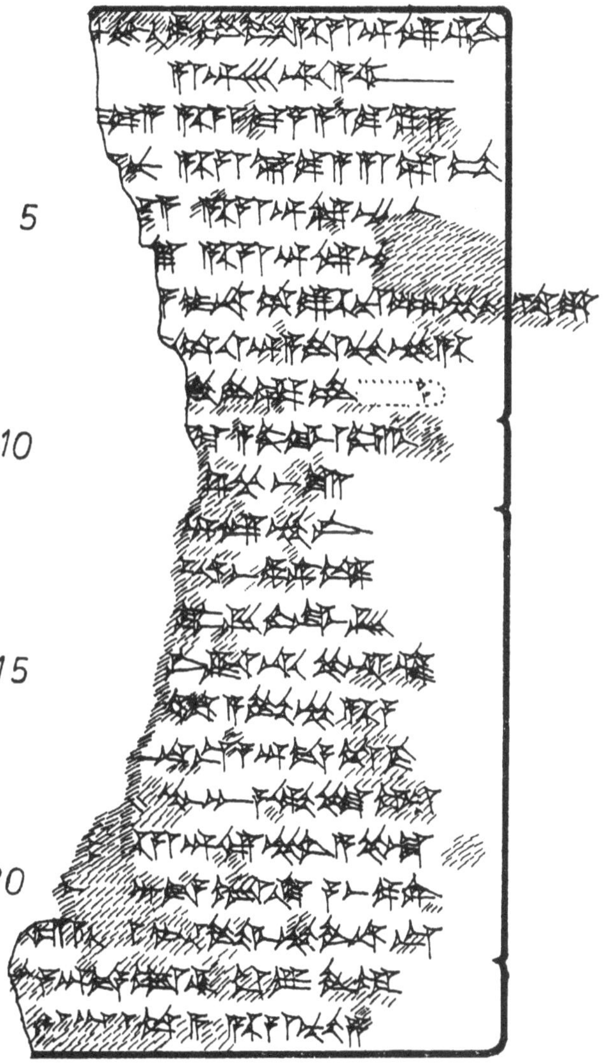

90

VAT 19158 8,0×9,1

Vs.

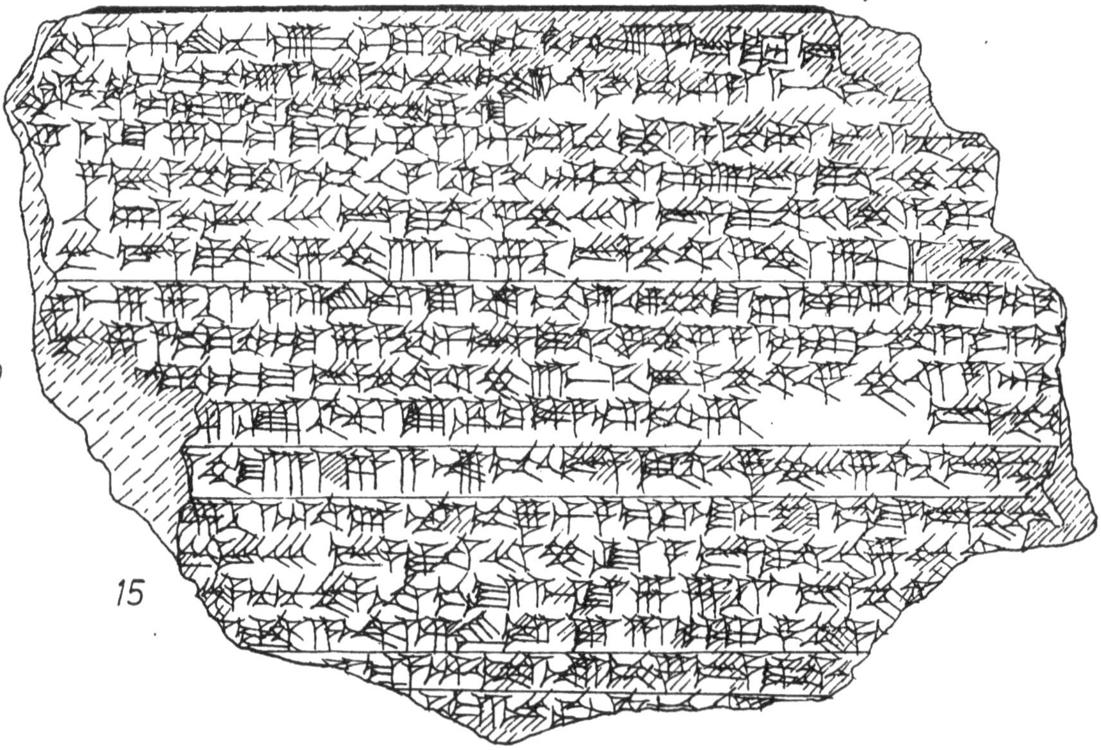

Rs.

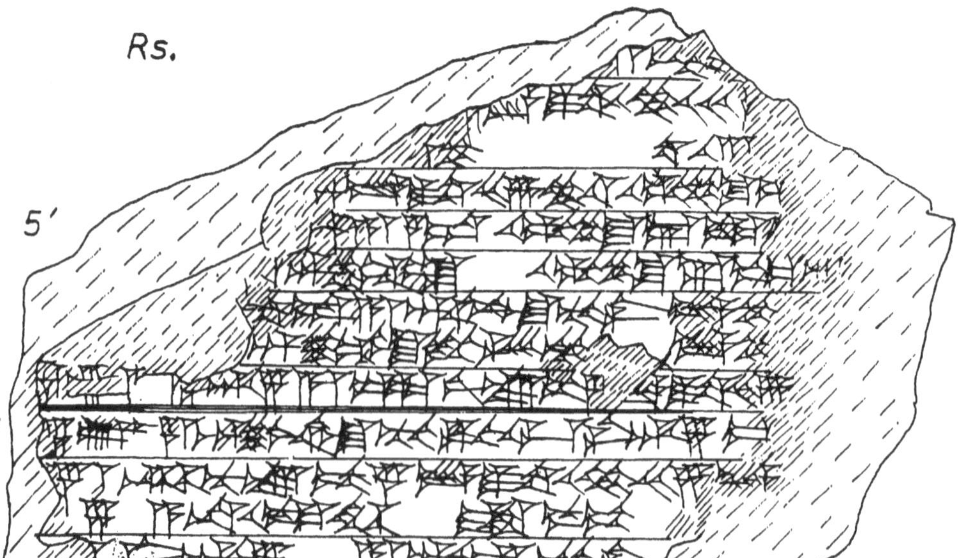

91

VAT 19156 9,2×7,2

Vs.

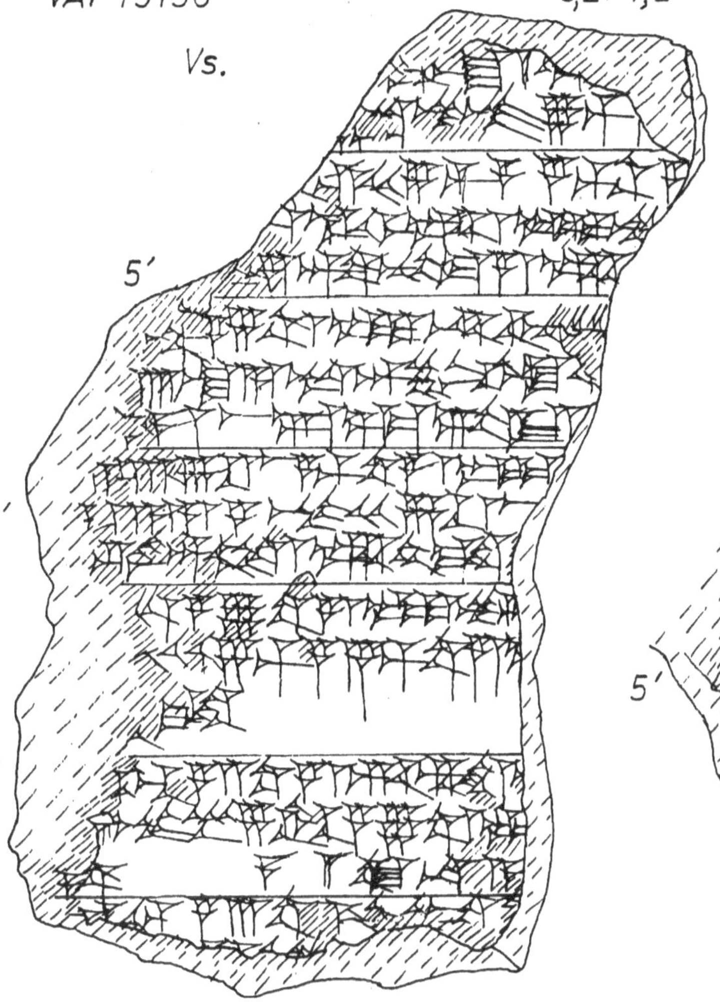

Rs.

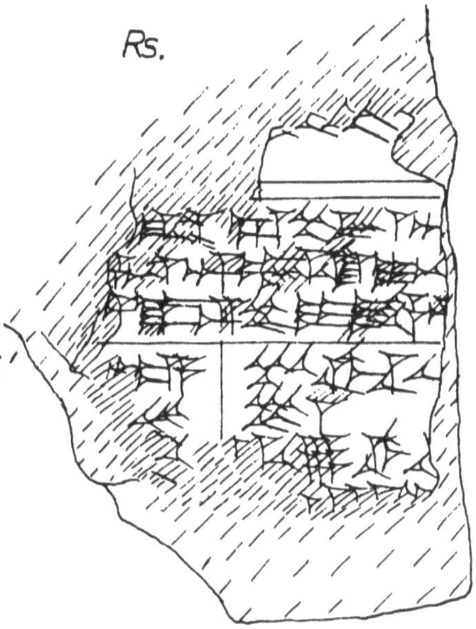

92

VAT 19157 5,1×6,9

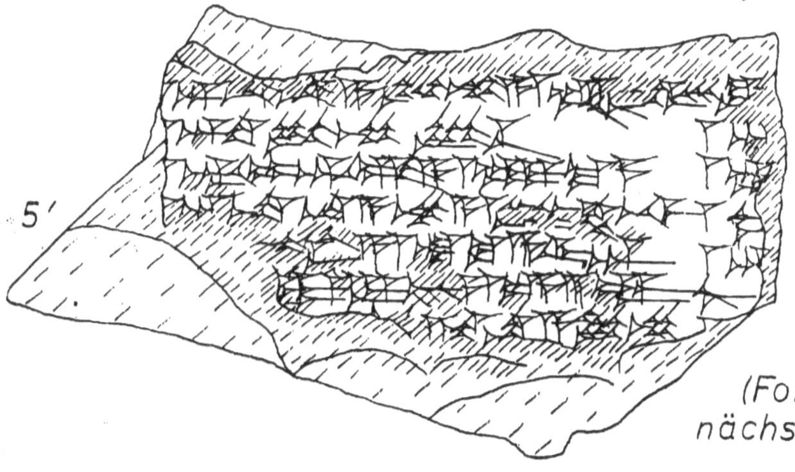

(Forts. s. nächste Seite)

92 *(Forts.)*

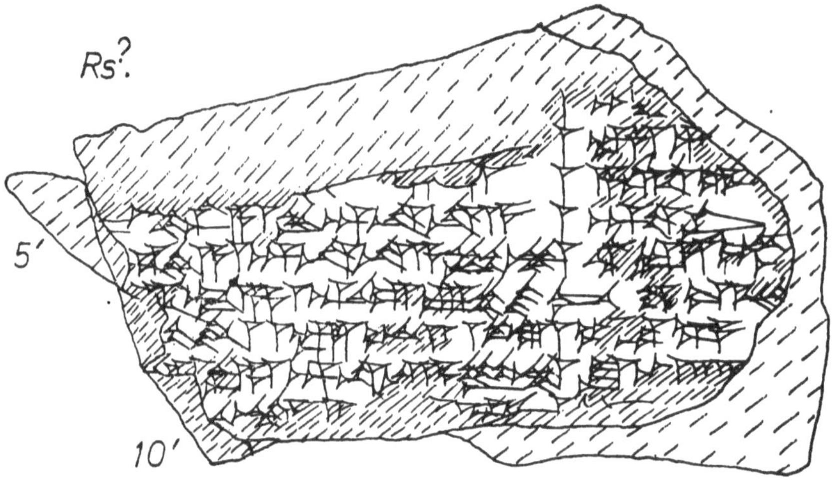

93

VAT 19159 8,8×7,6

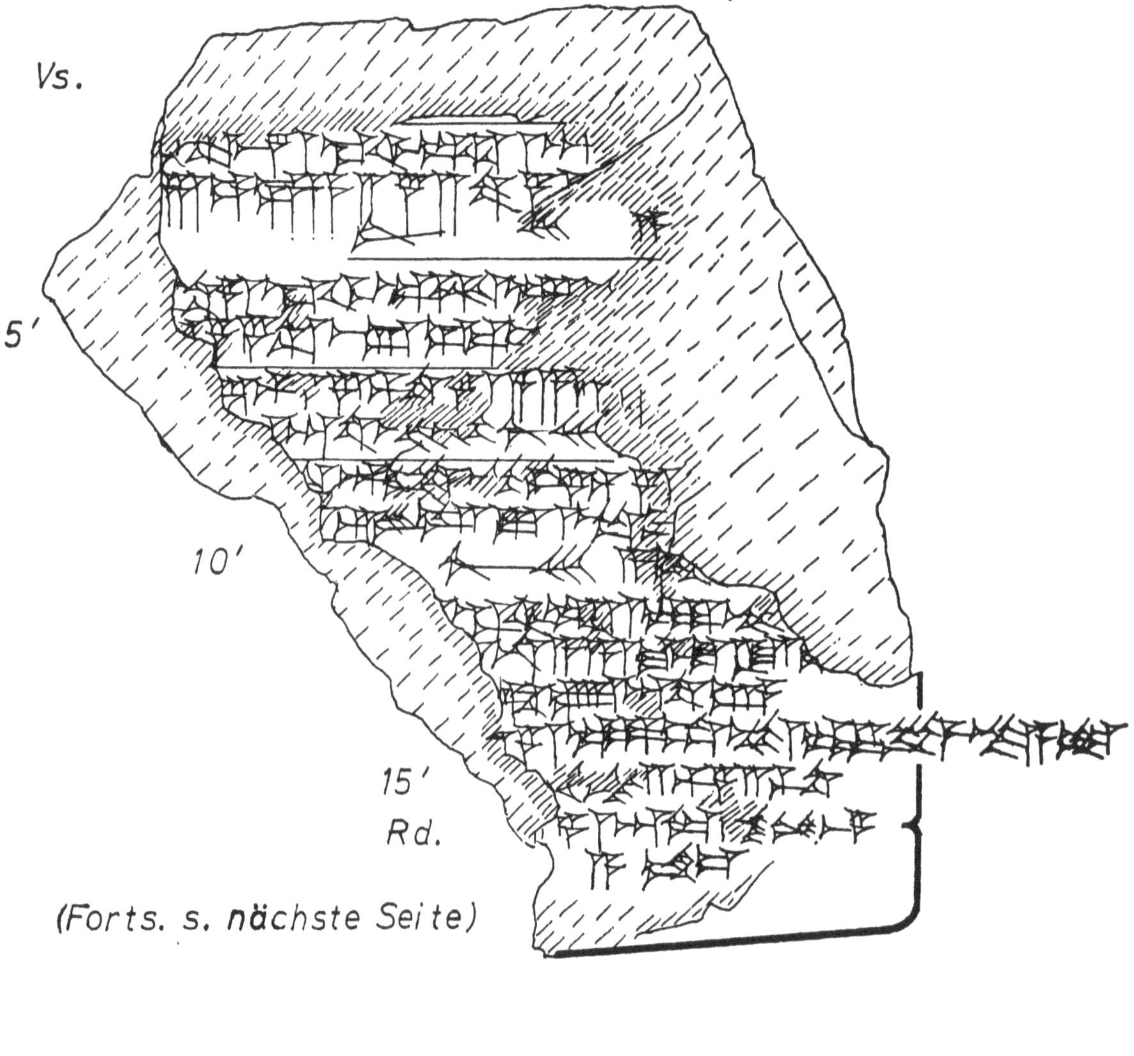

(Forts. s. nächste Seite)

93 *(Forts.)*

94

VAT 19155 *5,9×5,5*

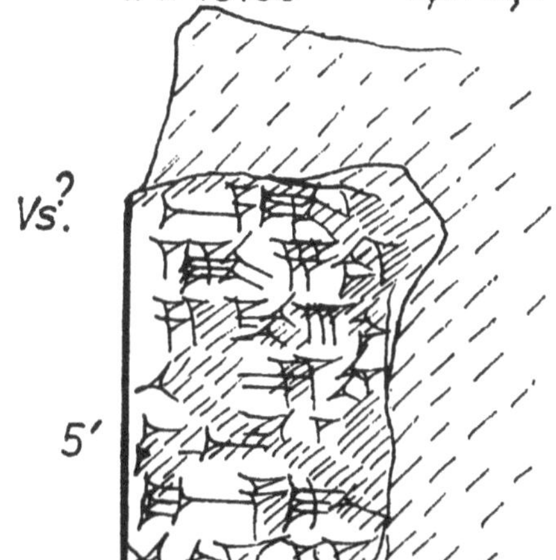

95

VAT 19154 7,0 × 3,9

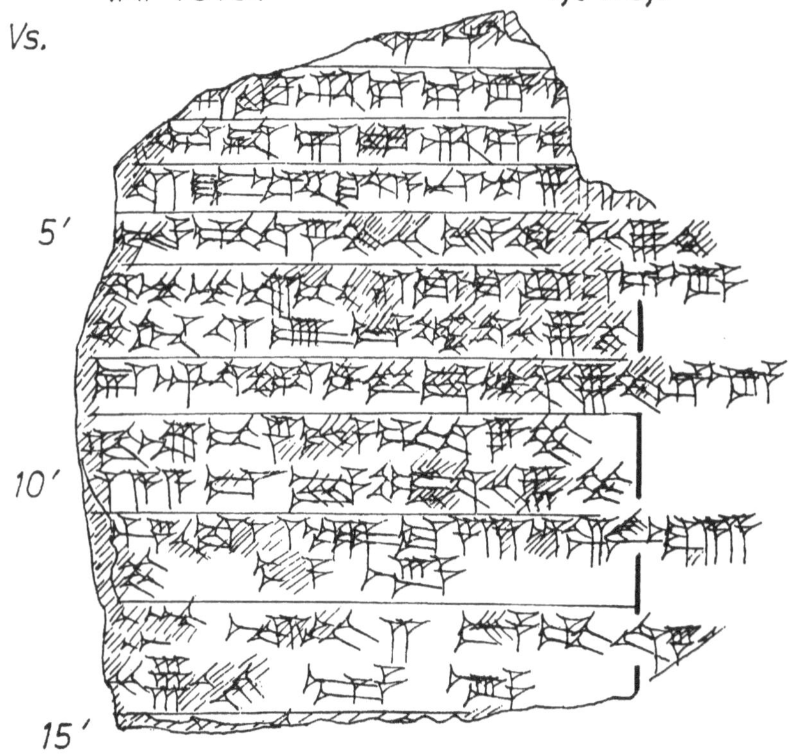

96

VAT 16714 6,6 × 5,0

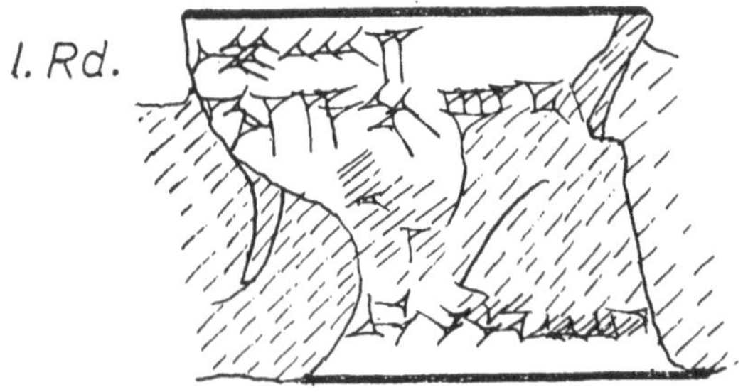

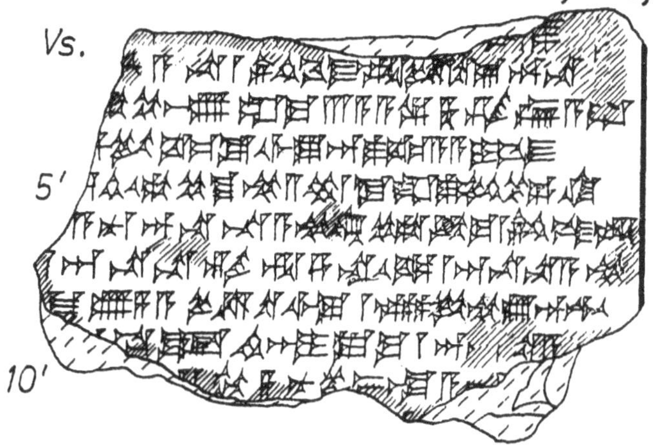

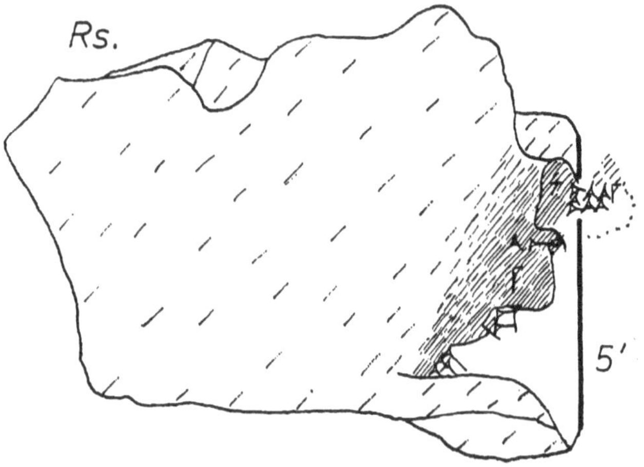

97

VAT 16664 3,1×4,7

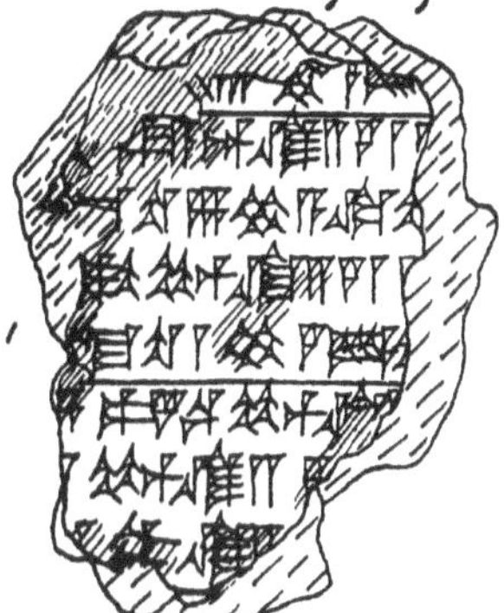

98

VAT 16665 3,8×4,3

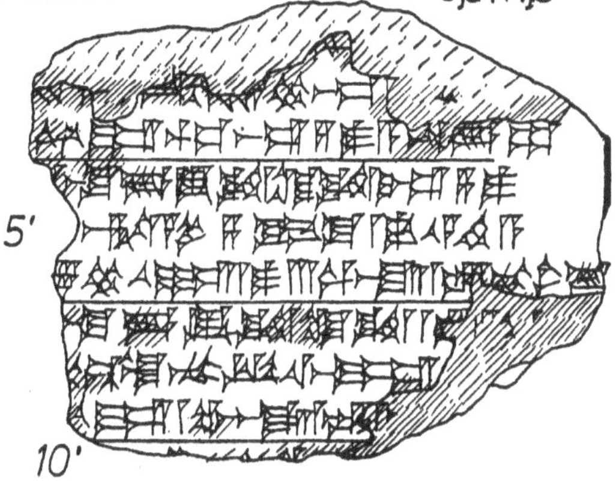

99

VAT 16666 7,8×6,4

Vs.

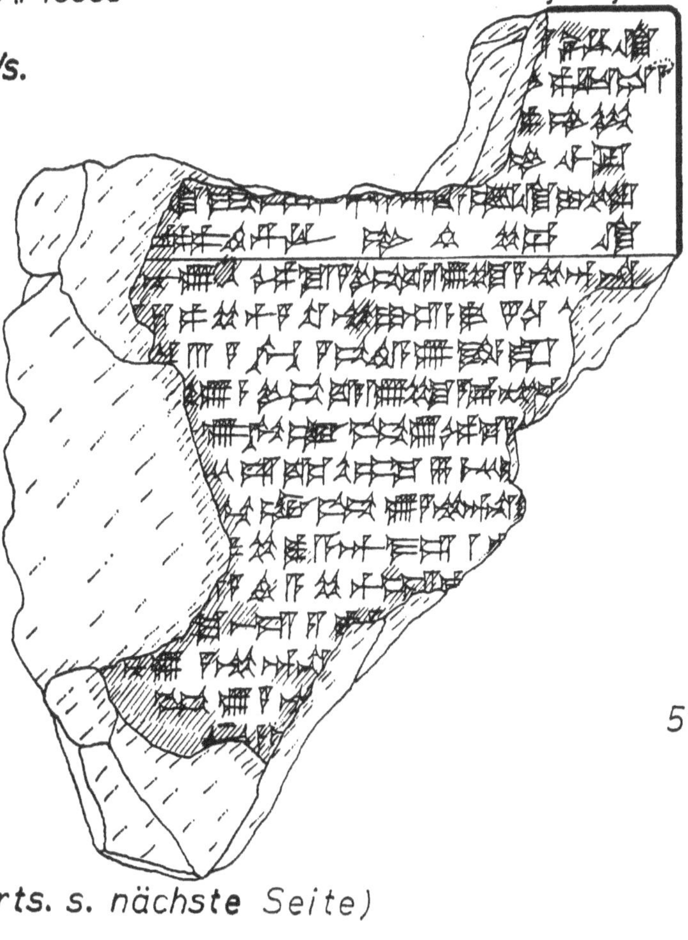

100

VAT 16667 4,6×3,3

(Forts. s. nächste Seite)

99 *(Forts.)*

VAT 16666

Rs.

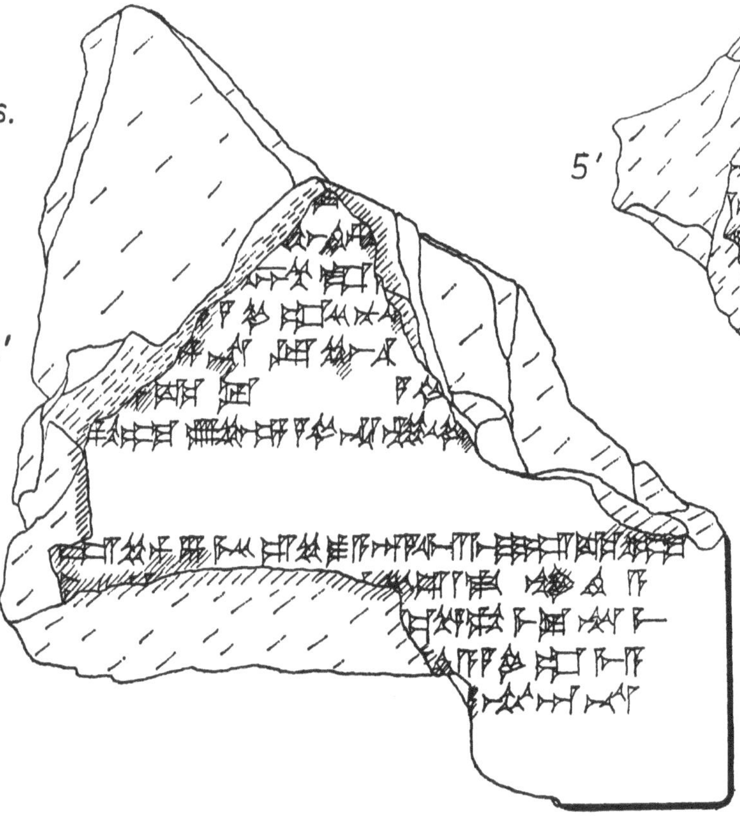

101

VAT 16670 4,8×3,6

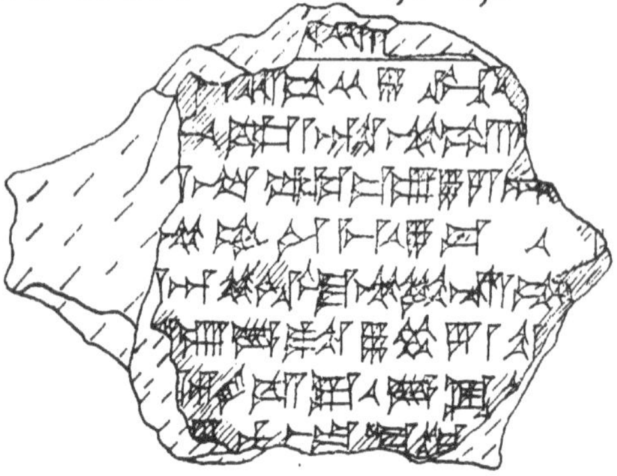

102

VAT 16669 3,7×2,4

Vs.

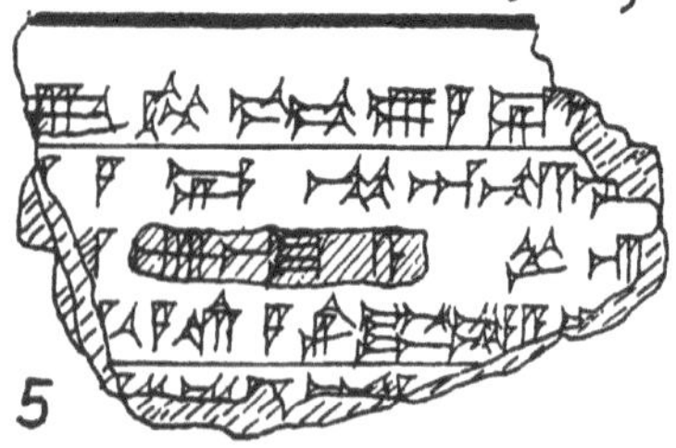

Rs.

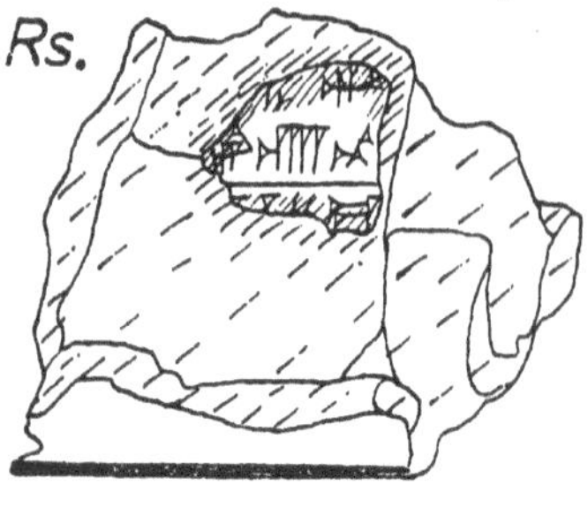

103

VAT 16668 6,1×3,5

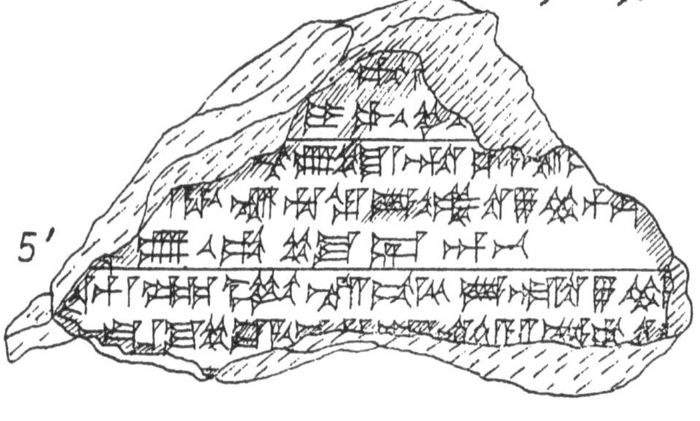

104

VAT 16672 3,1×4,2

105

VAT 16685 5,2×6,5

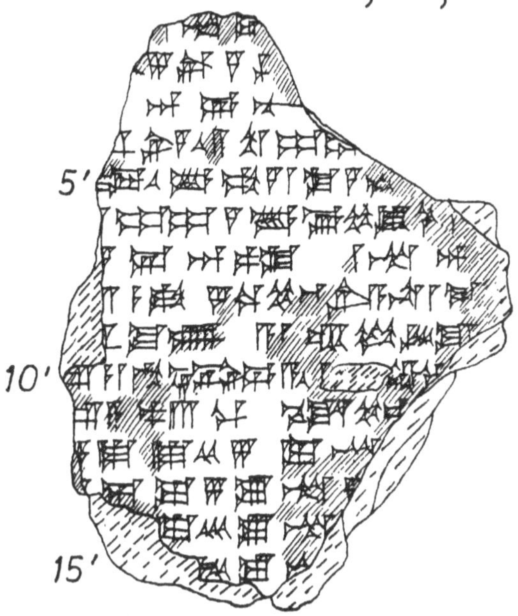

106

VAT 16676 5,3×7,3

107

VAT 16680 5,0×6,9

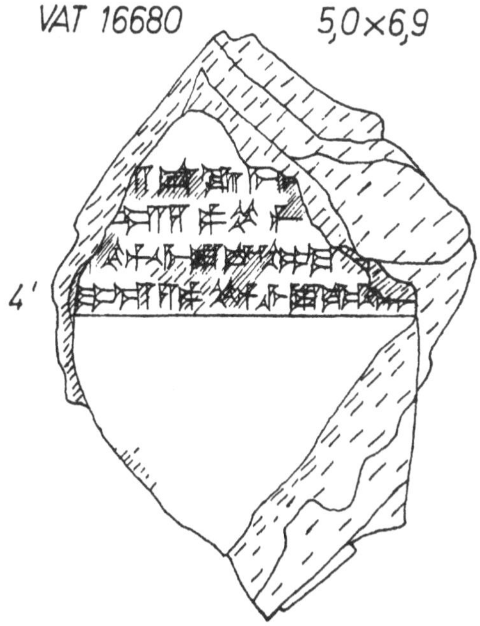

108

VAT 16683 2,9×3,6

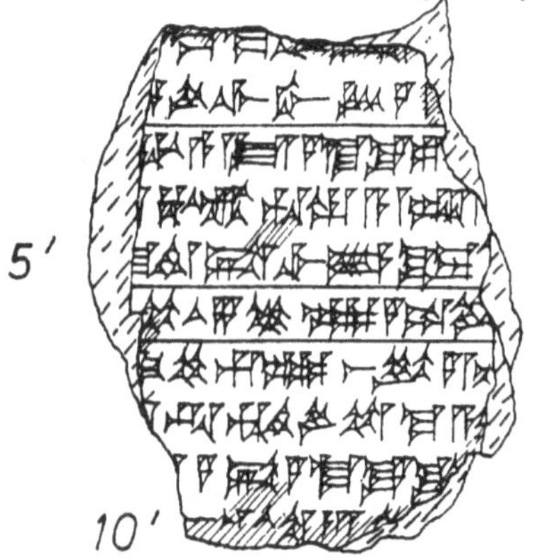

109

VAT 16711 4,3×3,8

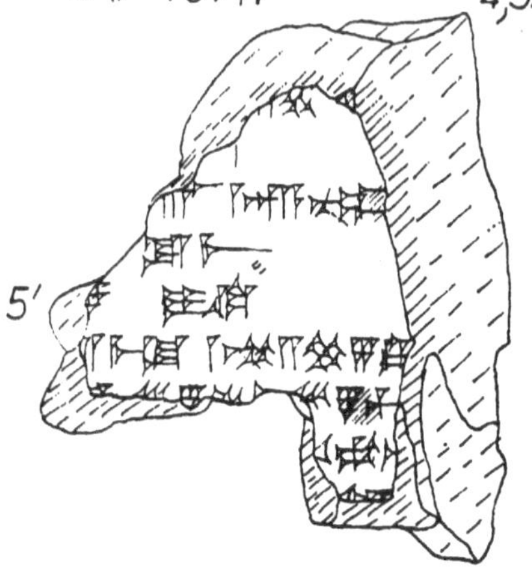

110

VAT 16663 4,3×8,1

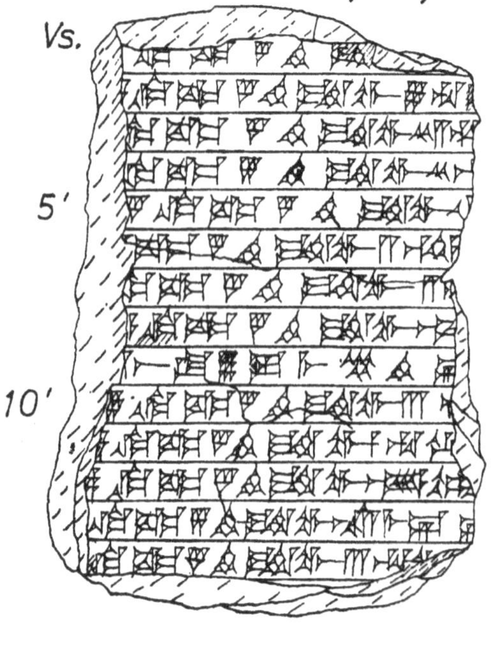

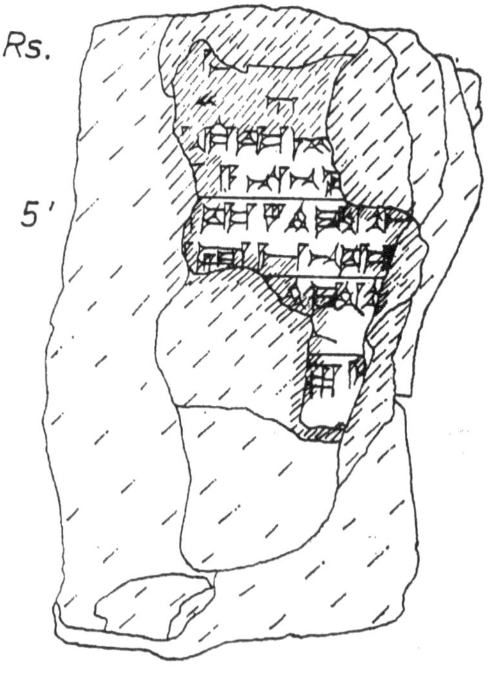

111

VAT 16679 3,6×4,9

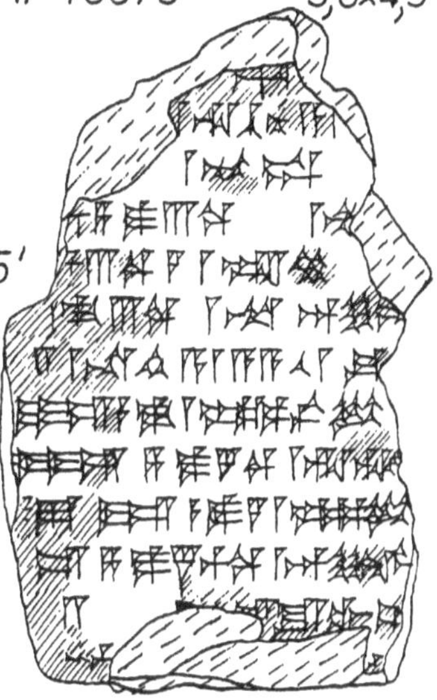

112

VAT 16671 5,9×3,2

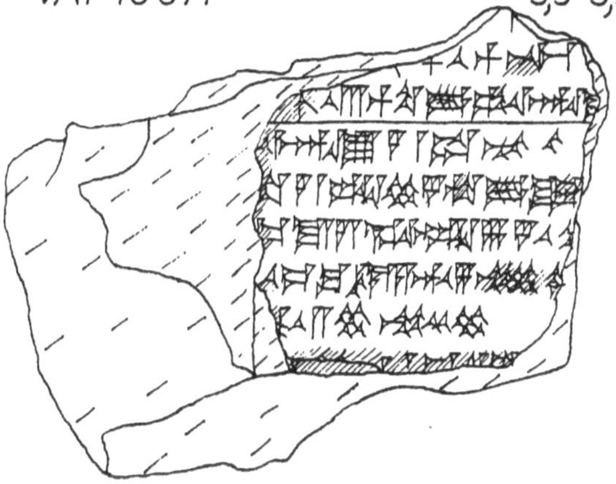

113

VAT 16682 5,9×2,5

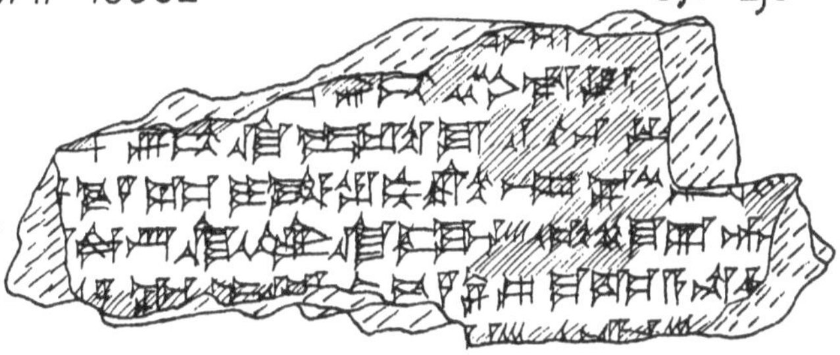

114

VAT 16698 6,1×3,1

Vs.

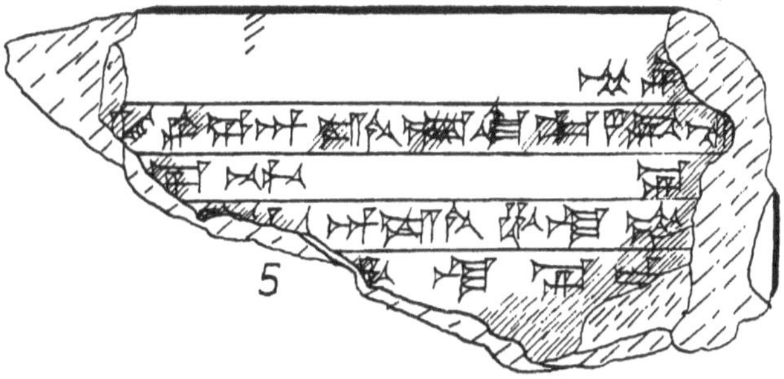

Rs.

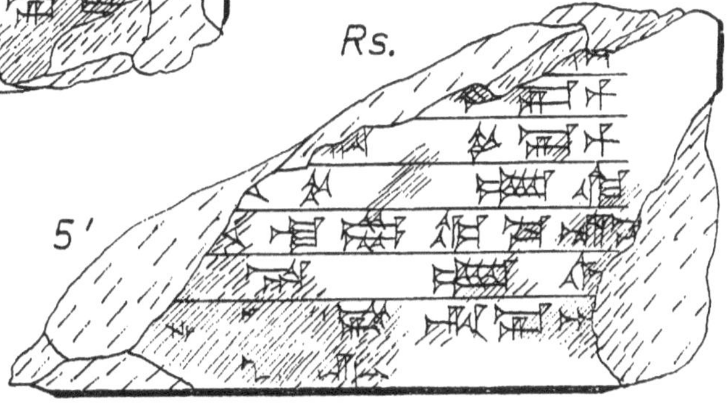

VAT 16707 8,5×9,5

Vs.

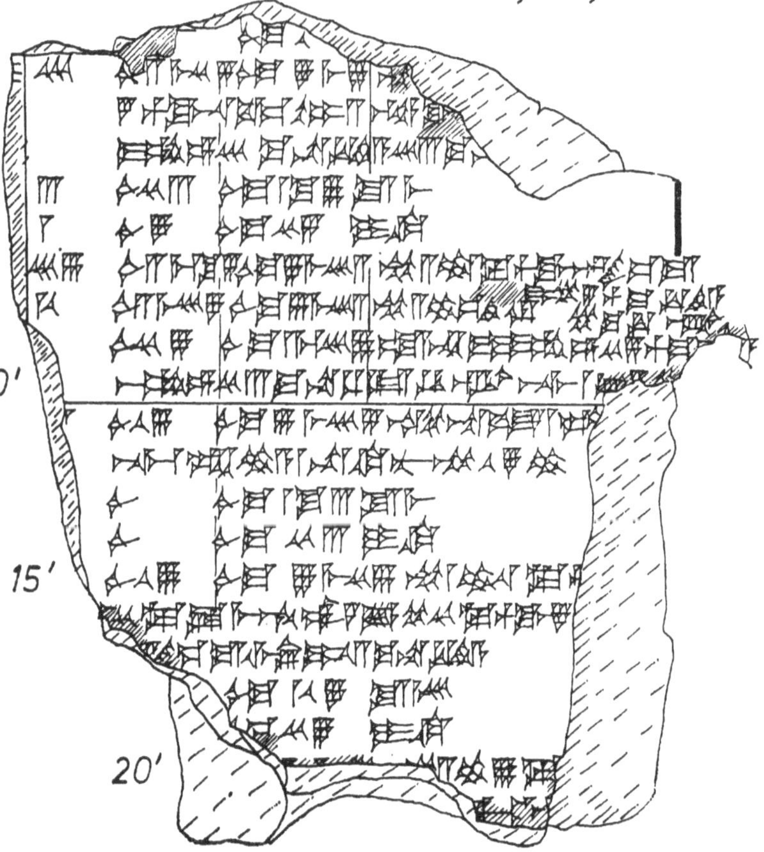

Rs.

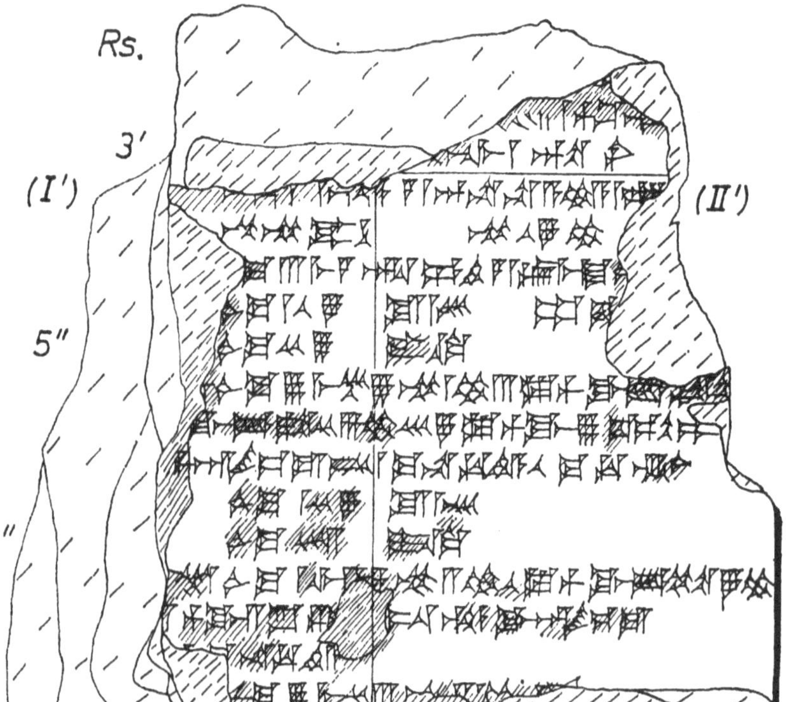

116

VAT 16710 7,6 × 7,0

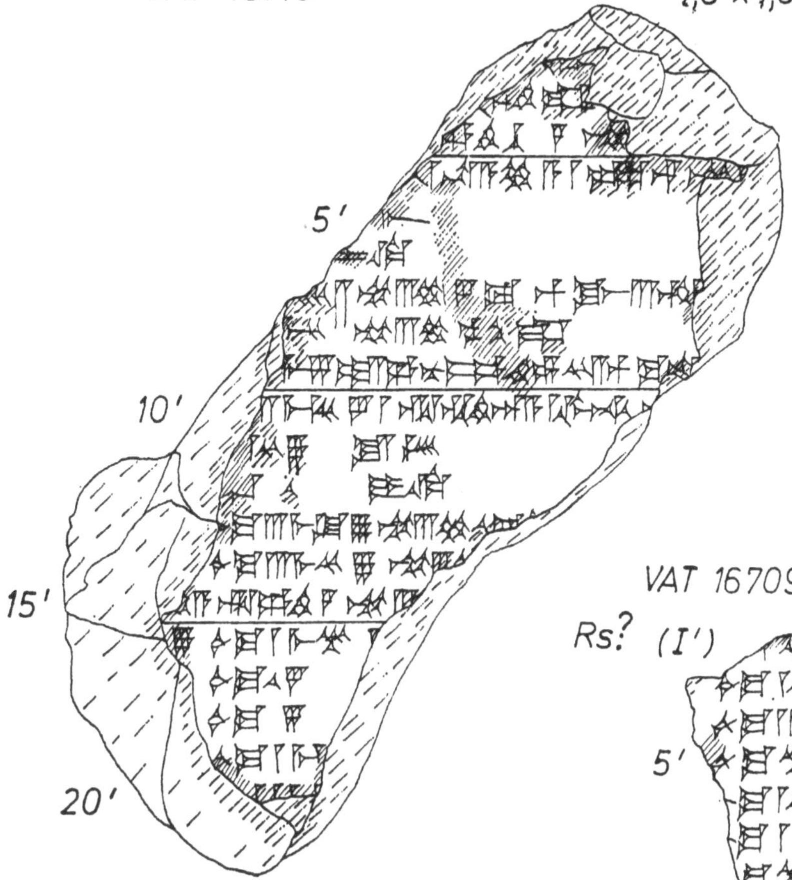

117

VAT 16709 4,7×3,0

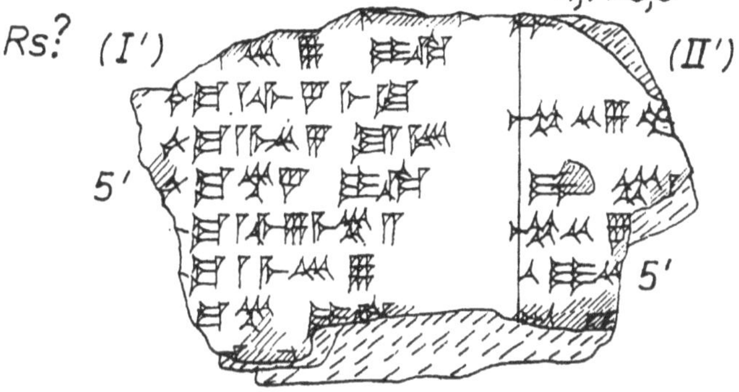

118

VAT 16712 3,2×5,6

119

VAT 16708 5,8×4,6

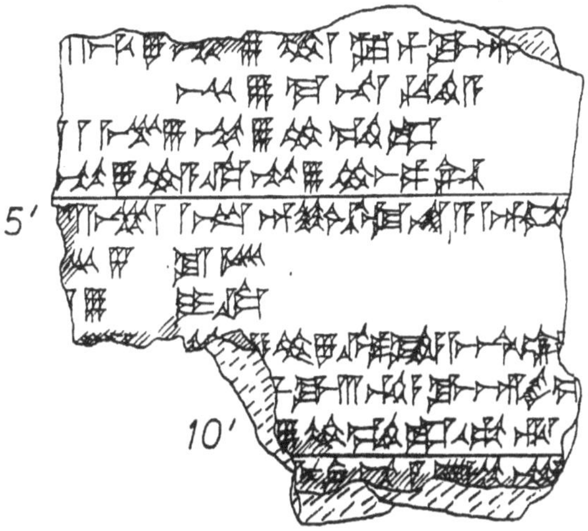

120

VAT 16713 12,1×8,2

Vs.

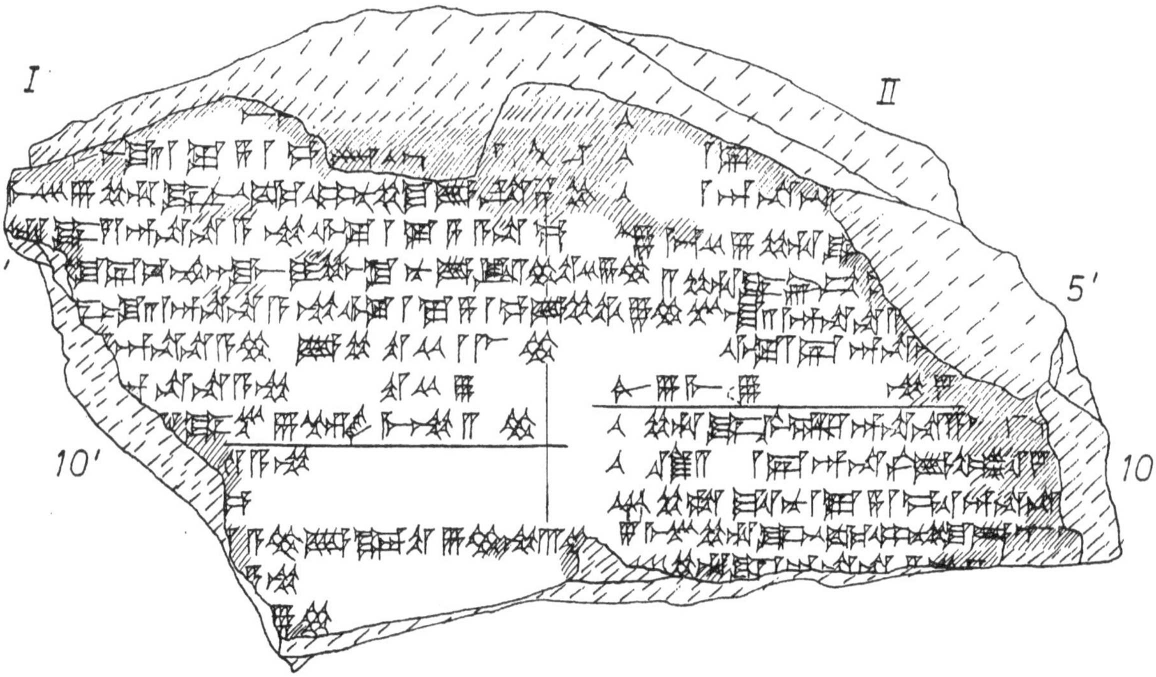

Rs.

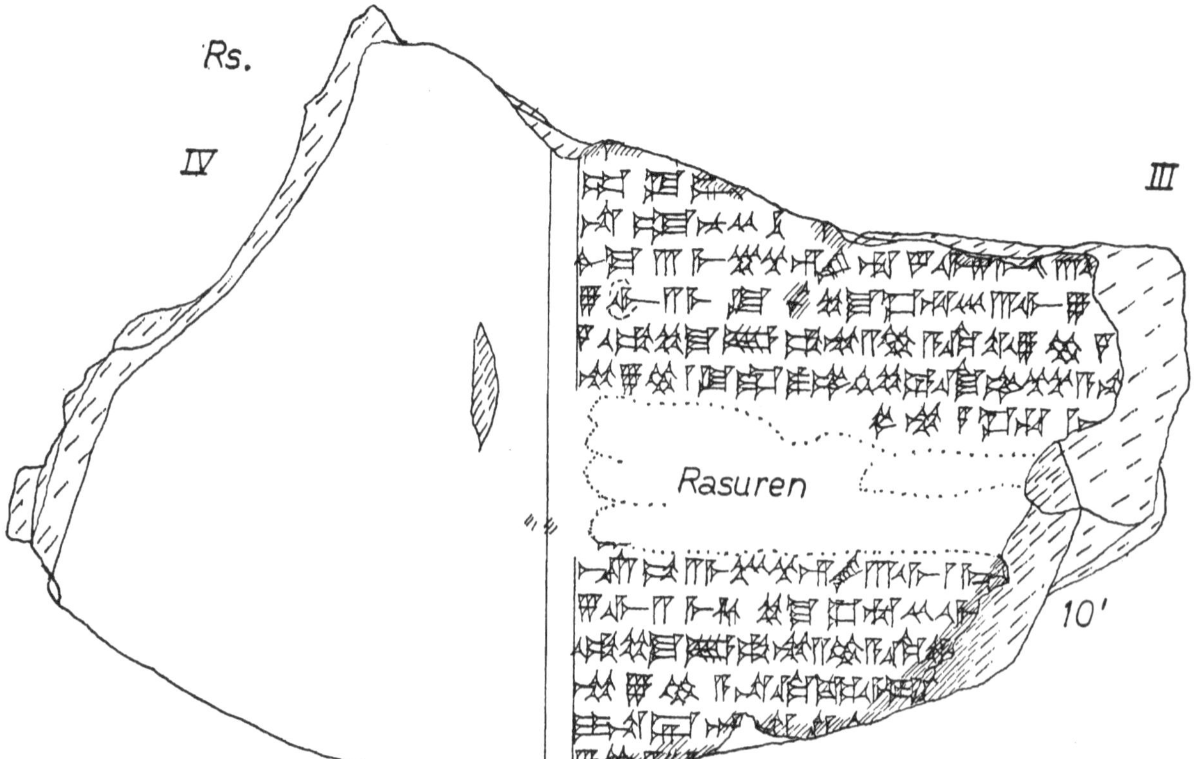

121

VAT 16673 8,3 × 9,2

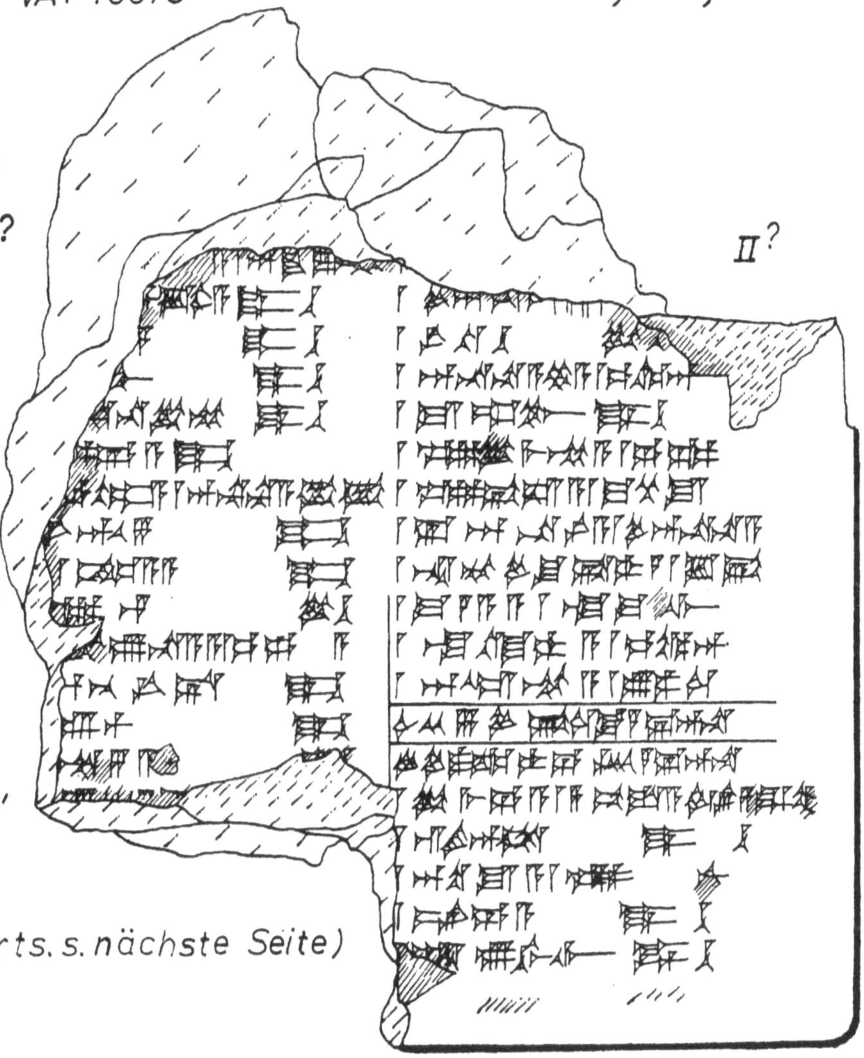

(Forts. s. nächste Seite)

122

VAT 16674 3,1×7,0

Vs.

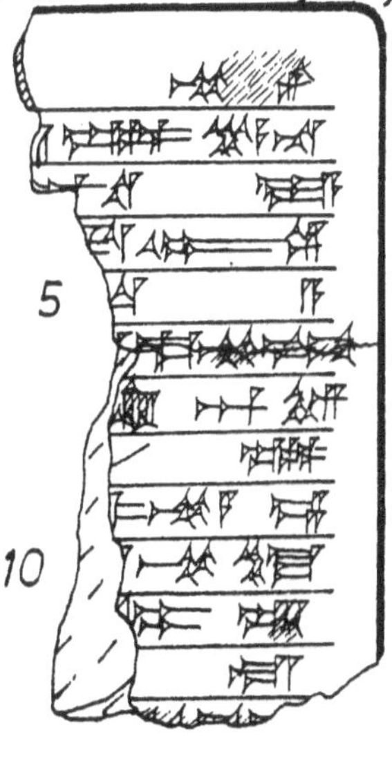

Rs.

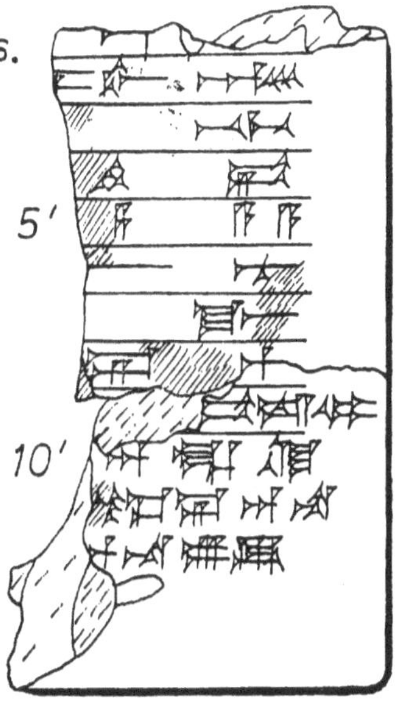

122 (Forts.)

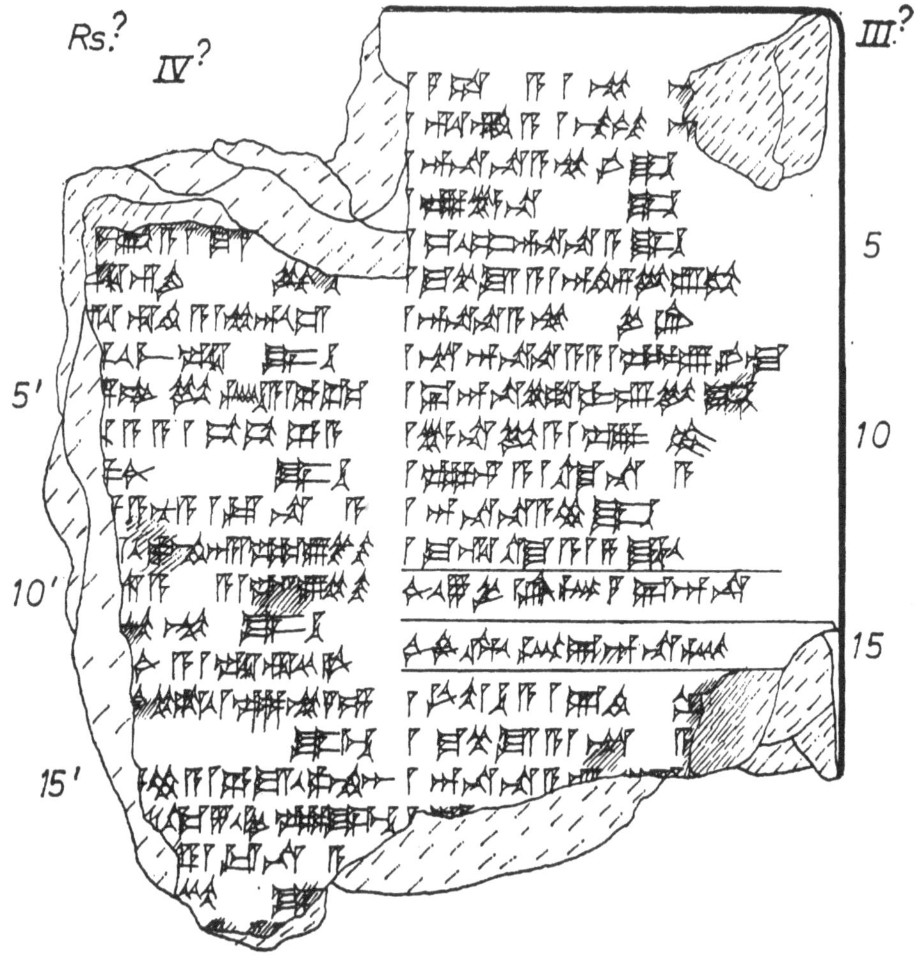

123

VAT 16686 2,2×6,8

Vs.

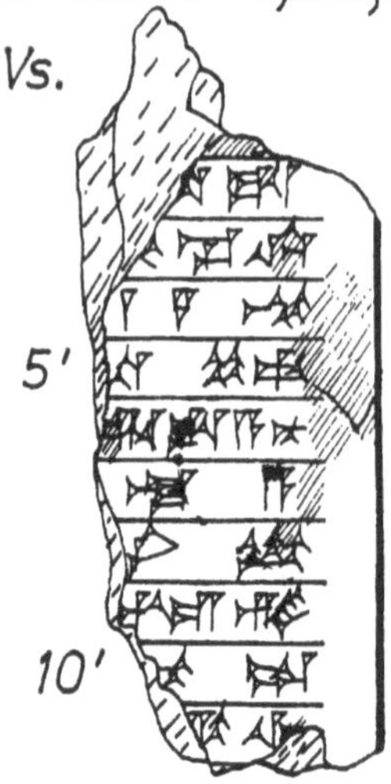

Rs.

124

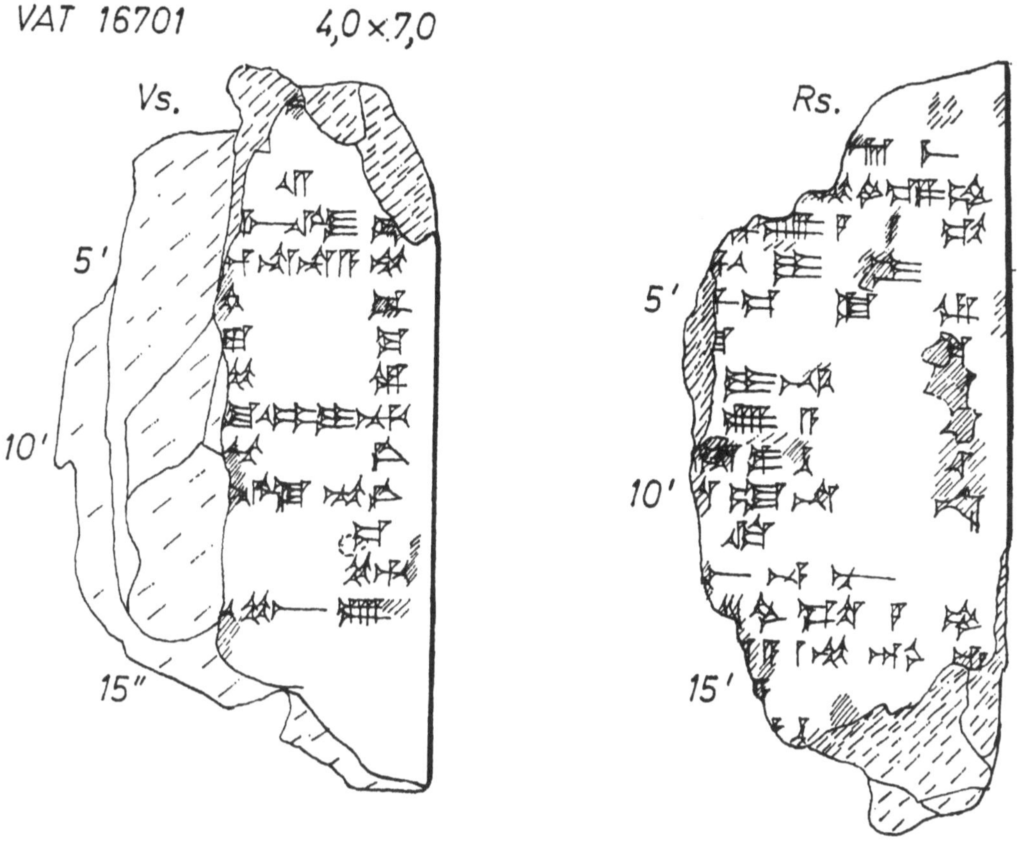

125

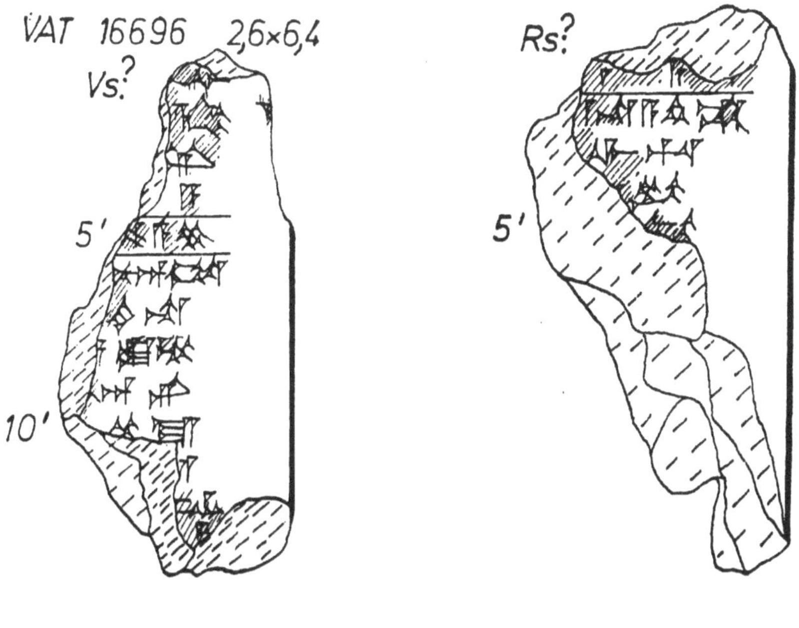

126

VAT 16675 6,2 × 7,8

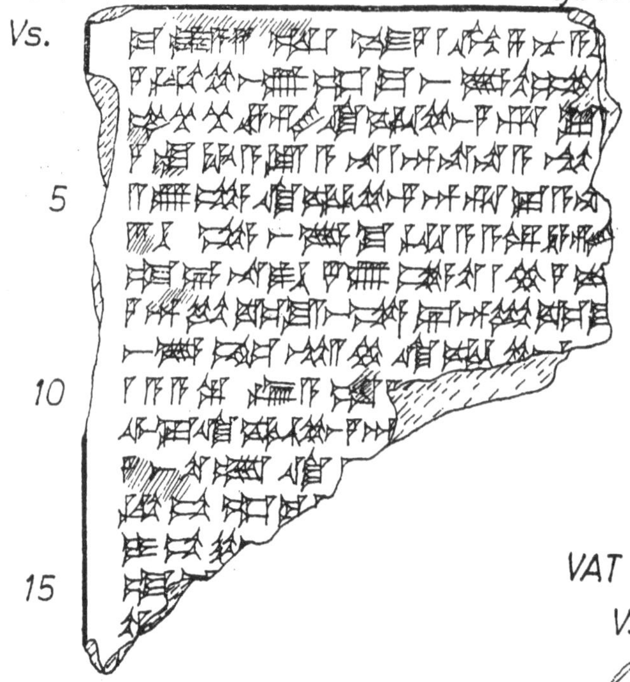

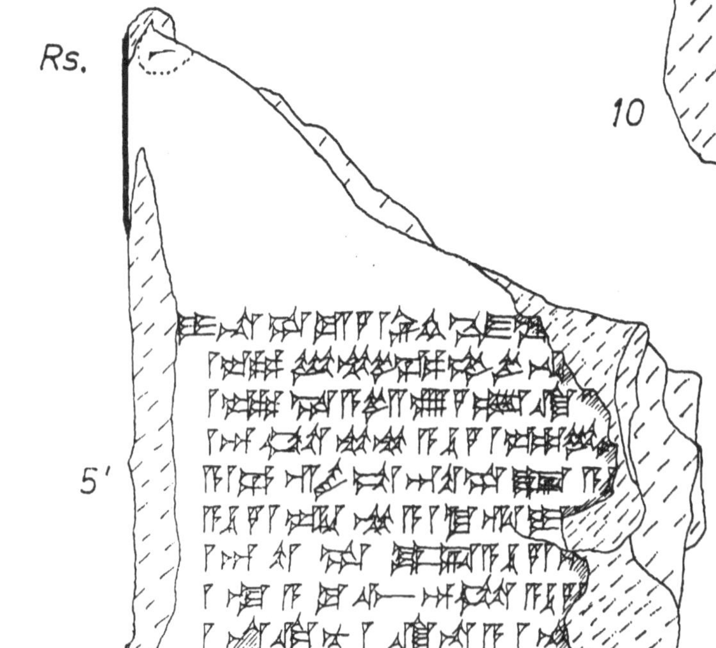

127

VAT 16687 4,1 × 3,8

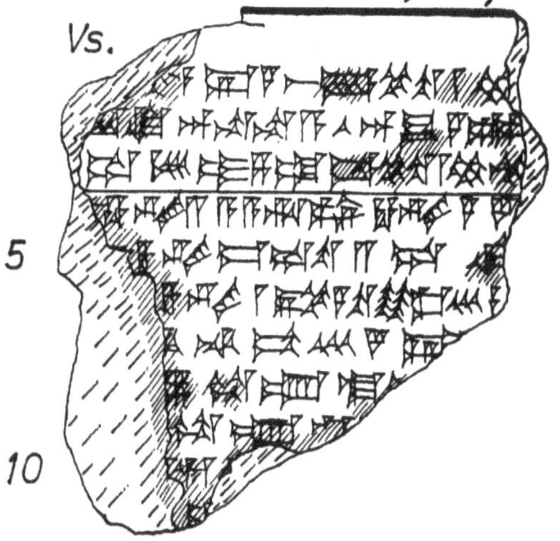

128

VAT 16688 5,9×5,1

Vs?

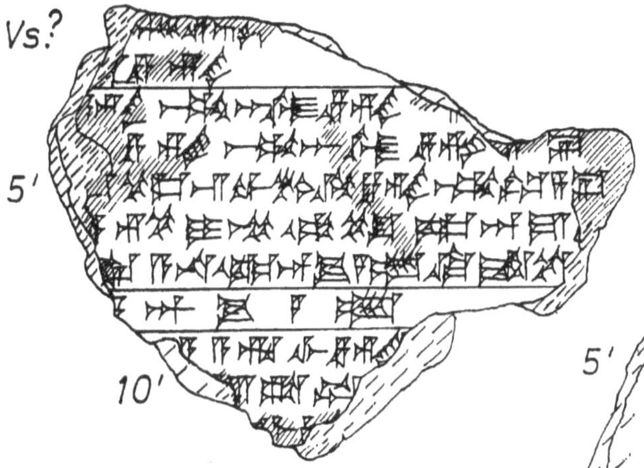

Rs?

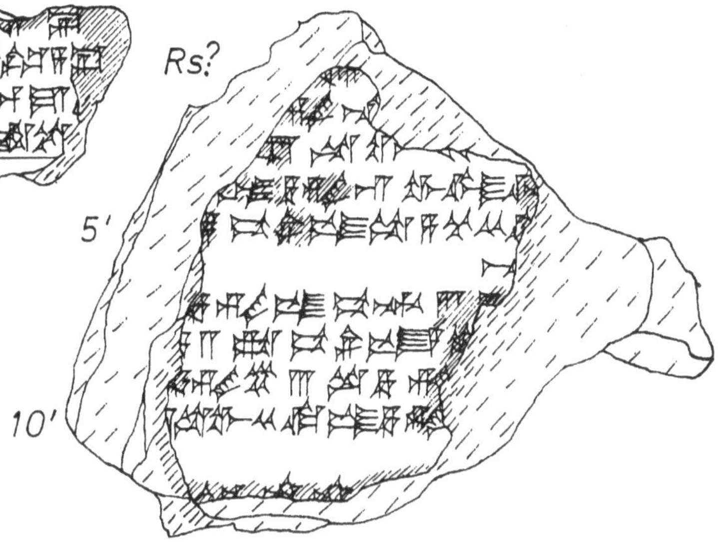

129

VAT 16684 5,4×6,1

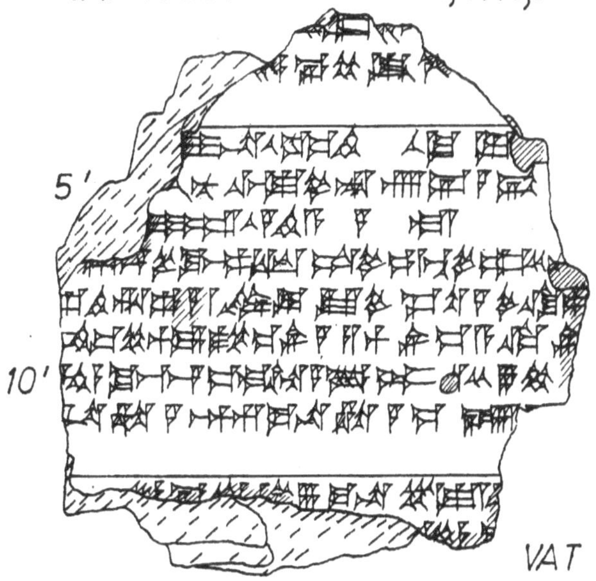

130

VAT 16677 7,1×2,9

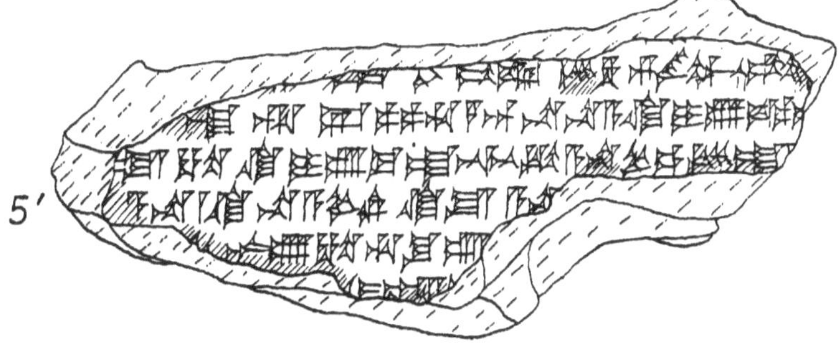

131

VAT 16678 7,2×8,2

Vs.

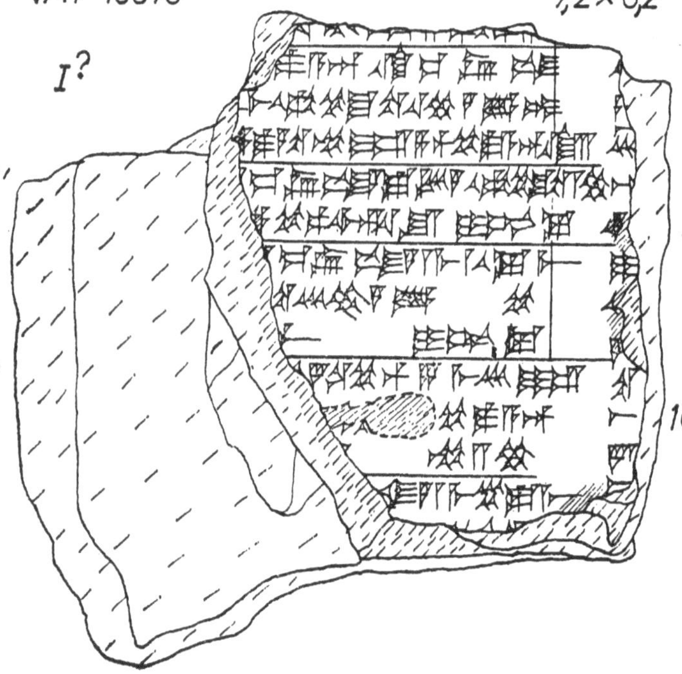

132

VAT 16706 4,1×4,5

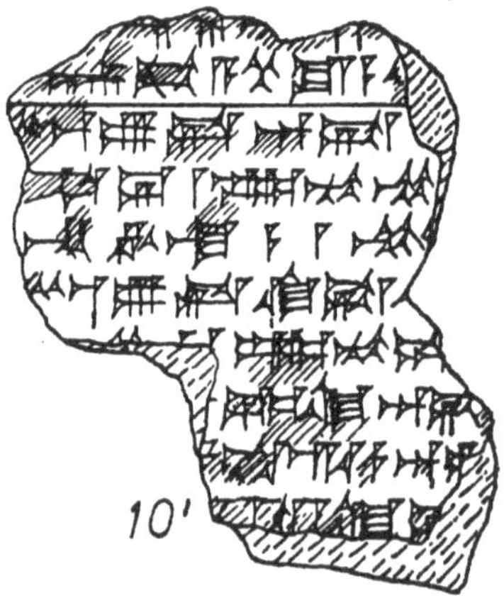

Rs.

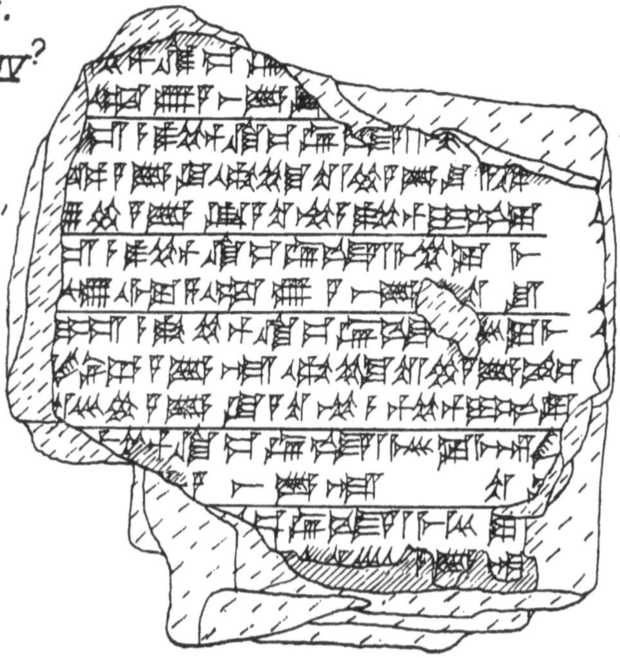

133

VAT 16681 6,2×8,2

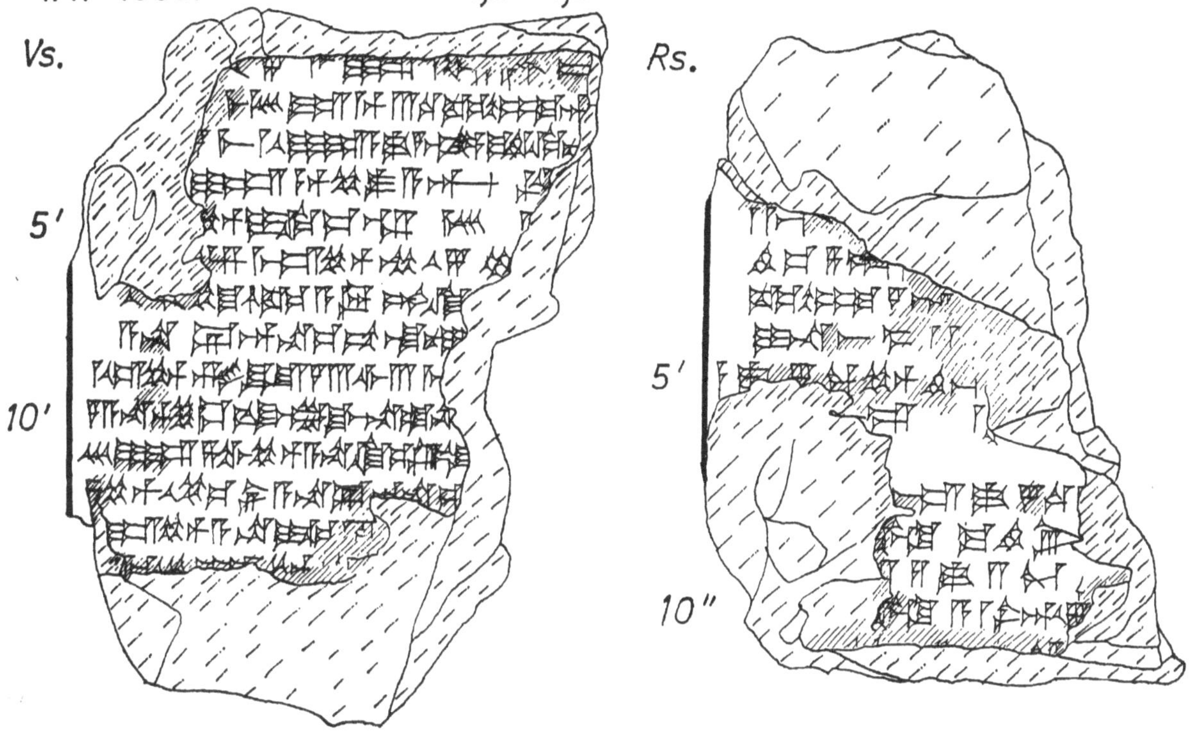

134

VAT 16690 8,7×3,6

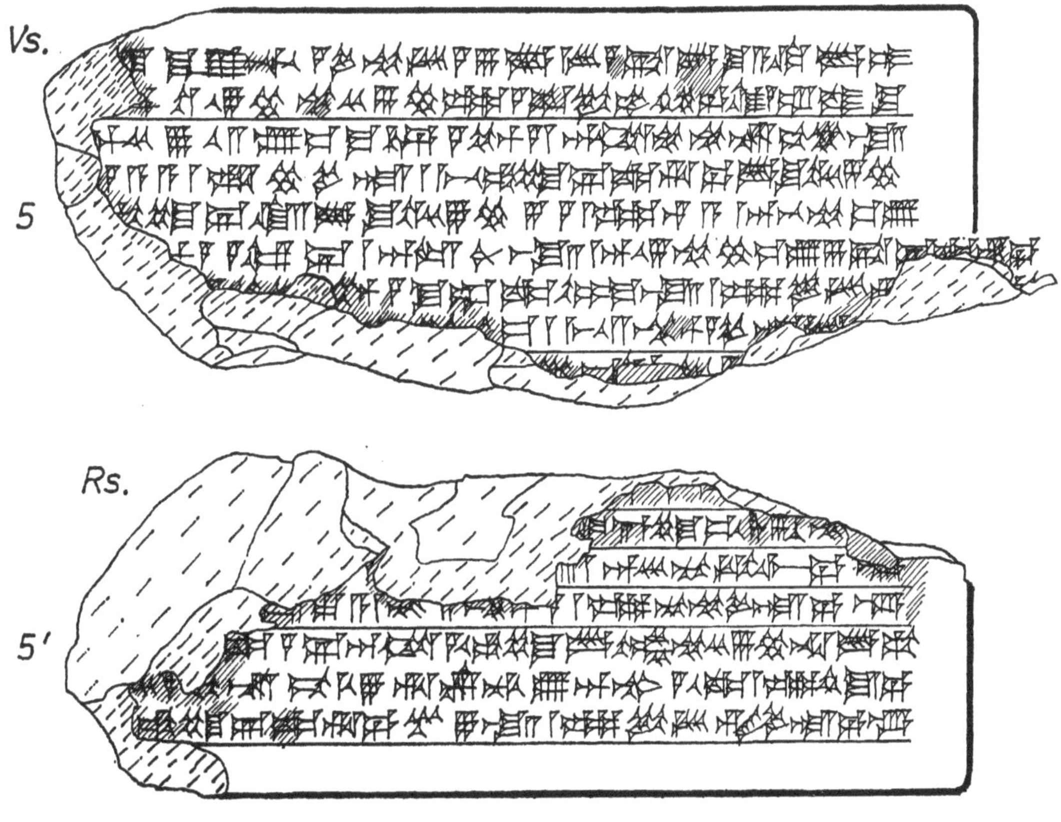

135

VAT 16689 3,0×3,2

Vs?

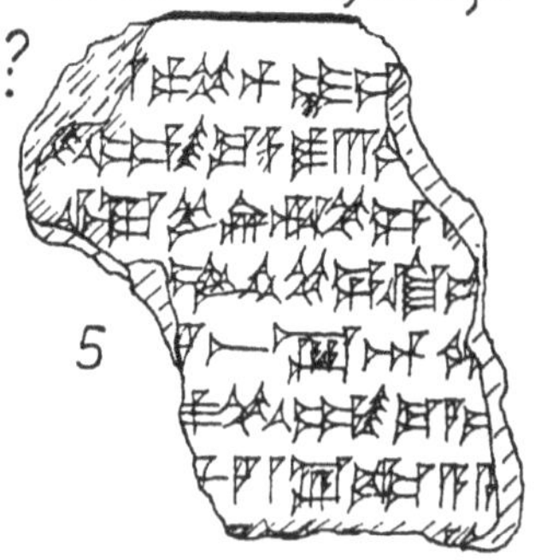

136

VAT 16692 5,2×4,7

Vs.

Rs.

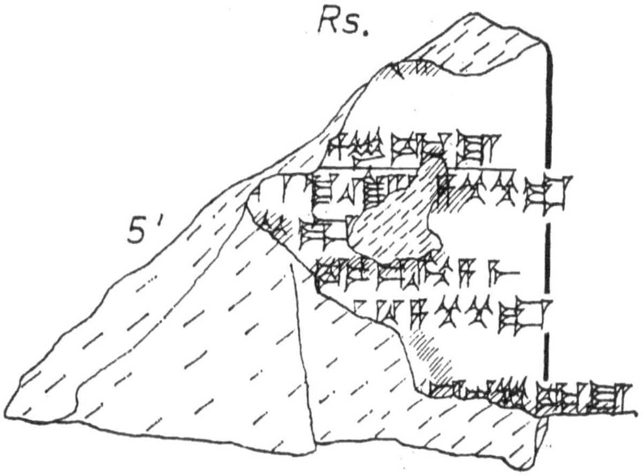

137

VAT 16694 4,6×3,7

Vs.

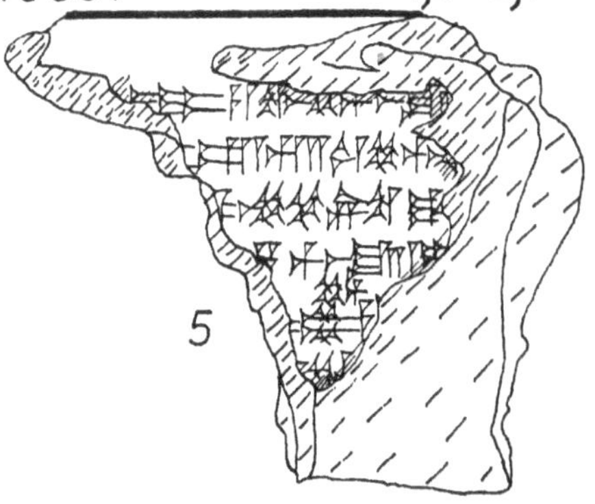

Rs. unbeschrieben

138

VAT 16691 5,0×6,4

Vs.

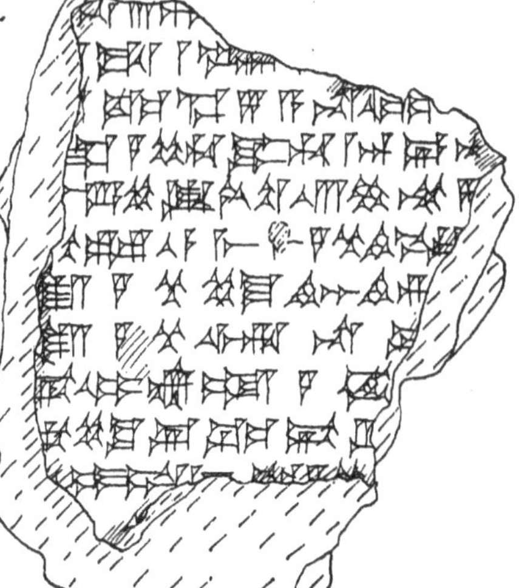

Rs.

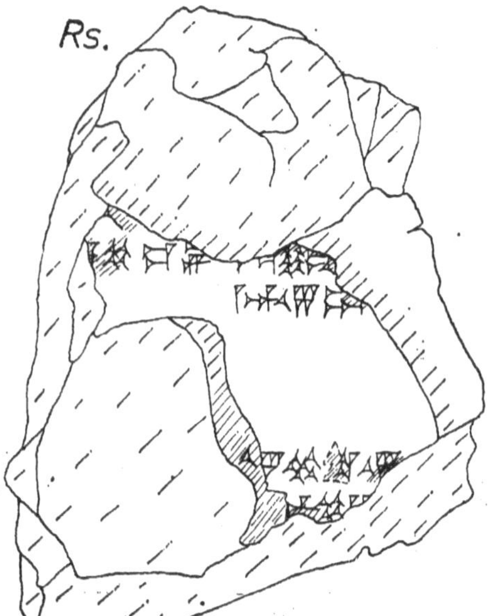

139

VAT 16695 3,8×3,9

Vs.

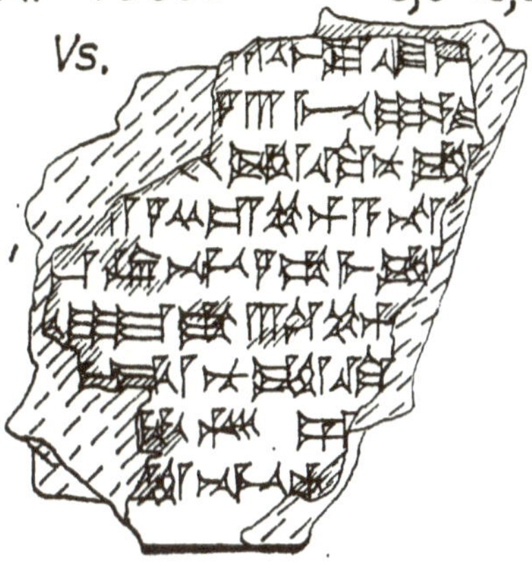

5'

Rd.

10'

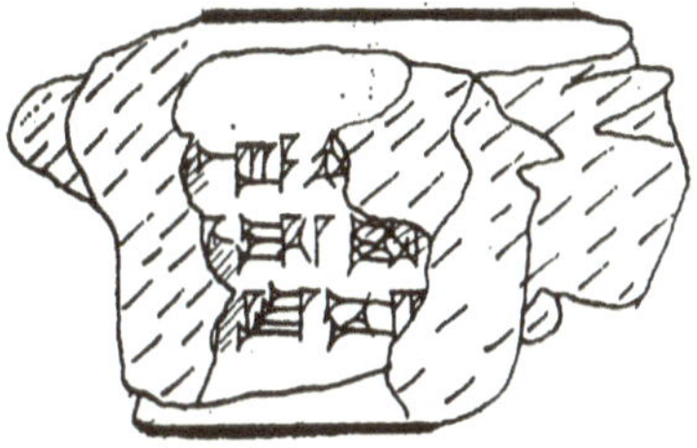

Rs.

140

VAT 16697 5,6×3,9

Vs.

5'

Rs. unbeschrieben

141

VAT 16702 4,9×4,4

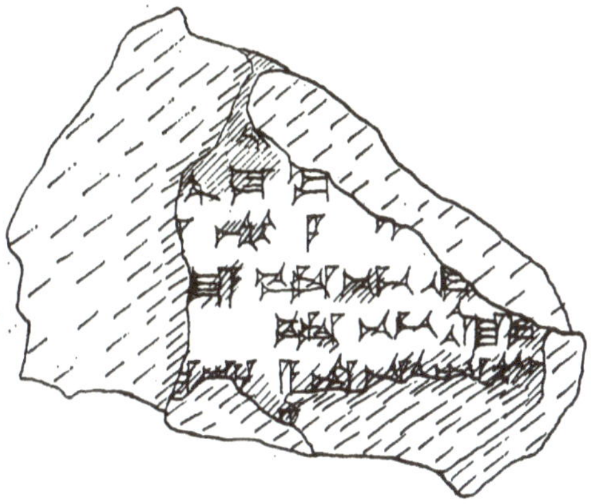

5'

142

VAT 16699 3,8×2,8

Vs.

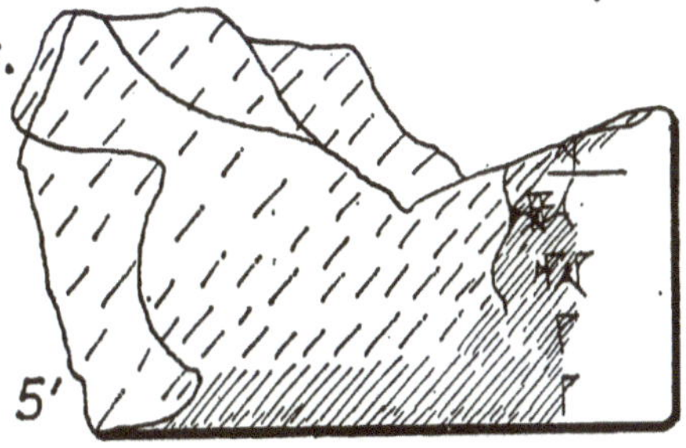

5'

Spuren auf dem u. Rd.

Rs.

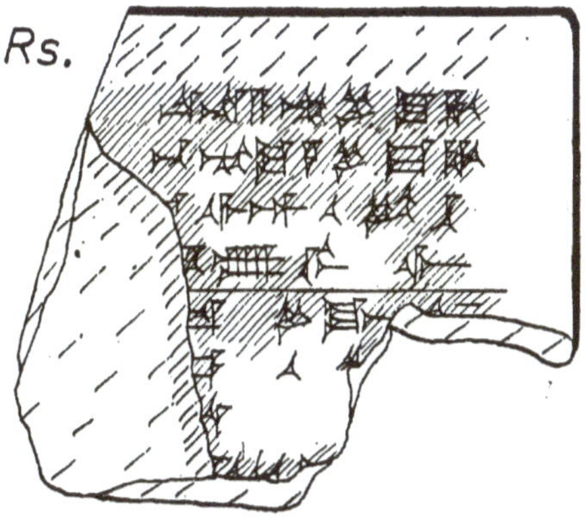

5

143

VAT 16700 4,2×7,2

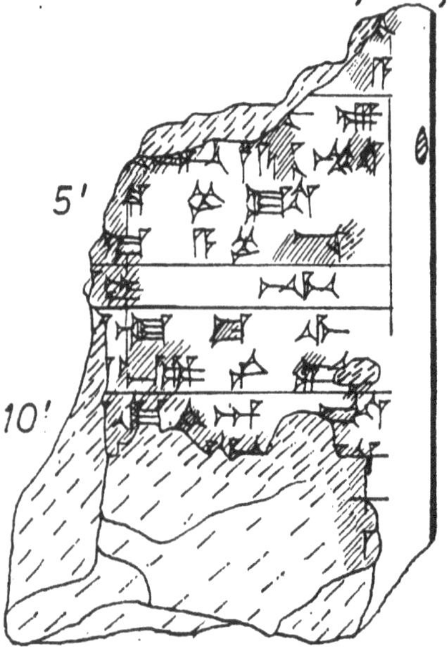

144

VAT 16704 4,7×4,8

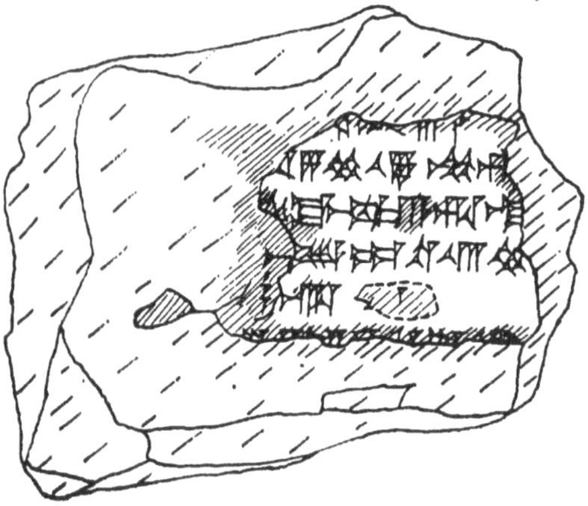

145

VAT 16703 9,0×3,1

Vs.

2 Kolumnentrenner auf der Rs.

146

VAT 16705 2,9×4,1

Vs?

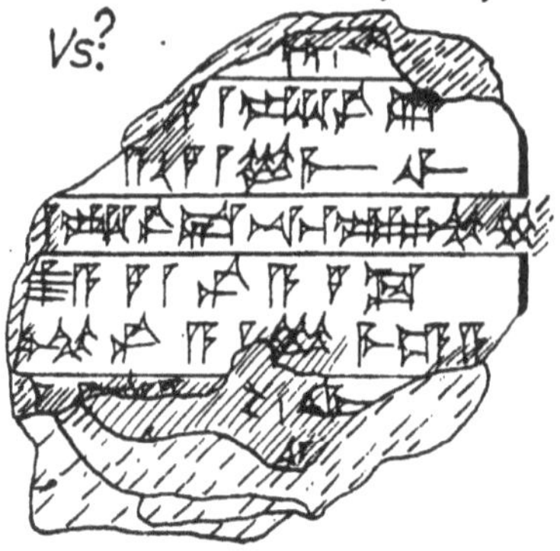

Rs?

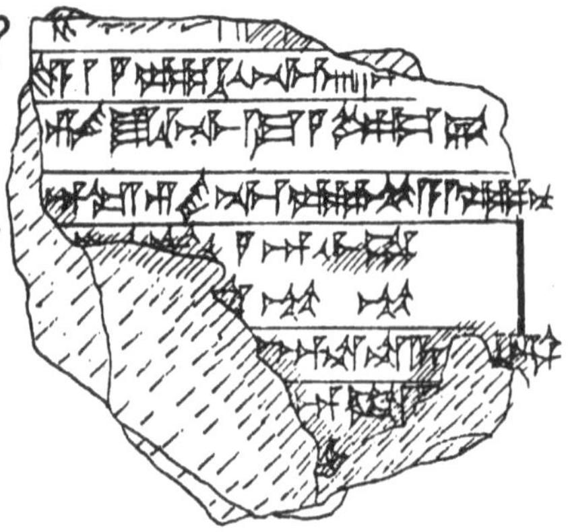

Die Terrakotten aus Assur im Vorderasiatischen Museum Berlin

Von EVELYN KLENGEL-BRANDT

1978 · Etwa 176 Seiten · 24 Tafeln – 4° – etwa M 150,–

Im Vorderasiatischen Museum befinden sich rund 1500 Terrakotten, die bei den deutschen Ausgrabungen der alten assyrischen Hauptstadt Assur, heute Qal'at Scherqat, gefunden wurden. Ungefähr die Hälfte von ihnen sind menschliche Figuren, der restliche Teil umfaßt Tiere, Möbel, Wagen sowie apotropäische Terrakotten. Sie stammen aus einem Zeitraum von ungefähr 3000 Jahren, von der Mitte des 3. Jt. v. u. Z. bis in die Mitte des 3. Jh. u. Z. Das Buch enthält einen ausführlichen Katalog aller Stücke sowie Untersuchungen zu den einzelnen Typen und größeren Gruppen unter stilistischen und ikonographischen Gesichtspunkten zum Zweck ihrer zeitlichen Einordnung.

VEB Deutscher Verlag der Wissenschaften, Berlin

Bestellungen erbeten durch

STAATLICHE MUSEEN ZU BERLIN

DDR - 102 Berlin, Bodestr. 1–3